中国人的修养

蔡元培　著

煤炭工业出版社

·北 京·

图书在版编目（CIP）数据

中国人的修养／蔡元培著．－－北京：煤炭工业出版社，2018

ISBN 978－7－5020－6772－4

Ⅰ.①中… Ⅱ.①蔡… Ⅲ.①道德修养—中国 Ⅳ.①B825

中国版本图书馆 CIP 数据核字（2018）第 152983 号

中国人的修养

著　　者	蔡元培	
责任编辑	马明仁　王　坤	
封面设计	盛世博悦	

出版发行　煤炭工业出版社（北京市朝阳区芍药居35号　100029）
电　　话　010－84657898（总编室）　010－84657880（读者服务部）
网　　址　www.cciph.com.cn
印　　刷　北京一鑫印务有限公司
经　　销　全国新华书店

开　　本　710mm×1000mm$^1/_{16}$　印张　20$^1/_2$　字数　360 千字
版　　次　2018 年 8 月第 1 版　2018 年 8 月第 1 次印刷
社内编号　20180720　　　　　　定价　40.80 元

目 录

华工学校讲义

中学修身教科书

国民修养散论

华工学校讲义

1916 年 3 月，华法教育会为筹备广设华工学校，推广对在法华工的教育，先招收教师 24 人，开设师资班。当年 4 月 3 日开学，由蔡元培考验新生，并为该班编写德育、智育讲义，名曰《华工学校讲义》，亲自讲授，以便于这些师资转授华工。

德育三十篇

合 群

吾人在此讲堂，有四壁以障风尘；有案有椅，可以坐而作书。壁者，积砖而成；案与椅，则积板而成者也。使其散而为各各之砖与板，则不能有壁与案与椅之作用。又吾人皆有衣服以御寒。衣服者，积绵缕或纤毛而成者也。使其散而为各各之绵缕或纤毛，则不能有衣服之作用。又返而观吾人之身体，实积耳、目、手、足等种种官体而成。此等官体，又积无数之细胞而成。使其散而为各各之官体，又或且散而为各各之细胞，则亦焉能有视听行动之作用哉？

吾人之生活于世界也亦然。孤立而自营，则冻馁且或难免；合众人之力以营之，而幸福之生涯，文明之事业，始有可言。例如吾等工业社会，其始固一人之手工耳。集伙授徒，而出品较多。合多数之人以为大工厂，而后能适用机械，扩张利益。合多数工厂之人，组织以为工会，始能渐脱资本家之压制，而为思患预防造福将来之计。岂非合群之效与？

吾人最普通之群，始于一家。有家而后有慈幼、养老、分劳、侍疾之事。及合一乡之人以为群，而后有守望之助，学校之设。合一省或一国之人以为群，而后有便利之交通，高深之教育。使合全世界之人以为群，而有无相通，休戚与共，则虽有地力较薄、天灾偶行之所，均不难于补救，而兵战、商战之惨祸，亦得绝迹于世界矣。

【译文】

我们在这里授课的课堂，四面的墙壁可以遮风挡灰；有书桌座椅，可以坐下来读书创作。墙壁，是由砖块垒砌而成；书桌与坐椅，是由木板打造而成。假如将它们拆散为单个的砖块和木板，那它们就不再有墙壁、书桌、坐椅的功用。还有，我们都穿有衣服抵御寒冷。衣服，是用丝棉或纤毛织制而成的。假如将它们拆散为单一的丝棉或纤毛，那它们就不会有衣服的作用。我们再回过头来看看我们自己的身体，实际上是由耳、目、手、足等各种器官组合而成的。这些器官，又是由无数的细胞组成的。假如将它们拆散为单个的器官，并且又将这些器官拆散为单个的细胞，那么这些器官怎么能够具备人体所需要的视听行动的作用呢？

我们身处在世界上也是这样。个人单打独斗，受冻挨饿也就难以避免；融入集体联手奋斗，那样才可以谈得上幸福的生活、文明的事业。比如我们所处的工业社会，它的创始时期固然得力于一个人的手工劳作。后来结成群体力量，传授技术予徒弟，生产的产品就增多起来。集合众多工人就形成了一个大工厂的规模，然后逐渐地引用机械，通过机械化劳动提高效益。集合多数工厂的工人，组织成工会，才能逐渐摆脱资本家的欺压管制，从而思考并预防自己可能遭遇的灾患，谋划将来造福于己的大计。这些难道不是集合群体力量的效果吗？

我们这些最普通的群体，都是从一个家庭开始的。有了家庭，然后才有哺育儿女、赡养老人、分担劳作、侍候病人这类的事情。等到集合一乡村民组成一个群体，然后就有人与人之间互相关注的帮助，就有用于教育的学校设施。集合一省或一国的民众组成一个群体，然后就有便利的交通、精深的教育。假使集合全世界的人组成一个强大的群体，互通有无，休戚与共，那么即使在土地贫瘠、天灾偶发的地方，都不难扶助拯救，而且像由战争、商业竞争而引发的惨祸，也能够在这个世界上绝迹了。

舍己为群

积人而成群。群者，所以谋各人公共之利益也。然使群而危险，非群中之人出万死不顾一生之计以保群，而群将亡。则不得已而有舍己为群之义务焉。

舍己为群之理由有二：一曰，己在群中，群亡则己随之而亡。今舍己以救群，群果不亡，己亦未必亡也；即群不亡，而己先不免于亡，亦较之群己俱亡者为胜。此有己之见存者也。一曰，立于群之地位，以观群中之一人，其价值必小于众人所合之群。牺牲其一而可以济众，何惮不为？一人作如是观，则得舍己为群之一人；人人作如是观，则得舍己为群之众人。此无己之见存者也。见不同而舍己为群之决心则一。请以事实证之。一曰从军。战争，罪恶也，然或受野蛮人之攻击，而为防御之战，则不得已也。例如比之受攻于德，比人奋勇而御敌，虽死无悔，谁曰不宜？二曰革命。革命，未有不流血者也。不革命而奴隶于恶政府，则虽生犹死。故不惮流血而为之。例如法国一七八九年之革命，中国数年来之革命，其事前之鼓吹运动而被拘杀者若干人，临时奋斗而死伤者若干人，是皆基于舍己为群者也。三曰暗杀。暗杀者，革命之最简单手段也。歼魁而释从，惩一以儆百，而流血不过五步。古者如荆轲之刺秦王，近者如苏斐亚之杀俄帝尼科拉司第二，皆其例也。四曰为真理牺牲。真理者，和平之发见品也。然成为教会、君党、若贵族之所忌，则非有舍己为群之精神，不敢公言之。例如苏格拉底创新哲学，下狱而被酖；哥白尼为新天文说，见仇于教皇；巴枯宁道无政府主义，而被囚被逐，是也。

其他如试演飞机、探险南北极之类，在今日以为敢死之事业，虽或由好奇竞胜者之所为，而亦有起于利群之动机者，得附列之。

【译文】

　　集合众人而组成群体。群体，是用来谋求个人所应享有的公共利益的。然而，假使群体发生危险，而群体中没有一个人敢于出来不顾自己生命安危去全力保护群体，那么，这个群体势必将灭亡。于是我们迫不得已，就有了舍己为群的义务。

　　舍弃自己而为群体的理由有两方面：一是自己身居群体中，如果群体灭亡，那么自己也会随之灭亡。现在能舍弃自己而勇救群体，群体果真不灭亡的话，自己也就未必会灭亡；即使是群体不灭亡，而自己事先灭亡，也比群体和自己一起灭亡要好。以上认识，包含了对个人的一些考虑。二是从群体角度，来看群体中的一个人，个人的价值必定小于群体的价值。假如牺牲一个人而可以救济众人，那还有什么畏惧而不去做呢？一个人这样想，那么就会有舍弃自己而为群体的一个人；每个人都这样想，那么就会有舍弃自己而为群体的众多人。这种认识，没有包含对个人的考虑。上述两种认识，出发点虽不尽相同，但舍弃自己而为群体的决心却是一样的。不妨用事实来证明这一点。一是从军。战争本身是罪恶的，但是有时候我们受到野蛮人的无端攻击，为了自卫防身而战，这就是不得已而为之。例如二战时期比利时受到德国军队的突然攻击，比利时人奋勇抗敌，即使战死沙场也在所不惜，谁说他们不应该迎战呢？二是革命。革命没有不流血牺牲的。如果放弃革命而忍受残暴政府的奴役，那么即便活着也跟死去差不多。所以很多志士仁人不怕流血牺牲而去参加革命。例如法国一七八九年大革命，中国这些年来的革命，倡导这些革命的人在事前因各种原因而被逮捕杀害的有不少，在战争中不幸死伤的也有很多人，他们都是信守舍己为群的思想而革命的。三是暗杀。暗杀是革命最简单的手段。消灭罪魁祸首而释放从犯，杀一儆百，流血不会超过五步。古代的如荆轲行刺秦王嬴政，最近的如索菲亚暗杀俄国沙皇尼古拉二世，都是这样的例子。四是为真理而牺牲。真理体现和平的精神。然而，有时真理却被教会、君主、政党、贵族所忌讳，所以没有舍己为群的精神，就不敢公开谈论真理。例如苏格拉底对哲学进行了大胆的创新，结果被捕入狱而被杀害；哥白尼创造了新的天文学说，结果被教皇所仇视；巴枯宁主张无政府主义，结果也被囚禁、放逐。以上这些都是为真理而牺牲的典型例子。

其他的如飞机试验、南北极探险等，在今天看来，这些都是具有牺牲精神的事业，虽然有的是由好奇者和争胜者去完成的，但也包含有为了群体利益的动机，所以有必要在这里列举出来。

注意公众卫生

古谚有云："千里不唾井。"言将有千里之行，虽不复汲此井，而不敢唾之以妨人也。殷之法，弃灰于道者有刑，恐其飞扬而眯人目也。孔子曰："君子敝帷不弃，为埋马；敝盖不弃，为埋狗。"言已死之狗、马，皆埋之，勿使暴露，以播其恶臭也。盖古人之注意于公众卫生者，既如此。

今日公众卫生之设备，较古为周。诚以卫生条件，本以清洁为一义。各人所能自营者，身体之澡浴，衣服之更迭，居室之洒扫而已。使其周围之所，污水停潴，废物填委，落叶死兽之腐败者，散布于道周，传染病之霉菌，弥漫于空气，则虽人人自洁其身体、衣服及居室，而卫生之的仍不达。夫是以有公众卫生之设备。例如沟渠必在地中，溷厕必有溜水，道路之扫除，弃物之运移，有专职，有定时，传染病之治疗，有特别医院，皆所以助各人卫生之所不及也。

吾既受此公众卫生之益，则不可任意妨碍之，以自害而害人。毋唾于地；毋倾垢水于沟渠之外；毋弃掷杂物于公共之道路若川流。不幸而有传染之疾，则亟自隔离，暂绝交际。其稍重者，宁移居医院，而勿自溷于稠人广众之间。此吾人对于公众卫生之义务也。

【译文】

古谚语说："千里不唾井。"大意是说，将要远赴千里之外，虽然不再从此井中提水，但也不敢向井中吐唾液而污染井水妨碍别人。商朝法律规定，在道路上丢弃灰土的人将受到惩罚，因为这种乱丢的行为会使尘土飞扬而迷蒙路人的眼睛。孔子说："君子不丢弃破旧的帷帐，用它来埋马；不丢弃破旧的伞盖，用它来埋狗。"说的是及时掩埋死马死狗，不要让其尸体暴露散发恶臭。古人都是这样注意公共卫生了。

今天我们所拥有的公共卫生设备，比古人齐全多了。以卫生条件而论，本来清洁是第一位的标准。每个人所能做到的，只是洗澡、更换衣服、清扫居室而已。假如我们周围污水滞堵，垃圾堆积，腐烂的落叶死兽散弃在地，空气中弥漫传播着传染性病菌，那么即使各人清洁身体、衣服和居室，也仍然达不到卫生环境的标准。这就是为什么要有公众卫生设备的原因。例如地面开辟有沟渠，厕所里储有流水，清扫道路，转运垃圾，都有专门的人员和固定的时间，传染病的治疗有专门的医院，这些都是解决个人在卫生方面无力应对的问题的有效手段。

我们既然享受了公共卫生带来的好处，就不能任意破坏公共卫生环境，害了自己也害了别人。不要随地吐痰；不要把污水倾倒在沟渠之外；不要随手在公共道路上丢弃杂物。如果不幸得了传染病，应立即自行隔离，暂时断绝与外界往来。其中病情较重的，必须住进医院，而不可混身于大庭广众之间。这就是我们对于公共卫生的义务。

爱护公共之建筑及器物

往者园亭之胜，花鸟之娱，有力者自营之、而自赏之也。今则有公园以供普通之游散；有植物、动物等园，以为赏鉴及研究之资。往者宏博之图书，优美之造象与绘画，历史之纪念品，远方之珍异，有力者得收藏之，而不轻以示人也。今则有藏书楼，以供公众之阅览，有各种博物院，以兴美感而助智育。且也，公园之中，大道之旁，植列树以为庇荫，陈坐具以供休憩，间亦注引清水以资饮料。是等公共之建置，皆吾人共享之利益也。

吾人既有此共同享受之利益，则即有共同爱护之义务；而所以爱护之者，当视一己之住所及器物为尤甚。以其一有损害，则爽然失望者，不止己一人已也。

是故吾人而行于道路，游于公园，则勿以花木之可爱，而轻折其枝叶；勿垢污其坐具，亦勿践踏而刻画之；勿引杖以扰猛兽；勿投石以惊鱼鸟；入藏书楼而有所诵读，若抄录，则当慎护其书，毋使稍有污损；进博物院，则一切陈列品，皆可以目视，而不可手触。有一于此，虽或幸逃典守者之目，而不遭诮让，然吾人良心上之呵责，固不能幸免矣。

【译文】

以前园林亭榭的胜景，花鸟虫鱼的娱乐，都是有财力的人们自己经营和玩赏的。今天我们却有公园供普通百姓游玩休闲；有植物园、动物园等，作为游赏和研究的对象。以前浩瀚的图书，优美的塑像和绘画，历史纪念品，来自远方的奇珍异宝，有财力的人得到并收藏它们，却不轻易展示给众人。今天我们却有图书馆，以供公众阅览，有各种博物馆，以培养公众的美感，增益他们的智慧。而且，公园之中，大路旁边，种植的行道树浓绿成荫，陈设坐椅供路人休憩，有些地方提供清洁之水供人们饮用。这些公共设施，是我们共同享有的利益。

我们既然拥有这些共同享受的利益，那么就有共同爱护的义务；而且我们应当以超过对自己住家和器物的爱护程度去爱护这些公共设施。所以这些公共设施一旦有所损坏，那么不高兴而失望的，就不只是一个人了。

所以我们在道路上行走，在公园中游玩，不要因为花木可爱，就去随便折取；不要弄脏了坐椅，也不要用脚踩踏、用手刻画；不要手持木棍去骚扰猛兽；不要乱扔石块惊吓鱼鸟；进入图书馆阅览图书，如果要抄录文章，就要谨慎地爱护图书，不要使图书受一点污损；进入博物馆，那么一切陈列品，都可以用眼去看，而不能用手去摸。如果我们有所触犯，虽然当时侥幸逃脱文物看护者的眼睛而没有遭到追究，但是我们良心上应该自责，这是绝对不能够免去的。

尽力于公益

凡吾人共同享受之利益，有共同爱护之责任，此于《注意公众卫生》及《爱护公共之建筑及器物》等篇，所既言者也。顾公益之既成者，吾人当爱之；其公益之未成者，吾人尤不得不建立之。

自昔吾国人于建桥、敷路，及义仓、义塾之属，多不待政府之经营，而相与集资以为之。近日更有独力建设学校者，如浙江之叶君澄衷，以小贩起家，晚年积资至数百万，则出其十分之一，以建设澄衷学堂。江苏之杨君锦春，以木工起家，晚年积资至十余万，则出其十分之三，以建设浦东中学校。其最著者矣。

虽然，公益之举，非必待富而后为之也。山东武君训，丐食以奉母，恨己之失学而流于乞丐也，立志积资以设一校，俾孤贫之子，得受教育，持之十余年，卒达其志。夫无业之乞丐，尚得尽力于公益，况有业者乎？

英之翰回，商人也，自奉甚俭，而勇于为善；尝造伦敦大道；又悯其国育婴院之不善，自至法兰西、荷兰诸国考查之；归而著书，述其所见，于是英之育婴院为之改良。其殁也，遗财不及二千金，悉以散诸孤贫者。英之沙伯，业织麻者也，后为炮厂书记，立志解放黑奴，尝因辩护黑奴之故，而研究民法，卒得直；又与同志设一放奴公司，黑奴之由此而被释者甚众。英之莱伯，铁工也，悯罪人之被赦者，辄因无业而再罹于罪，思有以救助之；其岁入不过百镑，悉心分配，一家衣食之用者若干，教育子女之费若干，余者用以救助被赦而无业之人。彼每日作工，自朝六时至晚六时，而以其暇时及安息日，为被赦之人谋职业。行之十年，所救助者凡三百余人。由此观之，人苟有志于公益，则无论贫富，未有不达其志者，勉之而已。

【译文】

凡有我们共同享受的利益，就有共同爱护的责任，这些在《注意公众卫生》和《爱护公共之建筑及器物》等篇章中都已经讲过了。对于已经建成的公益事业，我们应当爱护它们；那些没有建成的公益事业，我们应当全力建设。从古代开始，我们中国人对于建桥梁、铺公路、筑粮仓、修学校这类的事情，大多不靠政府经营，而是以私人名义互相集资而完成。近来还有独立完成修建学校义举的人，如浙江的叶澄衷先生，靠小商贩起家，至晚年积累了数百万资金，于是拿出其中的十分之一，用来建设澄衷学堂。

江苏的杨锦春先生，以木匠起家，晚年积累十余万资金，于是拿出其中的十分之三，用来建设浦东中学校。这两个都是最著名的例子。虽是这样，但是公益事业并非一定要等到富有后才去做。山东的武训先生，靠乞讨来供奉生母，对自己因为贫困而失学行乞充满遗憾，于是立志筹集资金建设一所学校，以使那些孤儿和穷人家的孩子，得到应受的教育。他坚持不懈十多年，最终达成了自己的志向。像武训这样一个没有职业的乞丐，还能尽力于公益事业，何况那些有职业的人们呢？

英国人翰回，是一个商人，自己生活非常节俭，却乐善好施；他曾经铺设伦敦大道；又感觉本国的育婴院修造得不够完善，便自己赶赴法国、荷兰等国考察；回国后他著书描述途中的见闻，自此以后英国的育婴院修建得到改良。他死后，遗产不到两千英镑，全部散发给那些孤贫的人。英国的沙伯，是个织麻的工人，后来成为一个炮厂的书记员，立志于解放黑奴的事业。他曾经为了给黑奴辩护，全心研究民法，最终精通此法；他又与志同道合的人开设一个解放黑奴的公司，使大批黑奴由此而获释得以自由。英国的莱伯，是一个钢铁工人，他担心那些出狱的罪犯往往因无业而再次踏上犯罪的道路，便想对他们施以救助；他一年的收入不到一百英镑，为了救助别人，他细心地分配家庭开支，比如一家吃穿日用费用多少，教育子女的费用多少，剩余的钱就用于救助那些获释而无业的人。他每天从早上六点工作到晚上六点，剩余的闲暇时间和休息日，他就为获释的人谋求职业。这样做了十年，得到他救助的总共有三百余人。这样看来，人们如果有志于公益事业，那么无论贫富，只要勤勤恳恳认真去做，就没有达不到目标的。

己所不欲勿施于人

子贡问于孔子曰："有一言而可以终身行之者乎？"孔子曰："其恕乎：己所不欲，勿施于人。"他日，子贡曰："我不欲人之加诸我也，我亦欲无加诸人。"举孔子所告，而申言之也。西方哲学家之言曰："人各自由，而以他人之自由为界。"其义正同。例如我有思想及言论之自由，不欲受人之干涉也，则我亦勿干涉人之思想及言论；我有保卫身体之自由，不欲受人之毁伤也，则我亦勿毁伤人之身体；我有书信秘密之自由，不欲受人之窥探也，则我亦慎勿窥人之秘密；推而我不欲受人之欺诈也，则我慎勿欺诈人；我不欲受人之侮慢也，则我亦慎勿侮慢人。事无大小，一以贯之。

顾我与人之交际，不但有消极之戒律，而又有积极之行为。使由前者而下一转语曰："以己所欲施于人"。其可乎？曰是不尽然。人之所欲，偶有因遗传及习染之不善，而不轨于正者。使一切施之于人，则亦或无益而有损。例如腐败之官僚，喜受属吏之谄媚也，而因以谄媚于上官，可乎？迷信之乡愚，好听教士之附会也，而因以附会于亲族，可乎？至于人所不欲，虽亦间有谬误，如恶闻、直言之类，然使充不欲勿施之义，不敢以直言进人，可以婉言代之，亦未为害也。

且积极之行为，孔子固亦言之曰："己欲立而立人，己欲达而达人。"立者，立身也；达者，道可行于人也。言所施必以立达为界，言所勿施则以己所不欲概括之，诚终身行之而无弊者矣。

【译文】

子贡问孔子："有没有可以一辈子奉行的一句话啊？"孔子说："有啊，那就是宽恕啊。自己不想要的，就不要施加给别人。"又一天，子贡说："我不想让别人施予我什么，我也不想施予别人什么。"这是他依据孔子告诫的话而引申出的言论。西方的哲学家说："人人都有自由，而以不干涉他人的自由为界限。"上述言论的含义都是一致的。例如我有思想和言论的自由，不想受别人的干涉，那么我也不干涉别人的思想和言论；我有保护身体的自由，不想受别人的伤害，那么我也不伤害别人的身体；我有通信隐私的自由，不想受到别人的暗中窥探，那么我也谨慎地不窥探别人的私密；由此推而广之，我不想被别人欺骗，那么我也谨慎地不欺骗别人；我不想受到别人的欺侮怠慢，那么我也谨慎地不欺侮怠慢别人。事情无论大小，其中的做法都是一样的。

看看自己与他人的交往，不仅有消极的戒律，也有积极的行为。假使由前面孔子的那句话，转而引申为"自己想要的，就施加给别人"这句话，可以吗？回答是不完全这样。人们的欲望，有时会因为遗传和环境的不良影响，而不合乎正道。如果把自己想要的所有东西全都施加给别人，那么可能不会有好处，反而有坏处。例如腐败的官僚，喜欢下属的阿谀奉承，于是也像下属一样对上司阿谀奉承，可以吗？迷信的乡民，喜欢听传教士的乱说，于是也像传教士一样向亲属们乱说一通，可以吗？至于说到自己不想要的而不施加给别人，虽然有时也出现错误，如对不好的声名、直白的谏言之类，就不能自己不想要而不施加给别人，但如果按照"不欲勿施"的意思，不以直言规劝，而是以委婉之言代替，也未必就不对。

况且对于积极的行为，孔子固然也评说过："自己想要立业，就要让别人立业；自己想要成功，就要让别人成功。"立，就是在社会上站稳脚跟；达，就是行路通畅。所以说施加给别人的，一定要以"立达"为基本原则；不施加给别人的，就以自己不想要的来概括。如果一个人终身都是这样行事的话，那么他就没什么弊端了。

责己重而责人轻

孔子曰："躬自厚，而薄责于人，则远怨矣。"韩退之又申明之曰："古之君子，其责己也重以周，其责人也轻以约。重以周，故不怠；轻以约，故人乐为善。"其足以反证此义者，孟子言父子责善之非，而述人子之言曰：
"夫子教我以正，夫子未出于正也。"原伯及先且居皆以效尤为罪咎。椒举
曰："唯无瑕者，可以戮人。"皆言责人而不责己之非也。

准人我平等之义，似乎责己重者，责人亦可以重，责人轻者，责己亦可
以轻。例如多闻见者笑人固陋，有能力者斥人无用，意以为我既能之，彼何
以不能也。又如怙过饰非者，每喜以他人同类之过失以自解，意以为人既为
之，我何独不可为也。不知人我固当平等，而既有主观、客观之别，则观察
之明晦，显有差池，而责备之度，亦不能不随之而进退。盖人之行为，常含
有多数之原因：如遗传之品性，渐染之习惯，薰受之教育，拘牵之境遇，压
迫之外缘，激刺之感情，皆有左右行为之势力。行之也为我，则一切原因，
皆反省而可得。即使当局易迷，而事后必能审定。既得其因，则迁善改过之
为，在在可以致力：其为前定之品性、习惯、及教育所驯致耶，将何以矫正
之；其为境遇、外缘及感情所逼成耶，将何以调节之。既往不可追，我固自
怨自艾；而苟有不得已之故，决不虑我之不肯自谅。其在将来，则操纵之权
在我，我何馁焉？至于他人，则其驯致与迫成之因，决非我所能深悉。使我
任举推得之一因，而严加责备，宁有当乎？况人人各自有其重责之机会，我
又何必越俎而代之？故责己重而责人轻，乃不失平等之真意，否则，迹若平
而转为不平之尤矣。

【译文】

孔子说："严格要求自己，而少去责怪别人，那么就可以远离抱怨了。"
韩愈对此又作解释："古代的君子，对自己的要求严格而又周全，对别人的
要求宽松而又简约。严格而又周全，所以不会懈怠；宽松而又简约，所以人
们乐于做善事。"我们还能用反面例子来说明这个意思，孟子在说到父子互
相劝勉从善的时候，转述做儿子的话说："您教我要走正道，可是您自己却
没有走正道。"原伯和先且居都认为仿效坏人的言行是罪恶。椒举说："只有
言行端正的人，才可以随意指责别人。"这些都是说只责怪别人而不责怪自
己的错误。

按照人人平等的原则，似乎对自己严格要求，也可以对别人严格要求，

对别人要求宽松，也可以对自己要求宽松。例如见多识广的人嘲笑别人孤陋寡闻，有能力的人斥责别人无用，认为既然我自己都能做，为什么你就不能做。又比如掩饰自己错误的人，往往喜欢用他人的同样错误来为自己辩解，认为既然你都这样做了，为什么我就不能做。有这种想法的人，不知道我与别人固然是平等的，但是，既然有主观、客观的区别，那么观察事物能力的大小，很明显会有差别，于是责备的程度，也不能不随之变化因人而异。人们的行为，常常包含了很多原因，如遗传的品性，陶冶的习惯，接受的教育，遭受的境遇，外界的压迫，情感的刺激，等等，都有影响人们行为的力量。行为既然为我所为，那么一切行为的原因，都可以通过自我反省而得到解释。即使是行为当事人容易迷惑，但事情过后一定会弄明白。如果知道了行为的原因，那么改邪归正，就可以通过以下方面的努力达到：那些因为从前的品性、习惯和不良的教育等所导致的错误，将怎样去进行纠正；那些因为人生遭遇、外界因素和情感刺激而被迫形成的错误，将如何去进行调节。过去的东西不可能再追回来，我自然会自己抱怨自己；但是如果有迫不得已的原因，那就应该自己原谅自己。未来的日子，操纵行为的权力在我自己手中，我为什么从此气馁呢？至于别人，对于他们所受的教育及外界客观原因，绝不可能是我自己所能深刻理解的。假如由我随意去推测他们行为的原因，并由此去对别人妄加责备，这样恰当吗？何况人人都有自我严格要求的机会，我又何必去做不属于自己职权范围内的事情呢？所以对自己要求严格而对别人要求宽松，这样才不违背人人平等原则的真谛。否则，表面上看似平等，实际上却非常不平等。

勿畏强而侮弱

烝民之诗曰："人亦有言：柔则茹之，刚则吐之。唯仲山甫，柔而不茹，刚亦不吐，不侮鳏寡，不畏强御。"人类之交际，彼此平等；而古人乃以食物之茹、吐为比例，甚非正当；此仲山甫之所以反之，而自持其不侮弱、不畏强之义务也。

畏强与侮弱，其事虽有施受之殊，其作用亦有消极与积极之别。然无论何一方面，皆蔽于强弱不容平等之谬见。盖我之畏强，以为我弱于彼，不敢与之平等也。则见有弱于我者，自然以彼为不敢与我平等而侮之。又我之侮弱，以为我强于彼，不必与彼平等也，则见有强于我者，自然以彼为不必与我平等而畏之。迹若异而心则同。矫其一，则其他自随之而去矣。

我国壮侠义之行有曰："路见不平，拔刀相助。"

言见有以强侮弱之事，则亟助弱者以抗强者也。夫强者尚未浼我，而我且进与之抗，则岂其浼我而转畏之；弱者与我无涉，而我且即而相助，则岂其近我而转侮之？彼拔刀相助之举，虽曰属之侠义，而抱不平之心，则人所皆有。吾人苟能扩充此心，则畏强侮弱之恶念，自无自而萌芽焉。

【译文】

《诗经·烝民篇》中说："人们常说：柔软的东西就吞下去，刚硬的东西就吐出来。只有仲山甫，柔软的东西不吞下去，刚硬的东西不吐出来，不欺负孤独无助的人，不害怕强权暴力的人。"人际交往，互相平等；古人用食物的吞、吐对此作比喻，很不恰当；这个仲山甫之所以与一般人的行为不一样，是因为他自己坚持履行不欺软怕硬的义务。

惧怕强暴和欺负弱小，这两件事的主体虽然有施加与承受的分别，其作用也有积极与消极的区别。但无论任何一方，都受到了强弱不能平等的错误观念的蒙蔽。我畏惧强者，认为自己比强者弱，所以不敢和他抗衡；于是遇到比自己弱的人，自然就会认为对方不敢与我抗衡便去欺负他。还有我欺负弱者，认为我自己强于对方，没有必要与对方平起平坐，于是遇到强于我的人，自然会以为对方不想与我平等，所以畏惧他。上述现象表面上看似不同，而实际内心想法一致。纠正其中一种，另一种现象自然随之消失。

我们在称赞侠义的行为时说："路见不平，拔刀相助。"说的是，看到恃强凌弱的行为，就应当立即帮助弱者以抗击强暴。强者还没有侵犯我，而我就已经主动上前与之抗争，那他就会因我的抗争由侵犯我转为害怕我；弱者与我素不相识，而我却主动上前鼎力相助，那他就会与我同仇敌忾而摆脱受欺负的境遇。那种拔刀相助的举动，虽然我们称其为侠义之举，并且胸怀打抱不平之善心，但却是人人所共有的一种精神。我们如果能发扬光大这种精神，那么惧强欺弱的不好念头，自然就没有萌发的条件了。

爱护弱者

前于《勿畏强而侮弱》说，既言抱不平理。此对于强、弱有冲突时而言也。实则吾人对于弱者，无论何时，常有恻然不安之感想。盖人类心理，以平为安，见有弱于我者，辄感天然之不平，而欲以人力平之。损有余以益不足，此即爱护弱者之原理也。

在进化较浅之动物，已有实行此事者。例如秘鲁之野羊，结队旅行，遇有猎者，则羊之壮而强者，即停足而当保护之冲，俟全队毕过，而后殿之以行。鼠类或以食物饷其同类之瞽者。印度之小鸟，于其同类之瞽者或受伤者，皆以时赡养之。曾是进化之深如人类，而羊、鼠、小鸟之不如乎？今日普通之人，于舟车登降之际，遇有废疾者，辄为让步，且值其艰于登降而扶持之。坐车中或妇女至而无空座，则起而让之；见其所携之物，有较繁重者，辄为传递而安顿。此皆爱护弱者之一例也。

航行大海之船，猝遇不幸，例必以救生之小舟，先载妇孺。俟有余地，男子始得而占之。其有不明理之男子，敢与妇孺争先者，虽枪毙之，而不为忍。为爱护弱者计，急不暇择故也。

战争之不免杀人，无可如何也。然已降及受伤之士卒，敌国之妇孺，例不得加以残害。德国之飞艇及潜水艇，所加害者众矣；而舆论攻击，尤以其加害于妇孺为口实。亦可以见爱护弱者，为人类之公意焉。

【译文】

在前篇《勿畏强而侮弱》一文中，我已经讲了打抱不平的道理。这是针对强、弱互相冲突时所说的。实际上我们对于弱者，常常有恻隐之情和不安的心理。人心都是以平等为安心，看见有比我弱的人，就感到上天对人的不公平，于是想以人力促成人与人之间的平等。减少富余弥补不足，以达到平等，这就是爱护弱者的原理。

进化程度低的动物，都有爱护弱者的行为。例如秘鲁的野羊，结队而行，遇到袭击羊群的猎人，身体强壮的羊挺身而出，止步保护羊群前行，待所有的羊安全经过后，才押后而行。鼠类动物中有的把食物分给双目失明的同伴。印度有一种小鸟，对于双目失明或受伤的同伴，都按时给予赡养。进化程度高的人类，难道就不如羊、鼠和小鸟吗？今天的普通人，在上下车船的时候，遇到身体残疾的人，马上为他让路，并在他们上下车船不方便时及时施以援手。乘车中有时遇上妇女上车没有座位，就起身给她们让座；看见她们携带重物，就为她们传递安放。这些都是爱护弱者的例子。

大海中航船，遇上不幸，按惯例都是先用救生舟将妇女儿童运载至安全地带。等到有空船了，男子才能够登上。如果有不讲道理的男子，为了逃生敢与妇女儿童争抢位子，即便是现场枪毙了他们，也不为过。这是为了爱护弱者，情急之下不择手段的缘故。

战争避免不了要杀人，这是没有办法的事。然而已经投降和受伤的士兵，交战国的妇女儿童，按照惯例不得对他们加以残害。德国的飞艇和潜水艇，在一战时加害于无辜的妇女儿童不在少数；而舆论对德军的口诛笔伐，尤其是把他们加害于妇女儿童作为重要证据。这也可以看出，爱护弱者，是人类共同的意愿。

爱　物

孟子有言："亲亲而仁民，仁民而爱物。"人苟有亲仁之心，未有不推以及物者，故曰："君子之于禽兽也：见其生，不忍见其死，闻其声，不忍食其肉。"孟孙猎，得麑，使秦西巴载之，持归，其母随之，秦西巴弗忍而与之。孟孙大怒，逐之。居三月。复召以为子傅，曰："夫不忍于麑，又且忍于儿乎?"可以证爱人之心,通于爱物,古人已公认之。自近世科学进步,所以诱导爱物之心者益甚。其略如左(原书稿为竖排):一、古人多持"神造动物以供人用"之说。齐田氏祖于庭,食客千人。中有献鱼雁者。田氏视之,乃叹曰:"天之于民厚矣!殖五谷,生鱼鸟,以为之用。"众客和之如响。鲍氏之子,年十二,预于次,进曰:"不如君言。天地万物,与我并生,类也。类无贵贱,徒以大小智力而相制,迭相食,非相为而生之。人取可食者而食之,岂天本为人生之?且蚊蚋囋肤,虎狼食肉,岂天本为蚊蚋生人,虎狼生肉者哉?"鲍氏之言进矣。自有生物进化学,而知人为各种动物之进化者,彼此出于同祖,不过族属较疏耳。

二、古人又持"动物唯有知觉,人类独有灵魂"之说。自生理学进步,而知所谓灵魂者,不外意识之总体。又自动物心理学进步,而能言之狗,知算之马,次第发现,亦知动物意识,固亦犹人,特程度较低而已。

三、古人助力之具,唯赖动物;竭其力而犹以为未足,则恒以鞭策叱咤临之,故爱物之心,常为利己心所抑沮。自机械繁兴,转运工业,耕耘之工,向之利用动物者,渐以机械代之。则虐使动物之举,为之渐减。

四、古人食肉为养生之主要。自卫生发见肉食之害,不特为微生虫之传导,且其强死之时,发生一种毒性,有妨于食之者。于是蔬食主义渐行,而屠兽之场可望其日渐淘汰矣。

方今爱护动物之会,流行渐广,而屠猎之举,一时未能绝迹;然授之以渐,必有足以完爱物之量者。昔晋翟庄耕而后食,唯以弋钓为事,及长不复猎。或问:"渔猎同是害生之事,先生只去其一,何哉?"庄曰:"猎是我,钓是物,未能顿尽,故先节其甚者。"晚节亦不复钓。全世界爱物心之普及,亦必如翟庄之渐进,无可疑也。

【译文】

孟子曾经说过:"对亲人亲近就会对百姓仁爱,对百姓仁爱就会爱惜万物。"人们如果有亲近和仁爱的善心,就会由此将善心推及万物。所以说:"君子面对家禽和野兽,看到它们活蹦乱跳的,就不忍心看到它们死去;听到它们的叫声,就不忍心吃它们的肉。"孟孙打猎时,猎获了一只小鹿,让秦西巴用车拉回去。小鹿的母亲一直随车跟着，秦西巴不忍心，把小鹿放回母亲身边。孟孙得知后大为愤怒，赶走了秦西巴。过了三个月，孟孙又把秦西巴召回，请他做自己儿子的老师。他对人说："他连小鹿都不忍心加害，又怎么会加害于小孩呢？"这足以说明爱人之心与爱物之心是相通的，古人早已公认了。近代以来，随着科学的进步，能够引导人们养成爱护万物习惯的观点和方法也更多了。大体如下：

一、古人多持有"神创造动物供人享用"的观点。齐国田氏在庭院中祭祖，食客有一千人。来的食客中有献鱼和大雁的。田氏看到鱼、雁后，感叹道："上天对人类太好了！生长出五谷和鱼鸟供他们享用。"宾客们都大声地附和他。鲍氏的儿子，十二岁，坐在次席上，上前说道："事情并不是您说的那样。天地万物，和我们一起生长，只是种类不同而已。种类没有贵贱之分，只是以大小和智力等因素相互制约，相互之间取另外的种类为自己的所食之物，而不是为对方而生存。人类取自己可以吃的东西而食，哪里是上天对人类的赐予？况且蚊子刺入人的皮肤吸血，虎狼吃肉，难道是上天为蚊子的生存而创造人，为虎狼的生存而创造肉？"姓鲍的这个小孩说的话够先进的。自从生物进化的学说诞生以来，我们已经认识到人类都是由别的动物进化而来的，彼此同属于一个祖先，只不过各自的种类关系比较疏远罢了。

二、古人又持有"动物只有知觉，只有人类才有灵魂"的观点。随着生理学的进一步发展，人们知道了所谓的灵魂，不过是思想意识的总和。后来随着动物心理学的进一步发展，又先后发现了能说话的狗、会算数的马，于是我们又知道动物的意识，本来就和人类一样，只不过与人类相比程度较低而已。

三、古代替人助力的工具，只是依赖动物；在耗尽动物的力气后却还嫌其没有用尽全力，于是驱使的人便不断地用鞭子抽打并呵斥它们，这样爱物之心就常被利己之心所抑制。自从机器制造业繁盛以来，运输和耕作这些长期以来利用动物的工作，逐渐被先进的机器所替代。于是虐待使用动物的行为就渐渐地减少了。

四、古人把吃肉当做养生的主要手段。现在卫生科学发现了吃肉的害处，肉食不仅仅传播微生物，而且微生物死亡的时候，会产生一种病毒，有害于吃肉的人。因此放弃食肉的素食主义逐渐流行开来，屠宰场将来有望渐渐消失。

现在保护动物的组织越来越多起来，但屠宰和捕猎动物的行为，却一时间没能绝迹；然而对这种行为进行循序渐进的教育，一定能使人们养成爱护万物的宽怀大量。古代晋国的翟庄，耕作之后才吃饭，平常只以打猎钓鱼为乐事，年老后他却不再打猎。有人问他："钓鱼和打猎都是杀戮生命的行为，您只去掉打猎一项，这是为什么呢？"翟庄说："打猎是我主动下手，钓鱼是鱼被引诱上钩，这两种行为我不能一下子全部戒掉，所以先戒掉对生命伤害最严重的打猎。"翟庄从此后晚年再也不钓鱼了。可以预见，全人类爱物之善心也必将像翟庄一样逐渐推广普及，这是毫无疑问的。

戒失信

失信之别有二：曰食言，曰愆期。食言之失，有原于变计者，如晋文公伐原，命三日之粮，原不降，命去之。谍出曰："原将降矣。"军吏曰："请待之。"是也。有原于善忘者，如卫献公戒孙文子、宁惠子食，日旰不召，而射鸿于囿，是也。有原于轻诺者，如老子所谓"轻诺必寡信"是也。然晋文公闻军吏之言而答之曰："得原失信，将焉用之？"见变计之不可也。魏文侯与群臣饮酒乐，而天雨，命驾，将适野。左右曰："今日饮酒乐，天又雨，君将安之？"文侯曰："吾与虞人期猎，虽乐，岂可无一会期哉？"乃往身自罢之，不敢忘约也。楚人谚曰："得黄金百，不如得季布诺。"言季布不轻诺，诺则必践也。

愆期之失，有先期者，有后期者，有待人者，有见待于人者。汉郭伋行部，到西河美稷，有童儿数百，各骑竹马，道次迎拜。及事讫，诸儿复送至郭外，问使君何日当还。伋计日告之。行部既还，先期一日，伋谓违信于诸儿，遂止于野，及期乃入。明不当先期也。汉陈太丘与友期行日中，过中不至。太丘舍去。去后乃至。元方时七岁，戏门外。客问元方："尊君在否？"

答曰："待君久不至，已去。"友人便怒曰："非人哉，与人期行，相委而去。"元方曰："君与家君期，日中不至，则是失信。"友人惭。明不可后期也。唐肖至忠少与友期诸路。会雨雪。人引避。至忠曰："岂有与人期，可以失信？"友至，乃去。众叹服。待人不愆期也。吴卓恕为人笃信，言不宿诺，与人期约，虽暴风疾雨冰雪无不至。尝从建业还家，辞诸葛恪。恪问何时当复来。恕对曰："某日当复亲觐。"至是日，恪欲为主人，停不饮食，以须恕至。时宾客会者，皆以为会稽、建业相去千里，道阻江湖，风波难必，岂得如期。恕至，一座皆惊。见待于人而不愆期也。

夫人与人之关系，所以能预计将来，而一一不失其秩序者，恃有约言。约而不践，则秩序为之紊乱，而猜疑之心滋矣。愆期之失，虽若轻于食言，然足以耗光阴而丧信用，亦不可不亟戒之。

【译文】

不讲信用的行为有两种：说话不算数和不遵守时间。

说话不算数的过失，有的是缘于计划的临时更改，如晋文公讨伐原国，事先命令将士准备三天的粮草，只攻打三天，没想到原国坚守拒降，三天后晋文公命令退军。这时派去的间谍跑来说："原国将要投降了。"军官们劝阻说："请等一下再撤军吧。"军官们的言行就是自食其言。有的是缘于遇事健忘，如卫献公请孙文子、宁惠子吃饭，天色很晚了他还在花园中射大雁，却忘记请吃之事，一直没有召见孙文子和宁惠子。这也是属于说话不算数的例子。有的是缘于草率地许诺，如老子所说的"轻易许诺的人肯定很少守信用"就是这种情况。但是守信的晋文公听到军官们的劝说，却回答："得到原国而失去信用，那又有什么用呢？"由此可见临时变更计划也是不可取的。魏文侯计划与群臣设宴饮酒作乐，偏遇下雨，他便命令将车驾到野外。身边的人说："今天饮酒作乐，而天又下雨，您看怎么办呢？"魏文侯说："我与虞人约好打猎，虽是娱乐之事，但怎么能不遵守约会的时间呢？"于是他亲自向虞人说明情况解除约定，却不敢私自毁约。楚人有谚语说："得到一百两黄金，还不如得到季布的许诺值钱。"这是说季布不轻易许诺，如果向别人许诺过，就一定会兑现诺言。不遵守时间的过失，有提前的，有延后的，有等待别人的，有被别人等待的。汉代的郭伋出行，到了西河美稷，有几百个儿童，各自骑着竹马，在道路旁边迎接候拜。事情结束后，那些儿童们又将郭伋送到城外，问他什么时候回来。郭伋计算好日期告诉了他们。郭伋回来后，发现比原先告诉儿童们的归期早了一天，他觉得这样违背了与儿童们的时间约定，便在野外留宿，到了约定的时间才进城。郭伋以此行为表明不应当先于预期的时间而失信。汉代的陈太丘与朋友约定中午外出，没想到过了中午朋友还没有如约前来。陈太丘只得先走。陈太丘走后不久，他的朋友就来了。陈太丘的儿子陈元方时年七岁，当时正在门外玩耍。姗姗来迟的那位朋友问陈元方："你父亲在家吗？"陈元方回答说："我父亲等您很久您都没有来，他已经走了。"那位朋友便生气地说："这人不地道，和别人约好了一起出行，却丢下别人自个儿走了。"陈元方说："您和我父亲约好了时间，到了中午还不来，这是不守信用。"那位朋友自觉很惭愧。这件事说明与人相约不能延期。唐代的肖至忠年轻时与朋友相约在路上相见，正好赶上下雪天气。路上雪大，别人劝他回避一下，而他却说："哪能与别人约好了，却因为天气原因而与别人失约呢？"朋友来了，他才离去。众人对他这种守约行为非常赞叹。吴国的卓恕为人诚恳守信，从不失信于人，与别人相约，即使遇上暴风骤雨、冰天雪地也如期赴约。有一次，他从建业回家，向诸葛恪辞别。诸葛恪问他什么时候返回，他回答道："某天要再来亲自拜访您。"到了卓恕约定的这一天，诸葛恪想尽东道之谊，大宴宾客，为了等卓恕前来，宴席暂停。当时赴会的宾客们，都以为会稽、建业两地相隔千里之遥，江河险阻，路有不测，卓恕哪能按时前来。没想到卓恕按时赴约，满座的人都非常惊讶。由此可见人际交往也不能不守时间。

人与人之间的关系，之所以能预见将来，而不会乱了秩序，是因为有事先的约定。有约定而不遵守，那么秩序就被打乱，人与人之间猜疑之心便会产生。不守时的过失，虽然比说话不讲信用轻些，然而这种情形足可以消耗时间、丧失信用，也是必须马上禁止的。

戒狎侮

人类本平等也。而或乃自尊而卑人，于是有狎侮。如王曾与杨亿同为侍从。亿善谈谑，凡寮友无所不狎侮，至与曾言，则曰："吾不敢与戏。"非以自曾以外，皆其所卑视故耶？人类有同情也。而或者乃致人于不快以为快，于是狎侮。如李凤使人蒙虎皮，怖其参军陆英俊几死，因大笑为乐是也。夫吾人以一时轻忽之故，而致违平等之义，失同情之真，又岂得不戒之乎？

古人常有因狎侮而得祸者。如许攸恃功骄慢，尝于聚坐中呼曹操小字曰："某甲，卿非吾不得冀州也。"操笑曰："汝言是也。"然内不乐，后竟杀之。又如严武以世旧待杜甫甚厚，亲诣其家，甫见之，或时不巾，而性褊躁，常醉登武床，瞪视曰："严挺之乃有此儿。"武衔之。一日欲杀甫，左右白其母，救得止。夫操、武以不堪狎侮而杀人，固为残暴；然许攸、杜甫，独非自取其咎乎？

历史中有以狎侮而启国际间之战争者。春秋时，晋郤克与鲁臧孙许同时而聘于齐，齐君之母肖同侄子，踊于踏而窥客，则客或跛或眇。于是使跛者迓跛者，眇者迓眇者，肖同侄子笑之，闻于客。二大夫归，相与率师为鞌大战。齐师大败。盖狎侮之祸如此。

其狎侮人而不受何种之恶报者，亦非无之。如唐高固久在散位，数为侪类所轻笑，及被任为邠宁节度使，众多惧。固一释不问。宋孙文懿公，眉州人，少时家贫，欲赴试京师，自诣县判状。尉李昭言戏之曰："似君人物来试京师者有几？"文懿以第三登第，后判审官院。李昭言者，赴调见文懿，恐甚，意其不忘前日之言也。文懿特差昭言知眉州。如斯之类，受狎侮者诚为大度，而施者已不胜其恐惧矣。然则何乐而为之乎？

是故按之理论，验之事实，狎侮之不可不戒也甚明。

【译文】

人与人之间本是平等的。但有的人却自高自大瞧不起别人，于是便有侮辱别人的言行。比如王曾与杨亿都做过别人的侍从。杨亿很幽默健谈，凡是他的同事好友他都要取笑嘲弄。至于说到王曾，他却说："我不敢和他开玩笑。"难道是除了王曾，其余的人都是杨亿所瞧不起的吗？其实人类是富有同情心的。但有些人却以使别人不快乐为快乐，于是就嘲弄取笑别人。比如李凤让别人蒙上虎皮假扮老虎，几乎把他的参军陆英俊吓死，而他自己事后却开怀大笑以为乐事，就是这种情况。我们因为一时疏忽大意，而导致违背了人类平等的原则，丧失了同情别人的真心，这又怎么能不引以为戒呢？

古人常常有因为嘲弄别人而惹祸的。如许攸自恃功高而傲慢待人，曾经在围坐的众人中直呼曹操的乳名说："阿瞒，如果不是我的倾力相助，你恐怕得不到冀州。"曹操笑着说："你说的是。"然而曹操内心不爽，后来找个理由竟把许攸杀掉了。又比如严武因为与杜甫家是世交，待杜甫很好，亲自到杜家拜访杜甫。杜甫见严武来访，有时候连帽子都不戴（古人戴帽见客是礼仪）。且他性格暴躁，常常酒醉后爬上严武的床，瞪着严武说："严挺之竟然有这样的儿子。"严武便怀恨在心。后来有一天，严武想杀掉杜甫，幸好周围的人及时发觉告诉了严武的母亲，杜甫才得以获救。曹操、严武都是因为不能忍受别人的侮辱而杀人，这种行为固然很残暴；但许攸、杜甫难道不是咎由自取吗？

历史上有因为嘲弄取笑而直接导致两国开战的。春秋时期，晋国的郤克与鲁园的臧孙许同时出访齐国，齐君的母亲肖和她的侄子踮起脚来偷看来访的使君，使君中有的是瘸子，有的是瞎子。于是齐国安排瘸子接待瘸子，瞎子接待瞎子，肖和她的侄子见此情形便笑了起来，不想被使君听到了。晋国这两个出使的大夫回国后，便一起率领军队和齐国在鞌大战。结果齐国军队惨遭大败。这就是因为嘲弄侮辱别人而招致的国祸。

那些嘲弄侮辱别人却没有遭到恶报的，也不是没有。如唐朝的高固，很长时间官居闲散的位置上，多次被同伴嘲讽取笑，等到他被任命为邠宁节度使，那些先前嘲笑他的人多数害怕起来。然而高固一概不计前嫌。宋朝的孙文懿，眉州人，年轻时家里很穷，想去京城参加科举考试，自己到县衙开取推荐文书。县尉李昭言对他开玩笑说："像你这种人去京城赶考的有几个？"没想到最终孙文懿以第三名的成绩金榜题名，后来到审官院任职。那个叫李昭言的，因有调任奉命去拜见孙文懿，心里非常害怕，以为孙文懿不会忘记自己先前调笑他的话。哪知孙文懿特意差遣李昭言去做眉州知州。像这类情况，受嘲弄侮辱的人固然豁达大度，但嘲弄侮辱别人的人却整天担惊受怕。既然如此，那么当初何苦那样乐意于做嘲弄侮辱别人的事呢？

所以，无论从道理上讲，还是以事实来检验，嘲弄侮辱别人的言行都不能不禁止，这是很清楚的。

戒谤毁

人皆有是非之心：是曰是，非曰非，宜也。人皆有善善恶恶之情：善者善之，恶者恶之，宜也。唯是一事之是非，一人之善恶，其关系至为复杂，吾人一时之判断，常不能据为定评。吾之所评为是、为善，而或未当也，其害尚小。吾之所评为非、为恶，而或不当，则其害甚大。是以吾人之论人也，苟非公益之所关，责任之所在，恒扬其是与善者，而隐其非与恶者。即不能隐，则见为非而非之，见为恶而恶之，其亦可矣。若本无所谓非与恶，而我虚构之，或其非与恶之程度本浅，而我深文周纳之，则谓之谤毁。谤毁者，吾人所当戒也。

吾人试一究谤毁之动机，果何在乎？将忌其人名誉乎？抑以其人之失意为有利于我乎？抑以其人与我有宿怨，而以是中伤之乎？凡若此者，皆问之良心，无一而可者也。凡毁谤人者，常不能害人，而适以自害。汉申咸毁薛宣不孝，宣子况赇客杨明遮斫咸于宫门外。中丞议不以凡斗论，宜弃市。朝廷直以为遇人，不以义而见疻者，宜与疻人同罪，竟减死。今日文明国法律，或无故而毁人名誉，则被毁者得为赔偿损失之要求，足以证谤毁者之适以自害矣。

古之被谤毁者，亦多持不校之义，所谓止谤莫如自修也。汉班超在西域，卫尉李邑上书，陈西域之功不可成，又盛毁超。章帝怒，切责邑，令诣超受节度。超即遣邑将乌孙侍子还京师。徐干谓超曰："邑前毁君，欲败西域，今何不缘诏书留之，遣他吏送侍子乎？"超曰："以邑毁超，故今遣之。内省不疚。何恤人言？"北齐崔暹言文襄宜亲重邢劭。劭不知，顾时毁暹。文襄不悦，谓暹曰："卿说子才（劭字子才）长，子才专言卿短。此痴人耳。"暹曰："皆是实事。劭不为痴。"皆其例也。虽然，受而不校，固不失为盛德；而自施者一方面观之，不更将无地自容耶？吾人不必问受者之为何如人，而不可不以施为戒。

【译文】

人人都有是非判别的心理：对的就说对，错的就说错，这是应该的。人人都有赞好、憎恶的情感：善待好的，憎恶坏的，这也是应该的。只是一件事情的是与非，一个人的善与恶，其中的关系很复杂，我们一时的判断，往往不能作为定论。我们所作出的判断是正确的、善的，但有时并不恰当，这种不恰当的判断所造成的害处不会很大。而我们所作出的判断是错误的、恶的，如果不恰当，那么它的害处就会很大。所以我们评判一个人，只要不是关系到公共利益和社会责任，就应该坚持宣扬他的对与善的地方，而掩盖他的错与恶的地方。即使不能掩盖，那么发现他的错误之处就予以否定，发现他的恶处就予以责罚，这也是可以的。如果一个人本身没有什么错与恶，而是我为他凭空虚构的，或者这个人错与恶的程度并不严重，而是我对他故意夸大其词，那就是对他的诽谤。诽谤，是我们应当禁止的。

我们试着来探究一下诽谤的动机到底是什么呢？是嫉妒别人的名誉吗？还是以为别人的失意对自己有利？还是别人与自己有宿怨，便以诽谤来中伤别人？所有这些，我们不妨叩问自己的良心，没有一个是可以做的。凡是诽谤别人的人，常常害不了别人，到头来却自己害自己。汉代申咸诽谤薛宣不孝道，薛宣儿子薛况的门客杨明，在官门外打伤了申咸。御史中丞认为这件事不能以平民百姓间的争斗来定论，要把薛况处以死刑。但朝廷大臣以为，申咸是因为没有以正直之心去对待别人而遭到报复，他应该与施加报复的人同罪论处，最后薛况竟被免除死罪。今天文明国家的法律明文规定，如果有人无缘无故毁坏别人名誉，那么受毁者有权要求对方给予赔偿，这足以证明诽谤者刚好自己害自己。

古时那些被诽谤的人，大都也采取不申辩的态度，这就是人们所说的，阻止别人的诽谤最好的方法莫过于首先加强自身修养。汉代的班超受命出使西域，卫尉李邑向皇帝上书，陈述班超经营西域的事业不可能成功，又极力诋毁班超，汉章帝大为愤怒，严厉斥责李邑，命令他到班超那里去接受调遣。班超就派遣李邑带领乌孙国的侍子回到京城。徐干对班超说："李邑先前诽谤您，想破坏您经营西域的功业，现在您为什么不依据皇帝诏书把他留在西域，另派他人去送乌孙国的侍子呢？"班超说："正是因为李邑先前诽谤了我，所以今天才派他回京城。我内心自省没有愧疚，何必怕别人的议论呢？"北齐崔暹劝文襄帝高澄亲近信赖邢劭。邢劭不知道这件事，却瞅准机会不时地在文襄帝面前诋毁崔暹。文襄帝很不高兴，对崔暹说："你说邢劭的优点，而邢劭却专门挑你的缺点。邢劭真是个糊涂人啊。"崔暹说："这些都是事实。邢劭其实不糊涂。"这些都是很好的例子。虽然自己受到别人的诽谤却不申辩，品德固然高尚；但从诽谤者的角度来看，他们不是更加无地自容了吗？我们没有必要追问受到诽谤的是些什么人，但不能不劝诫和杜绝诽谤的言行。

戒骂詈

吾国人最易患之过失，其骂詈乎？素不相识之人，于无意之中，偶相触迕，或驱车负担之时，小不经意，彼此相撞，可以互相谢过了之者，辄矢口骂詈，经时不休。又或朋友戚族之间，论事不合，辄以骂詈继之。或斥以畜类，或辱其家族。此北自幽燕，南至吴粤，大略相等者也。

夫均是人也，而忽以畜类相斥，此何义乎？据生物进化史，人类不过哺乳动物之较为进化者；而爬虫实哺乳动物之祖先。故二十八日之人胎，与日数相等之狗胎、龟胎，甚为类似。然则斥以畜类，其程度较低之义耶？而普通之人，所见初不如是。汉刘宽尝坐有客，遣苍头沽酒。迟久之。大醉而还。客不堪之，骂曰："畜产。"宽须臾，遣人视奴，疑必自杀，顾左右曰："此人也，骂言畜产，辱孰甚焉，故我惧其死也。"又苻秦时，王堕性刚峻，疾董荣如仇雠，略不与言，尝曰："董龙是何鸡狗者，令国士与之言乎？"（龙为董荣之小字。）荣闻而惭憾，遂劝苻生杀之。及刑，荣谓堕曰："君今复敢数董龙作鸡狗乎。"夫或恐自杀，或且杀人，其激刺之烈如此。而今之人，乃以是相詈，恬不为怪，何欤？

父子兄弟，罪不相及，怒一人而辱及其家族，又何义乎？昔卫孙蒯饮马于重丘，毁其瓶，重丘人诟之曰："尔父为厉。"齐威王之见责于周安王也，詈之曰："叱嗟，尔母婢也。"此古人之诟及父母者也。其加以秽辞者，唯嘲戏则有之。《抱朴子·疾谬篇》曰："嘲戏之谈，或及祖考，下逮妇女。"既斥为谬而疾之。陈灵公与孔宁、仪行父通于夏徵舒之母，饮酒于夏氏。公谓行父曰："徵舒似汝。"对曰："亦似君。"灵公卒以是为徵舒所杀。而今之人乃以是相詈，恬不为怪，何欤？

无他，口耳习熟，则虽至不合理之词，亦复不求其故；而人云亦云，如叹词之暗呜咄咤云耳。《说苑》曰："孔子家儿不知骂，生而善教也。"愿明理之人，注意于陋习而矫正之。

【译文】

我们中国人最容易犯的错误，是不是骂人呢？从来不认识的人，在无意中，相互之间偶然发生点摩擦，或者是驾车挑担子的时候，一不小心，彼此相撞，本来相互致歉就可以了结的，却破口大骂，很长时间没有休止。还有亲戚朋友之间，讨论事情如意见不合，就相互责骂起来，或者骂对方是牲畜，或者侮辱对方祖先。这种情况，北自河北，南至浙江、广东等地，大体情形都是一样的。

彼此都是人类，却突然以牲畜辱骂对方，这是什么道理啊？根据生物进化史，人类不过是哺乳动物中进化程度较高的；而爬行动物却是哺乳动物的祖先。所以发育生长二十八天的人类胎儿，与发育生长天数相等的狗胎、龟胎十分相似。然而辱骂别人是牲畜，是嫌别人进化的程度较低吗？但一般的人，最初的看法并不是这样。汉代的刘宽曾经招待客人，派家奴去买酒。过了很久，家奴却大醉而归。客人不能忍受家奴的行为，骂道："你简直是牲畜养的。"过了一会儿，刘宽派人监视家奴，怕家奴受骂后会自杀，他对周围的人说："他也是人啊，你骂他是牲畜养的，还有比这更严重的侮辱吗，所以我怕他会自杀啊。"还有前秦符坚时，王堕性情刚直，痛恨董荣如同仇人，从来不跟他说话。王堕曾经说："董荣是哪里来的鸡狗哦，怎么能让有识之士跟他说话？"董荣听说后羞愧难当，就劝符坚杀了王堕。等到行刑的时候，董荣对王堕说："你今天还敢骂我董荣是鸡狗吗？"对待辱骂，要么自杀，要么杀人，古人的选择反差如此之大。但是今天的人，却以这种方式互相责骂，还不觉得反常，这是为什么呢？

父子兄弟，罪责不应该相互牵连。因为对一个人愤怒，进而侮辱他的家族，这是什么道理呢？古时候卫国的孙蒯在重丘放马饮水，不小心让马毁坏了饮水的器具，重丘的人就辱骂孙蒯说："你家父亲是一个暴虐的人。"齐威王被周安王责备，便怒骂周安王："呸，你母亲是别人的奴婢。"这是古人迁怒而辱骂别人父母的例子。那些骂人的脏话，只有在嘲笑戏弄的时候才出现。《抱朴子·疾谬篇》说："嘲笑戏弄的话，有的波及祖先，直到牵连妇女。"作者斥责这种荒谬的做法并痛恨它。陈灵公与孔宁、仪行父私通夏徵舒的母亲，他们在夏徵舒母亲那里饮酒作乐。陈灵公对仪行父说："夏徵舒像你。"仪行父说："也像你。"陈灵公最终因为说这些话而被夏徵舒杀死。但是今天的人，却以这种话相互责骂，并不以为怪，这是为什么呢？

其实没有别的原因，只是说惯了听惯了而已，即使是最不合情理的话，也不会去追究说这些话的原因；而且人云亦云，就像是发感叹那样语气自如。《说苑》说："孔子家的孩子不会骂人，是因为他们生来就受到很好的家教。"希望明白事理的人们，注意自己的不良习惯并加以改正。

文明与奢侈

读人类进化之历史：昔也穴居而野处，今则有完善之宫室；昔也饮血茹毛，食鸟兽之肉而寝其皮，今则有烹饪、裁缝之术；昔也束薪而为炬，陶土而为灯，而今则行之以煤气及电力；昔也椎轮之车，刳木之舟，为小距离之交通，而今则汽车及汽舟，无远弗届；其他一切应用之物，昔粗而今精，昔简单而今复杂，大都如是。故以今较昔，器物之价值，百倍者有之，千倍者有之，甚而万倍、亿倍者亦有之，一若昔节俭而今奢侈，奢侈之度，随文明而俱进。是以厌疾奢侈者，至于并一切之物质文明而屏弃之，如法之卢梭，俄之托尔斯泰是也。

虽然，文明之与奢侈，固若是其密接而不可离乎？是不然。文明者，利用厚生之普及于人人者也。敷道如砥，夫人而行之；滤水使洁，夫人而饮之；广衢之灯，夫人而利其明；公园之音乐，夫人而聆其音；普及教育，平民大学，夫人而可以受之；藏书楼之书，其数巨万，夫人而可以读之；博物院之美术品，其值不赀，夫人而可以赏鉴之。夫是以谓之文明。且此等设施，或以卫生，或以益智，或以进德，其所生之效力，有百千万亿于所费者。故所费虽多，而不得以奢侈论。

奢侈者，一人之费，逾于普通人所费之均数，而又不生何等之善果，或转以发生恶影响。如《吕氏春秋》所谓"出则以车，入则以辇，务以自佚，命之曰招蹶之机；肥酒厚肉，务以自疆，命之曰烂肠之食"是也。此等恶习，本酋长时代所遗留。在昔普通生活低度之时，凡所谓峻宇雕墙，玉杯象箸，长夜之饮，游畋之乐，其超越均数之费者何限？普通生活既渐高其度，即有贵族富豪以穷奢极侈著，而其超越均数之度，决不如酋长时代之甚。故知文明益进，则奢侈益杀。谓今日之文明，尚未能剿灭奢侈则可；以奢侈为文明之产物，则大不可也。吾人当详观文明与奢侈之别，尚其前者，而戒其后者，则折衷之道也。

【译文】

我们来认识一下人类进化的历史：古时候的人在野外住洞穴，今天的人却有很好的住宅；古时候的人生吃动物，以鸟兽肉为食，以鸟兽皮为衣，今天的人却掌握了烹饪、裁缝的技术；古时候的人把柴草捆起来当做火炬，用陶土做灯，而现在我们却利用煤气和电力照明；古时候的人用木头做车轮，挖木做船，以此作为短距离的交通工具，而今天却有汽车和汽船作为交通工具，无论多远的地方都能到达；其他一切日常应用的东西，古时的粗糙而今天的精细，古时的简单而今天的复杂，大都是这种情况。所以拿今天与古时相比，器物的价值，有超过古时一百倍的，有超过古时一千倍的，甚至万倍、亿倍的也有，就好比古时人节俭而今天的人奢侈，奢侈的程度，随着文明的进程而加剧。所以痛恨奢侈的人，就连一切物质文明的成果都予以摒弃，如法国的卢梭、俄国的托尔斯泰就是这种人。

即使这样，难道文明与奢侈就这样关系密切而不可分离吗？情况并非如此。文明，是充分利用自然资源而对人们广泛有利。把道路铺造得像平板一样，供人行走；把水过滤干净，供人饮用；在大街上安灯，供人照明；在公园里播放音乐，供人聆听；普及教育，开办平民大学，供人受教育；图书馆的藏书成千上万，供人阅读；博物馆里的美术作品，价值连城，供人鉴赏。这就是所谓的文明。而且这些设施，有些是用来改善卫生条件，有些是用来增益人们的智慧，有些是用来提升人们的道德境界，这些设施所产生的效果，往往需要消耗成百上千甚至数以万亿的费用。所以虽然费用巨大，但不能认定是奢侈行为。

奢侈，是一个人的消费，超过了普通人消费的平均数，而且又不能带来任何益处，甚至产生恶劣的影响。如《吕氏春秋》所说："出门用车，回家用辇，一定要让自己出入舒服，其实这是招致摔倒的工具；大量饮酒大块吃肉，一定要让自己身体强壮，其实这是使肠胃得病的饮食。"这种恶习，本来是原始部落时代遗留下来的。在古代普通人生活条件很差的时候，所有的高大房屋，雕花的墙壁，玉石做的杯子，象牙做的筷子，通宵饮酒，游猎之乐，这种奢侈的生活要超过平均生活费用多少啊？普通人的生活水平渐渐提高了，即使有贵族富豪穷奢极欲，但他们超过平均生活消费的程度，绝不会像部落酋长时期那么严重。所以说文明程度越高，奢侈的行为就越来越少。说今天的文明，还不足以消除奢侈的行为，道理上说得通；但要以为奢侈是文明进程的产物，那就说不通了。我们应当详细考察文明与奢侈的区别，推崇前者，力戒后者，才是恰当的做法。

理信与迷信

人之行为，循一定之标准，而不至彼此互相冲突，前后判若两人者，恃乎其有所信。顾信亦有别，曰理信，曰迷信。差以毫厘，失之千里，不可不察也。

种瓜得瓜，种豆得豆，有是因而后有是果，尽人所能信也。昧理之人，于事理之较为复杂者，辄不能了然。于其因果之相关，则妄归其因于不可知之神，而一切倚赖之。其属于幸福者，曰是神之喜我而佑我也，其属于不幸福者，曰是神之怒而祸我也。于是求所以喜神而免其怒者，祈祷也，祭告也，忏悔也，立种种事神之仪式，而于其所求之果，渺不相涉也。然而人顾信之，是迷信也。

础润而雨，征诸湿也；履霜坚冰至，验诸寒也；敬人者人恒敬之，爱人者人恒爱之，符诸情也；见是因而知其有是果，亦尽人所能信也。昧理之人，既归其一切之因于神，而神之情不可得而实测也，于是不胜其侥幸之心，而欲得一神人间之媒介，以为窥测之机关，遂有巫觋卜人星士之属，承其乏而自欺以欺人：或托为天使，或夸为先知，或卜以龟蓍，或占诸星象，或说以梦兆，或观其气色，或推其诞生年月日时，或相其先人之坟墓，要皆为种种预言之准备，而于其所求果之真因，又渺不相涉也。然而人顾信之，是亦迷信也。

理信则不然，其所见为因果相关者，常积无数之实验，而归纳以得之，故恒足以破往昔之迷信。例如日食、月食，昔人所谓天之警告也，今则知为月影、地影之偶蔽，而可以预定其再见之时。疫疠，昔人所视为神谴者也，今则知为微生物之传染，而可以预防。人类之所以首出万物者，昔人以为天神创造之时，赋畀独厚也；今则知人类为生物进化中之一级，以其观察自然之能力，同类互助之感情，均视他种生物为进步，故程度特高也。是皆理信之证也。

人能祛迷信而持理信，则可以省无谓之营求及希冀，以专力于有益社会之事业，而日有进步矣。

【译文】

人们的行为，都是遵循一定的标准，才不至于相互发生冲突，前后判若两人，做到这些依靠的就是信仰。信仰也有区别：一是理智的信仰，一是迷信。行为之初也许差之毫厘，结果却会造成巨大的差异，所以我们不能不认真注意。

种瓜得瓜，种豆得豆，有什么样的原因，就有什么样的结果，这是人们普遍相信的道理。糊涂的人，对于较复杂的事理，就不能明察。对于因果相关的事情，把事情的起因妄自归结为不可知的神，并将一切都依赖于神。遇到自己幸福的事情，就说是神因高兴而暗中保佑我；遇到自己不幸的事情，就说是神因发怒而嫁祸于我。于是就千方百计地去做让神高兴而息怒的事情，比如祈祷、祭祀、忏悔、设立种种敬神拜神的仪式，但这些与他们所期望的结果毫不相干。然而人们却仍然相信它，这就是迷信的行为。

房屋地基潮湿，就是天要下雨的征兆，这是从潮湿的现象中总结出来的规律；地上起霜就要结冰，这是从寒冷的现象中验证出来的规律；尊敬别人的人，别人也常常尊敬他，爱护别人的人，别人也常常爱护他，这是从人之情理中验证出来的规律；发现什么原因，就会由此推断有什么结果，这是人人都能相信的。那些糊涂的人，已经把一切原因都归结于神，而对神的心情又不能如实预测，于是便产生侥幸心理，想找到一个神与人之间的媒介，以窥探神的心情，这样便出现了巫婆神汉和打卦算命的人，他们利用人们心存侥幸的心理自欺欺人：假托自己是天神的使者，或者吹嘘自己先知先觉，或者用龟甲蓍草来占卜，或者用星象来推算，或者释梦作为预兆，或者观察别人的气色，或者测算别人的生辰八字，或者察看别人祖坟的风水朝向，所有这些都是为他五花八门的预言做准备，但与人们所寻求结果的真正原因又毫不相干。然而人们仍然相信它，这也是迷信。

理智的信仰却不是这样，信仰者们所分析的因果关系，常常是通过积累无数的实践经验而归纳出来的，所以能够破除以往的迷信。例如日食、月食现象，古人说这是上天对人类的警告，其实今天我们知道这是由于月球或地球的影子偶尔遮住太阳而造成的，并且可以预测再次发生日食、月食的时间。流行的瘟疫，古人认为是神对人类的惩罚，今天我们知道是由于微生物的传染造成的，并且可以预防。人类之所以能超出万物，古人认为是天神在创造万物的时候，独独给予人的很多；今天我们认识到人类是生物进化过程中的一个环节，只不过由于他们观察自然的能力，同类之间相互帮助的感情，都比其他生物种类进步，所以进化的程度很高。这些都是理智的信仰的有力证明。

人类如果能破除迷信而坚持理智的信仰，那样就可以省去许多毫无意义的祈求和希望，专心致力于有意义的社会事业，并且天天有所进步。

循理与畏威

人生而有爱己爱他之心象，因发为利己利他之行为。行为之己他两利，或利他而不暇利己者为善。利己之过，而不惜害他人者为恶。此古今中外之所同也。

蒙昧之世，人类心象尚隘，见己而不及见他，因而利己害他之行为，所在多有。有知觉较先者，见其事之有害于人群，而思所以防止之，于是有赏罚：善者赏之，恶者罚之，是法律所托始也。是谓酋长之威。酋长之赏罚，不能公平无私也；而其监视之作用，所以为赏罚标准者，又不能周密而无遗。于是隶属于酋长者，又得趋避之术，而不惮于恶；而酋长之威穷。

有济其穷者曰："人之行为，监视之者，不独酋长也，又有神。吾人即独居一室，而不啻十目所视，十手所指。为善则神赐之福，为恶则神降之罚。神之赏罚，不独于其生前，而又及其死后：善者登天堂，而恶者入地狱。"或又为之说曰："神之赏罚，不独于其身，而又及其子孙：善者子孙多且贤，而恶者子孙不肖，甚者绝其嗣。"或又为之说曰："神之赏罚，不唯于其今生也，而又及其来世：善者来世为幸福之人，而恶者则转生为贫苦残废之人，甚者为兽畜。"是皆宗教家之所传说也。是谓神之威。

虽然，神之赏罚，其果如斯响应乎？其未来之苦乐，果足以抑现世之刺冲乎？故有所谓神之威，而人之不能免于恶如故。

且君主也，官吏也，教主也，辄利用酋长之威及神之威，以强人去善而为恶。其最著者，政治之战、宗教之战是也。于是乎威者不但无成效，而且有流弊。

人智既进，乃有科学。科学者，舍威以求理者也。其理奈何？曰，我之所谓己，人之所谓他也。我之所谓他，人之所谓己也。故观其通，则无所谓己与他，而同谓之人。人之于人，无所不爱，则无所不利。不得已而不能普利，则牺牲其最少数者，以利其最大多数者，初不必问其所牺牲者之为何人也。如是，则为善最乐，又何苦为恶耶？

吾人之所为，既以理为准则，自然无恃乎威；且于流弊滋章之威，务相率而廓清之，以造成自由平等之世界，是则吾人之天责也。

【译文】

人一生下来就有爱己和爱人之心，因而生发出利己和利人的行为。行为对自己和他人都有好处，或者利于他人而顾不上利于自己，这些行为都是善行。然而自己贪利太过，而不惜伤害他人，这些行为就是可恶。这是古今中外都认同的道理。

原始社会，人类的心胸还很狭窄，只关心自己而顾不上关心他人，所以多有利己害人的行为。先知先觉的人，看到这种事情对群体有害，就想办法防止它，于是就有了赏罚：奖励做好事的人，惩罚做坏事的人，这就是法律的开始，也被称为酋长的权威。酋长的赏罚行为，不可能完全公平无私；而且作为赏罚的标准，他的监督作用不可能周密而没有任何疏漏。于是那些隶属于酋长管制的人，看到有漏洞可钻便纷纷想出逃避责任的办法，因而不怵于做坏事；这样的结果就是酋长的威信急剧下降。

那些自称可以解决酋长威信下降问题的人说："监督别人行为的人，应该不仅仅是酋长，神也应在此之列。我们即使是一个人住在房子里，也不只是十只眼睛看着我们、十个手指着我们。做善事的人，神就会赐福于他，做坏事的人，神就会惩罚他。神对人的赏罚，不仅是在人生前，也会在人死后：行善的人死后升上天堂，作恶的人就被打下地狱。"又有人这样说："神对人的赏罚，不仅是对他一个人，而且会波及他的子孙后代：行善的人子孙又多又贤能，作恶的人子孙品行恶劣，更有甚者断子绝孙。"又有人说："神对人的赏罚，不仅是针对他的今生，还会涉及他的来世：行善的人来世会成为幸福的人，作恶的人却转世为贫苦残废的人，更有甚者会投胎为野兽和牲畜之类。"这些都是宗教家们的传说和解释，也就是人们所说的神之权威。

即使这样，神的奖赏惩罚，当真与人的行为相符合吗？人的未来的痛苦快乐，当真足以抑制人现在的不善行为吗？所以说神的权威，并不能有效地阻止人做坏事。

况且那些君王、官吏、教主，动不动就利用酋长和神的权威，强迫人们不行善而作恶。其中最明显的，就是政治争斗和宗教战争。这样一来，权威者不但在抑恶扬善上没有成效，反而产生了恶劣影响。

随着人类智力的发展，科学便产生了。科学，就是抛弃权威而追求真理。真理是什么？人们常说，我所说的自己，别人称为他人。我所说的他人，别人称为自己。所以整体而言，没有所谓的自己与他人，自己与他人统统称为人。人与人之间，只要互相关爱，就会互利互惠。如果迫不得已不能让所有人都普遍获利，那么就牺牲极少数人的利益，让大多数人获利，并且开始就不必计较是谁牺牲了自己的利益。如此看来，行善是件快乐的事，人们又何苦去作恶呢？

我们的所作所为，既然以真理为准则，当然不怕权威；而且对那些传承和滋生的所谓权威，务必共同清除，以创造自由平等的世界，这是我们天赋的责任。

坚忍与顽固

《汉书·律历》云："凡律度量衡用铜。为物至精，不为燥湿寒暑变其节，不为风雨暴露改其形，介然有常，有似于士君子之行。是以用铜。"《考工记》曰："金有六齐：六分其金而锡居一，谓之链鼎之齐；五分其金而锡居一，谓之斧斤之齐；四分其金而锡居一，谓之戈戟之齐；三分其金而锡居一，谓之大刃之齐；五分其金而锡居二，谓之削杀矢之齐；金锡半，谓之鉴燧之齐。"贾疏曰："金谓铜也。"然则铜之质，可由两方面观察之：一则对于外界傥来之境遇，不为所侵蚀也；二则应用于器物之制造，又能调合他金属之长，以自成为种种之品格也。所谓有似于士君子之行者，亦当合两方面而观之。孔子曰："匹夫不可夺其志。"孟子曰："富贵不能淫，贫贱不能移，威武不能屈。"非犹夫铜之不变而有常乎？是谓坚忍。孔子曰："见贤思齐焉。"又曰："多闻择善者而从之。"孟子曰："乐取于人以为善。"荀子曰："君子之学如蜕。"非犹夫铜之资锡以为齐乎？是谓不顽固。

坚忍者，有一定之宗旨以标准行为，而不为反对宗旨之外缘所憧扰，故遇有适合宗旨之新知识，必所欢迎。顽固者本无宗旨，徒对于不习惯之革新，而为无意识之反动；苟外力遇其堕性，则一转而不之返。是故坚忍者必不顽固，而顽固者转不坚忍也。

不观乎有清之季世乎？满洲政府，自慈禧太后以下，因仇视新法之故，而仇视外人，遂有"义和团"之役，可谓顽固矣。然一经庚子联军之压迫，则向之排外者，一转而反为媚外。凡为外人，不问贤否，悉崇拜之；凡为外俗，不问是非，悉仿效之。其不坚忍为何如耶？革命之士，慨政俗之不良，欲输入欧化以救之，可谓不顽固矣。经政府之反对，放逐囚杀，终不能夺其志。其坚忍为何如耶？坚忍与顽固之别，观夫此而益信。

【译文】

《汉书·律历》上说："所有度量衡器具都是铜制的。铜器精良，不会因为干燥、潮湿、寒冷、酷热而改变品质，不会因为经风受雨而改变形状，品质恒久，像君子的品行，所以度量器具用铜来做。"《考工记》上说："金属冶炼有六种配方。在金属冶炼中锡的成分占六分之一，这是制造链鼎类器具所需要的配比。锡的成分占到五分之一，这是制造斧刀类器具所需要的配比；锡的成分占到四分之一，这是制造长矛类器具所需要的配比；锡的成分占到三分之一，这是制造大刀类器具的配比；锡的成分占到五分之二，这是制造削、杀、矢类武器的配比；锡的成分占到一半，这是制造取火用具燧镜的配比。"贾公彦解释说："这里的金属说的就是铜。"然而铜的品质，可从两个方面来观察，一是对于外界的条件变化，铜不会被腐蚀而变质；二是在器具制造方面，它能调和其他金属的优点，因此具有不同的特性。所以说铜好像君子的品行，也应该从两个方面来看。孔子说："大丈夫的志向是不可以强迫他更改的。"孟子说："高官厚禄收买不了，贫穷困苦折磨不了，强暴武力威胁不了。"这不正像铜不随环境而改变，并保持自己的特性吗？这就是坚忍。孔子说："看到别人贤能，我就想向他学习。"又说："见多识广，效仿那些行善者的言行。"孟子说："要乐于吸取别人的长处，来加强自己的修养。"荀子说："君子的学习好像蜕变一样。"这难道不是像铜与锡的配比一样有用吗？这就是不顽固。

坚忍，就是按一定的宗旨来规范自己的行为，而不被宗旨之外的其他因素所影响，所以遇到适合宗旨的新知识，一定会欢迎接受。顽固的人本来就没有什么宗旨，只是不习惯变化而下意识地反对；只要外界的因素触及他的惰性，他就会转变立场。所以坚忍的人一定不会顽固，而顽固的人反而不会坚忍。

我们难道不能从清朝的历史演变中明白其中的道理吗？满洲政府，从慈禧太后以下，因为仇视变法，仇视外国人，所以才有"义和团"的战争，满洲政府可以说是太顽固不化了。然而，经过庚子年八国联军的侵略压迫，那些原来排外的人，马上转变立场，变得崇洋媚外了。只要是外国人，不管贤愚，一律崇拜；凡是外国的习俗，不问好坏，全部模仿。他们的不坚忍为什么能到这种地步？革命志士感慨政坛风气败坏，想用欧洲的民主方法来救国改良，这些可以说是不顽固。虽然清政府对变法者采取放逐、囚禁、杀戮等方法加以镇压反对，结果却没能改变他们的志向。他们的坚忍为什么能到这种地步？通过上述两方面的对比，我们对坚忍与顽固的区别就更加确信了。

自由与放纵

自由，美德也。若思想，若身体，若言论，若居处，若职业，若集会，无不有一自由之程度。若受外界之压制，而不及其度，则尽力以争之，虽流血亦所不顾，所谓"不自由毋宁死"是也。然若过于其度，而有愧于己，有害于人，则不复为自由，而谓之放纵。放纵者，自由之敌也。

人之思想不缚于宗教，不牵于俗尚，而一以良心为准。此真自由也。若偶有恶劣之思想，为良心所不许，而我故纵容之，使积渐扩张，而势力遂驾于良心之上，则放纵之思想而已。

饥而食，渴而饮，倦而眠，卫生之自由也。然使饮食不节，兴寝无常，养成不良之习惯，则因放纵而转有害于卫生矣。

喜而歌，悲而哭，感情之自由也。然而里有殡，不巷歌，寡妇不夜哭，不敢放纵也。

言论可以自由也，而或乃讦发阴私，指挥淫盗；居处可以自由也，而或于其间为危险之制造，作长夜之喧嚣；职业可以自由也，而或乃造作伪品，贩卖毒物；集会可以自由也，而或以流布迷信，恣行奸邪。诸如此类，皆逞一方面极端之自由，而不以他人之自由为界，皆放纵之咎也。

昔法国之大革命，争自由也，吾人所崇拜也。然其时如罗伯士比及但丁之流，以过度之激烈，恣杀贵族，酿成恐怖时代，则由放纵而流于残忍矣。近者英国妇女之争选举权，亦争自由也，吾人所不敢菲薄也。然其胁迫政府之策，至于烧毁邮件，破坏美术品，则由放纵而流于粗暴矣。夫以自由之美德，而一涉放纵，则且流于粗暴或残忍之行为而不觉。可不慎欤？

【译文】

自由，是一种美德。比如我们的思想、身体、言论、居住、职业、集会等，都有一定的自由权利。如果我们的自由权利受到外界的压制，而达不到应有的程度，那么我们就一定会去努力抗争，即使流血牺牲也不顾惜，这就是人们所说的"不自由，宁可死"。但是如果我们行使自由的权利超过限度，就不仅有愧于自己，也会伤害他人，那样就不再是自由，而是放纵了。放纵，是自由的敌人。

人的思想不应该被宗教教义所束缚，也不应该被风俗时尚所左右，而应该以良心为准绳。这才是真正的自由。如果偶尔萌发恶劣的想法，本来就良心不忍，但是我却有意纵容它，使它不断滋长，恶劣的势力最终凌驾于良心之上，那就是放纵的思想了。

饿了就吃饭，渴了就喝水，困了就睡觉，这是身体健康的自由。但是如果饮食没有节制，工作睡眠没有规律，养成不好的习惯，这就是放纵自己的身体自由，而有害于自身健康了。

高兴了就唱歌，悲伤了就哭泣，这是感情的自由。但是遇到邻居办丧事，就不在街巷里唱歌，寡妇不在深夜里哭泣影响他人，这些都是因为不敢放纵自己。

言论是自由的，但有的人揭发别人的隐私，诱导别人去嫖娼盗窃；居住也是自由的，然而有的人在住所里做出危险举动，在深夜里大声喧哗；职业是自由的，然而有的人制造伪劣产品，贩卖毒品；集会是自由的，然而有的人传播迷信思想，胡作非为。以上这些行为，都是行使个人的极端自由，而不考虑别人的自由，都是放纵的过错。

以前法国大革命争取自由，是我们所崇拜的。然而那时的人如罗伯斯庇尔、丹东等人，过度激烈地滥杀贵族，造成一个恐怖黑暗的时代，这是因为放纵而导致手段残忍。近期的英国妇女争取选举权，也是在争取自由，我们对此不敢轻视。但是她们威胁政府的手段，达到烧毁邮件、破坏艺术品的程度，这是因为放纵而产生粗暴行为。以自由的美德，如果一旦放任自流，尚且会产生粗暴和残忍的行为而浑然不知，我们难道不应该谨慎对待自由吗？

镇定与冷淡

世界蕃变，常有一时突起之现象，非意料所及者。普通人当之，恒不免张皇无措。而弘毅之才，独能不动声色，应机立断，有以扫众人之疑虑，而免其纷乱，是之谓镇定。

昔诸葛亮屯军于阳平，唯留万人守城。司马懿垂至，将士失色，莫之为计。而亮意气自若，令军中偃旗息鼓，大开西城门，扫地却洒。懿疑有伏，引军趋北山。宋刘几知保州，方大会宾客；夜分，忽告有卒为乱；几不问，益令折花劝客。几已密令人分捕，有顷禽至。几复极饮达旦。宋李允则尝宴军，而甲仗库火。允则作乐饮酒不辍。少顷，火息，密檄瀛州以茗笼运器甲，不浃旬，军器完足，人无知者。真宗诘之。曰："兵机所藏，儆火甚严。方宴而焚，必奸人所为。若舍宴救火，事当不测。"是皆不愧为镇定矣。

镇定者，行所无事，而实大有为者也。若目击世变之亟，而曾不稍受其刺激，转以清静无为之说自遣，则不得谓之镇定，而谓之冷淡。

晋之叔世，五胡云扰。王衍居宰辅之任，不以经国为念，而雅咏玄虚。后进之士，景慕仿效，矜高浮诞，遂成风俗。洛阳危逼，多欲迁都以避其难；而衍独卖牛车以安众心。事若近乎镇定。然不及为备，俄而举军为石勒所破。衍将死，顾而言曰："呜呼，吾曹虽不如古人，向若不祖尚浮虚，戮力以匡天下，犹不至今日。"此冷淡之失也。

宋富弼致政于家，为长生之术，吕大临与之书曰："古者三公无职事，唯有德者居之：内则论道于朝，外则主教于乡，古之大人，当是任者，必将以斯道觉斯民，成己以成物，岂以位之进退，年岁之盛衰，而为之变哉？今大道未明，人趋异学，不入于庄，则入于释，人伦不明，万物憔悴。此老成大人恻隐存心之时，以道自任，振起坏俗。若夫移精变气，务求长年，此山谷避世之士，独善其心者之所好，岂世之所以望于公者。"弼谢之。此极言冷淡之不可也。

观衍之临死而悔，弼之得书而谢，知冷淡之弊，不独政治家，即在野者，亦不可不深以为戒焉。

【译文】

世界的演变，常常有一时突变的现象，不是人们能预料到的。普通人遇到这种现象，常常免不了惊慌失措。但是坚毅的人遇到了却能不动声色，根据情况当机立断，排除众人的疑虑，从而避免产生混乱，这就是镇定。

三国时候的诸葛亮在阳平驻军，只留下一万人镇守城池。魏将司马懿率大军突袭这座城池，城内将士大惊失色，想不出什么办法来。但这时诸葛亮面不改色心不跳，下令军队放倒旗子，停止敲鼓，打开西城门，让士兵在城里扫地洒水。司马懿怀疑城里有埋伏，带领军队向北山撤退。宋朝的刘几在治理保州期间，有一天正在大宴宾客，夜晚时分，忽然手下报告有人作乱。刘几不问作乱的人是谁，反而下令为客人折花劝酒。其间刘几秘密派人分头出去追捕，一会儿就把作乱的人抓到了。刘几接着喝酒作乐一直到天亮。宋朝李允则有一次在军中举行酒宴，席间甲仗库突然起火。李允却没有中止饮酒作乐。没过多久，库里的火被扑灭了。李允则暗地里派人拿着他的文书到瀛州用茶叶箱子运载武器。不到十天，库里因火灾而损失的武器又补齐了，而军队中谁也不知道这件事。宋真宗责问他。李允则回答说："兵器库防火措施十分严密。我在这里刚刚举行酒宴，那边就莫名其妙地起火了，一定是内奸干的。如果我当时离开宴会而去救火，就中了他的调虎离山之计，恐怕遭遇不测。"以上这几个都不愧为遇事沉着镇定的人。

镇定的人，表面上好像无所事事，实际上大有作为。如果眼看世界在急剧变化，却对此毫无反应，反而用清静无为的理论来安慰自己，这样不能算作镇定，而应该称为冷淡。

晋朝末年时，好几个北方的游牧民族纷纷作乱骚扰。王衍当时任宰相，不把国家大事放在心上，却整天只知道吟咏诗词，故弄玄虚。很多年轻人对他无比仰慕并极力效仿，导致自高自大、轻浮放荡的不良习俗流行一时。当时洛阳被敌兵紧逼，形势危急，朝廷上很多官员都想劝皇帝把首都迁移至别处，以躲避灾难，只有王衍不想走，还卖牛车来安抚民心。他做事好像很镇定，却因为来不及防备，不久他率领的军队被石勒打败。王衍临死时，对旁边的人说："唉，我们虽然不如古人，但如果当初不崇尚浮夸虚无，全力以赴来拯救天下，也不至于落到今天的下场。"这是因冷淡而造成的后果。

宋朝的富弼辞官回家，寻求长生不老的法术。吕大临写信给他说："古代三公没有具体的职务，只有德行好的人才能担任。他们在朝廷内讨论治国方略，出了朝廷就在民间主持教化。古代的达官贵人敢于担当责任，一定会用治国的道理来教化人民，这样既成就自己，也成就万物。他们怎么能因为职位的进退、年龄的盛衰而有所变化呢？现在，大道理还没有明示天下，人们倾向于异端的学说，不是学老庄，就是学佛教，人伦不清，万物衰败。这是大人您产生同情心的时候，您一定要扛起大道的责任，努力改变不良的时俗。如果这时您却改变自己的志向，追求长生不老之术，这是山中隐士和那些独善其身的人所爱好的，难道是百姓对您的期望吗？"富弼向他道歉。这是极力在说冷淡的种种不妥。

看到王衍临死时的悔悟，富弼收到书信后的道歉，我们知道了冷淡的坏处，不仅是政治家，即使是不当官的人，也不能不以此为戒啊。

热心与野心

孟子有言："鸡鸣而起，孳孳为善者，舜之徒也；鸡鸣而起，孳孳为利者，跖之徒也。"二者，孳孳以为之同，而前者以义务为的，谓之"热心"；后者以权利为的，谓之"野心"。禹思天下有溺者，犹己溺之；稷思天下有饥者，犹己饥之；此热心也。故禹平水土，稷教稼穑，有功于民。项羽观秦始皇帝曰："彼可取而代也"；刘邦观秦始皇帝曰："嗟夫！大丈夫当如是也。"此野心也。故暴秦既灭，刘、项争为天子，血战五年。羽尝曰："天下汹汹数岁者，徒以吾两人耳。"野心家之贻害于世，盖如此。

美利坚之独立也，华盛顿尽瘁军事，及七年之久。立国以后，革世袭君主之制，而为选举之总统。其被举为总统也，综理政务，至公无私。再任而退职，躬治农圃，不复投入政治之旋涡。及其将死，以家产之一部分，捐助公共教育及其他慈善事业。可谓有热心而无野心者矣。

世固有无野心而并熄其热心者。如长沮、桀溺曰："滔滔者天下皆是也，而谁与易之？"马少游曰："士生一世，但取衣食裁足，乘下泽车，御款段马，守坟墓，乡里称善人，斯可矣。"是也。凡隐遁之士，多有此失；不知人为社会之一分子，其所以生存者，无一非社会之赐。顾对于社会之所需要，漠然置之，而不一尽其力之所能及乎？范仲淹曰："士当先天下之忧而忧，后天下之乐而乐。"李燔曰："凡人不必待仕宦有位为职事方为功业，但随力到处，有以及物，即功业矣。"谅哉言乎！

且热心者，非必直接于社会之事业也。科学家闭户自精，若无与世事，而一有发明，则利用厚生之道，辄受其莫大之影响。高上之文学，优越之美术，初若无关于实利，而陶铸性情之力，莫之与京。故孳孳学术之士，不失为热心家。其或恃才傲物，饰智惊愚，则又为学术界之野心，亦不可不戒也。

【译文】

孟子说："听到鸡叫就起床，一心想着为别人做好事的，是像舜一类的人；听到鸡叫就起床，一心想着为自己谋取私利的，是像盗跖一类的人。"这两种人，都是勤勤恳恳的，但是前者是以"义务"为目的，我们称其为"热心"；后者以"利益"为目的，我们称其为"野心"。大禹想到天下人有溺水的，就好像自己溺水；后稷想到天下人有挨饿的，就好像自己挨饿，这是热心。所以大禹治理水患，后稷教人种植庄稼，他们为天下人立下大功。项羽看到秦始皇时说"我可以取代他"；刘邦见到秦始皇时说："唉！大丈夫应该这样啊！"这是野心。所以残暴的秦朝灭亡后，刘邦、项羽争着做皇帝，进行了五年的血战。项羽曾经说："天下人这几年来不得安宁，只是因为我们这两个人罢了。"野心家贻害于天下，大概就是这样的。

为了美利坚合众国的独立，华盛顿尽全力于军事，战争达七年之久。建国之后，他又改革世袭君主制，变为总统选举制。华盛顿被选举为总统后，处理政务公正无私。两任总统后，他就退职离任，亲自耕耘于农庄，不再参与任何政务。等到他快死的时候，他把家产的一部分捐助出来，用于公共教育及其他慈善事业。他真称得上是有热心而没有野心了。

世上本来就有那种既没有野心也没有热心的人。如长沮、桀溺说："天下像洪水泛滥那样纷乱，有谁去改变它呢？"马少游说："人的一生，只要丰衣足食，能坐下等的车子，驾乘一般的马，守好祖上的坟墓，获得乡里人的称赞，这样就可以了。"其实他们就是这样的人。那些隐居乡间、逃避现实的人，认识上大多有这个缺陷；不知道自己是全社会的一分子，他赖以生存的所有东西，没有哪样不是社会赐予的。怎么能冷漠地对待社会的需要，而不尽自己的全力去做力所能及的事呢？范仲淹说："有抱负的人应当在天下人忧愁之前先忧愁，在天下人都享乐之后才享乐。"李燔说："人们不必等待做了高官有了职位后才去成就自己的功业，只要对自己力所能及的事情有所尽心，就是自己的功业。"这些话说得很实在啊。

况且热心的人，并不是必须要直接面对社会事业。科学家们闭门科研，精益求精，好像与世隔绝，但是他们一旦有新的科学发明，那么充分运用发明成果，就一定能对我们的社会生活产生很大的影响。高尚的文学，优美的艺术，开始看起来好像跟实际利益没有什么关系，但是文学艺术陶冶性情的功能，是其他学科所不能比拟的。所以勤勤恳恳的学者，也不愧是热心的人。但他们之中，有的人自认为自己才能出众，自高自大，目空一切，在智者面前装腔作势，在凡人面前故弄玄虚，就变成学术界的野心家了，这也不能不引以为戒。

英锐与浮躁

黄帝曰："日中必熭，操刀必割。"《吕氏春秋》曰："力重突，知贵卒。所为贵骥者，为其一日千里也；旬日取之，与驽骀同。所为贵镞矢者，为其应声而；终日而至，则与无至同。"此言英锐之要也。周人之谚曰："畏首畏尾，身其余几。"诸葛亮之评刘繇、王郎曰："群疑满腹，众难塞胸。"言不英锐之害也。

楚丘先生年七十。孟尝君曰："先生老矣。"曰："使逐兽麋而搏虎豹，吾已老矣；使出正词而当诸侯，决嫌疑而定犹豫，吾始壮矣。"此老而英锐者也。范滂为清诏使，登车揽辔，慨然有澄清天下之志。此少而英锐者也。

少年英锐之气，常远胜于老人。然纵之太过，则流为浮躁。苏轼论贾谊、晁错曰："贾生天下奇才，所言一时之良策。然请为属国，欲系单于，则是处士之大言，少年之锐气。兵，凶事也，尚易言之，正如赵括之轻秦，李俱之易楚。若文帝亟用其说，则天下殆将不安矣。使贾生尝历艰难，亦必自悔其说，至于晁错，尤号刻薄，为御史大夫，申屠贤相，发愤而死，更改法令，天下骚然。至于七国发难，而错之术穷矣。"韩愈论柳宗元曰："子厚前时少年，勇于为人，不自贵重顾藉，谓功业可立就，故坐废退，材不为世用，道不行于时。使子厚在台省时，已能自持其身，如司马刺史时，亦自不斥。"皆惜其英锐之过，涉于浮躁也。夫以贾、晁、柳三氏之才，而一涉浮躁，则一蹶不振，无以伸其志而尽其材。况其才不如三氏者，又安得不兢兢焉以浮躁为戒乎？

【译文】

黄帝说："太阳到了中午就应该晒东西；手上拿起了刀就应该去切割。"《吕氏春秋》说："用力贵在突然，聪明贵在快速。好马之所以好，是因为它能日行千里；如果过十几天才到达目的地，那么它与平凡的马就没什么不同了。利箭之所以快，是因为它能随着声音飞快而至；如果一整天才射到，那么就跟没有射箭一样。"这些话是说英勇果断的重要。周朝有句谚语说："缩头缩尾，那么剩下来的身子还能有多少？"诸葛亮评价刘繇、王郎说："他们的肚里充满了疑问，胸中塞满了难题。"这些话是说不英勇果断的害处。

战国时候的楚丘先生年过七十。孟尝君对他说："先生您老了。"楚丘先生回答说："让我去追逐野兽麋鹿，搏杀老虎豹子，我确实已经老了；但让我慷慨陈词去抵挡诸侯，决断疑惑和犹豫的事情，我还年轻得很。"这是年纪虽大还英勇果断的人。东汉的范滂被封为清诏使，登上马车，拿着辔头，那副慷慨激昂的样子，显示出澄清天下的宏大志向，这是年龄虽小而英勇果断的人。

年轻人英勇果断的气质常常远胜于老年人。但是这种气质如果过于放纵，就会变成浮躁。苏轼评论贾谊、晁错说："贾谊是天下难得的人才，他所说的都是当时治国良策。但是他让皇帝封他为属国（编者注：属国，汉代官名，主要掌管与边疆归降的少数民族往来事务），还要抓获敌国的单于，这就是读书人的大话，年轻人的意气了。军事，凶多吉少，竟然这么轻率地对待，就像战国时的赵括轻视秦国、李俱小看楚国一样。如果汉文帝直接采用贾谊的方法，那么天下将会不得安宁。如果贾谊以后经历艰难困苦，也一定会后悔自己当时所说。至于晁错，就更加的刻薄，他做御史大夫，当时的贤明丞相申屠嘉，被他活活气死；他随意更改国家的法令，全天下都因此而动荡不安。到'七国之乱'爆发时，晁错的所有伎俩也用完了。"韩愈评论柳宗元说："子厚以前年轻时，为人勇敢，不知道自重，常常以为功名可以轻易得到，所以因为参与改革而被贬，他的才能不被君主所看重，思想主张无法得到实践。如果子厚在朝廷时，能够控制住自己，像后来担任司马或刺史时那样，也不会遭到贬逐。"这些都是叹惜英勇果断一旦过头，就变成了浮躁。以贾谊、晁错、柳宗元三人的才华，一旦浮躁，都会一蹶不振，不能伸展自己的抱负，发挥自己的才能。何况那些才能不及他们的人，又怎么能不兢兢业业，戒除浮躁呢？

果敢与卤莽

人生于世，非仅仅安常而处顺也，恒遇有艰难之境。艰难之境，又非可畏惧而却走也，于是乎尚果敢。虽然，果敢非盲进之谓。盲进者，卤莽也。果敢者，有计划，有次第，持定见以进行，而不屈不挠，非贸然从事者也。

禹之治水也，当洪水滔天之际，而其父方以无功见殛，其艰难可知矣。禹于时毅然受任而不辞。凿龙门，辟伊阙，疏九江，决江淮，九年而水土平。彼盖鉴于其父之恃堤防而逆水性以致败也，一以顺水性为主义。其疏凿排导之功，悉循地势而分别行之，是以奏绩。

墨翟之救宋也，百舍重茧而至楚，以窃疾说楚王。王既无词以对矣，乃托词于公输般之既为云梯，非攻宋不可。墨子乃解带为城，以牒为械，使公输般攻之。公输般九设攻城之机变，墨子九距之。公输般之攻械尽，墨子之守圉有余。公输般诎而曰："吾知所以距子矣，吾不言。"墨子亦曰："吾知子之所以距我，吾不言。"楚王问其故。墨子曰："公输子之意，不过欲杀臣。杀臣，宋莫能守，可攻也。然臣之弟子禽滑厘等三百人，已持臣守圉之器，在城上而待楚寇矣，虽杀臣不能绝也。"楚王曰："善哉！吾请无攻宋。"夫以五千里之楚，欲攻五百里之宋，而又在攻机新成、跃跃欲试之际，乃欲以一处士之口舌阻之，其果敢为何如？虽然，使墨子无守圉之具，又使有其具而无代为守圉之弟子，则墨子亦徒丧其身，而何救于国哉？

蔺相如之奉璧于秦也，挟数从者，赍价值十二连城之重宝，而入虎狼不测之秦，自相如以外，无敢往者。相如既至秦，见秦王无意偿城，则严词责之，且以头璧俱碎之激举胁之。虽贪横无信之秦王，亦不能不为之屈也。非洞明敌人之心理，而预定制御之道，乌能从容如此耶？

夫果敢者，求有济于事，非沾沾然以此自矜也。观于三子之功，足以知果敢之不同于卤莽，而且唯不卤莽者，始得为真果敢矣。

【译文】

人活在世上，不可能一直安于现状处于顺境，而是常常会遇到艰难的处境。面对艰难的处境，又不能因为畏惧而逃避，因此人们崇尚果断勇敢。即使这样，果断勇敢也并非指盲目冒进。盲目冒进，是鲁莽从事；而果断勇敢，是有计划、有次序，根据决定的方案去实践，并且不屈不挠地进行，而不是贸然行事。

大禹治水时，洪水滔天，他的父亲因为治水无功而被杀，他面临的艰难处境可想而知。但他当时毅然接过重任，没有推辞。从此他率众开凿龙门，开辟伊阙，疏通九江之水，挖掘长江淮河，用了九年时间才治理好水患。他大概是借鉴了他父亲的经验教训：只依靠加固堤防而不顺应水的特性，所以导致失败。大禹把顺应水的特性作为自己治水的主要原则。他疏导、排泄、开凿的功业，都是依据地势而分别实行不同的方案，所以才能奏效。

当年墨翟拯救宋国，走了很长的路途才赶到楚国，他以"患了偷窃病的人为例"来劝说楚王放弃攻打宋国。楚王无言以对，于是借口公输般已经造了云梯，一定要攻打宋国不可。墨子于是解下衣带当做城池，用木片作为器械，让公输般来进攻。公输般多次摆设攻城的器械，而墨子多次成功地抵抗了他的进攻。公输般攻城的器械用完了，而墨子的守御战术还有剩余。公输般进攻受挫，却说："我知道用什么办法来对付你了，但我不说。"墨子也说："我知道你用什么办法对付我了，我也不说。"楚王问原因。墨子回答说："公输般的意思，不过是想杀了我。以为杀了我，宋国就没有人能防守，他就可以顺利进攻了。但是，我的弟子禽滑厘等三百人，已经拿着我守城用的器械，在宋国的都城上等着你们呢。即使杀了我，宋国守城的人却是杀不尽的。"楚王说："好吧！我不攻打宋国了。"国土面积方圆五千里的楚国，想要攻打方圆五百里的宋国，而且又在强大的楚国攻城器械刚刚造成、军队跃跃欲试的时候，想用一个平常书生的口舌来加以劝阻，他的果断勇敢到了什么程度？虽然这样，如果墨子当时没有守城的器械，又没让他的弟子拿着他的器械先去守城，那么墨子也只会白白牺牲了自己，又怎么能拯救小小的宋国呢？

蔺相如带着和氏璧出使秦国，身边跟着几个侍从，带着价值连城的珍宝，进入吉凶难料的秦国，除了蔺相如，没有其他人敢去。蔺相如到秦国之后，感觉秦王没有用城池来换和氏璧的诚意，便用严厉的言辞来谴责他，并且做出抱璧撞柱、头璧俱碎的激烈行动来威胁秦王。即使是蛮横而背信的秦王，当时也不得不为他的勇气所折服。如果蔺相如当时不是彻底洞悉了秦王的心理，并且提前做好应对的准备，他怎么能这样从容自信呢？

那些果断勇敢的人，希望自己的所作所为能有济于事，并不是沾沾自喜，以此来炫耀自己的功劳。上面列举的三个人，足以让我们明白果断勇敢不同于鲁莽，而且只有不鲁莽，才有可能做到真正意义上的果断勇敢。

精细与多疑

《吕氏春秋》曰："物多类，然而不然。"孔子曰："恶似而非者：恶莠，恐其乱苗也，恶紫，恐其乱朱也，恶郑声，恐其乱雅乐也，恶佞，恐其乱义也，恶利口，恐其乱信也，恶乡愿，恐其乱德也。"《淮南子》曰："嫌疑肖象者，众人之所眩耀：故狠者，类知而非知；愚者，类仁而非仁；戆者，类勇而非勇。"夫物之类似者，大都如此，故人不可以不精细。

孔子曰："众好之，必察焉；众恶之，必察焉。"又曰："视其所以；观其所由，察其所安，人焉廋哉？"庄子曰："人者厚貌深情，故君子远使之而观其敬，烦使之而观其能，卒然问之而观其知，急与之期而观其信，委之以财而观其仁，告之以危而观其节。"皆观人之精细者也。不唯观人而已，律己亦然。曾子曰："吾日三省吾身：为人谋而不忠乎？与朋友交而不信乎？传不习乎？"孟子曰："有人于此，其待我以横逆，则君子必自反：我必不仁也，必无礼也，此物奚宜至哉？其自反而仁矣，自反而有礼矣，其横逆由是也，君子必自反也：我必不忠。自反而忠矣，其横逆由是也，君子曰，此亦妄人也已矣。"盖君子之律己，其精细亦如是。

精细非他，视心力所能及而省察之云尔。若不事省察，而妄用顾虑，则谓之多疑。列子曰："人有亡铁者，意其邻之子；视其行步，窃铁也；颜色，窃铁也；动作态度，无为而不窃铁也。俄而扬其谷，而得其铁。"荀子曰："夏首之南有人焉，曰涓蜀梁。其为人也，愚而善畏，明月而宵行，俯视其影，以为伏鬼也，仰视其变，以为立魅也，背而走，比至其家，失气而死。"皆言多疑之弊也。

其他若韩昭侯恐泄梦言于妻子而独卧；五代张允，家资万计，日携众钥于衣下。多疑如此，皆所谓"天下本无事，庸人自扰之"者也。其与精细，岂可同日语哉？

【译文】

《吕氏春秋》说："事物有很多种类，有相同的地方，也有不同的地方。"孔子说："我讨厌那些似是而非的东西：讨厌杂草，是怕它让人混淆了禾苗；讨厌紫色，是怕它使人混淆了红色；讨厌郑地的音乐，是怕它扰乱了雅乐；讨厌奸人，是怕他们玷污了道义；讨厌传播流言的人，是怕他们破坏了诚信；讨厌伪君子，是怕他们败坏了道德。"《淮南子》说："外表形象的似是而非，往往是众人值得炫耀的资本：所以凶狠的人，好像很聪明而实际上并不聪明；愚蠢的人，好像很仁慈而实际上并不仁慈；鲁莽的人，好像很勇敢而实际上并不勇敢。"那些表面上类似的东西，大体上就是这样，所以人们对此必须仔细观察。

孔子说："众人都喜欢的事物，一定要认真考察；众人都讨厌的事物，也一定要认真考察。"又说："观察他为什么去做事，再观察他如何去做事，接着再观察他做事是否安心。如此观察，这个人的真实品性怎么能掩藏得住呢？"庄子说："人的品貌与性情都含而不露，所以君子会让人到远处，来观察他的礼貌；不断地安排他做事，来观察他的能力；突然问他事情，来观察他的机智；着急地与他约定事情，来观察他的诚信；把钱财交给他，来观察他的廉洁；告诉他形势危险，来观察他的气节。"这些都是有效观察一个人品性的详细方法。不只是观察别人应该这么做，约束自己也是一样。曾子说："我天天用三个问题来反省自己：为别人谋划是不是不忠诚？与朋友交往是不是不讲信用？老师传授的知识是不是没有温习？"孟子说："如果有人对我蛮横无理，那么作为正人君子，我一定会自我反省：我一定不仁慈，一定没有礼貌，不然他怎么对我这样呢？通过自己反省而变得仁慈、礼貌之后，如果那个人还是那样对我蛮横无理，那么君子一定会接着自我反省：我一定不忠诚。自我反省而变得忠诚之后，如果那个人还是蛮横无理，那么君子才可以说：这是个无知狂妄的人啊。"君子对自己行为的约束，就是这样细心谨慎。

细心不是别的，而是通过认真的观察，权衡自己心力所能达到的程度。如果不通过观察反省，只是妄自忧虑，那么就是多疑了。列子说："一个人丢失了一把斧头，怀疑是邻居的儿子偷的。他看邻居的儿子走路好像是小偷走路的样子，看他的表情也是小偷的神情，总之邻居儿子的动作和神态，没有一点不像小偷。过了一段时间，他翻动自家的谷子，却发现了自己的斧头。"荀子说："在夏首的南部，有一个名叫涓蜀梁的人。他为人愚蠢而胆小，在皓月当空的晚上，他一个人夜行，低头看到自己的影子，以为是地下的鬼，抬头看见这影子有变化，以为是站着的鬼，于是他转身惊慌地逃走，等到跑回家，他已经上气不接下气地吓死过去。"这都是多疑带来的坏处。

其他多疑的事例还有：韩昭侯怕自己说的梦话让妻子听到，便一个人独自睡觉；五代时的张允，拥有万贯家财，为防备盗窃他天天随身携带许多把钥匙，别在自己的衣服底下。如此的多疑，其实就是"天下本来没有那些事情，是庸俗的人自己给自己添乱"。多疑和精细相比，怎么能同日而语呢？

尚洁与太洁

华人素以不洁闻于世界：体不常浴，衣不时浣，咯痰于地，拭涕于袖，道路不加洒扫，厕所任其熏蒸，饮用之水，不加渗漉，传染之病，不知隔离。小之损一身之康强，大之酿一方之疫疠。此吾侪所痛心疾首，而愿以尚洁互相劝勉者也。

虽然，尚洁亦有分际。沐浴洒扫，一人所能自尽也；公共之清洁，可互约而行之者也。若乃不循常轨，矫枉而过于正，则其弊亦多。

南宋何佟之，一日洗濯十余遍，犹恨不足；元倪瓒盥颒频频易水，冠服拂拭，日以数十计，斋居前后树石频洗拭；清洪景融每靧面，辄自旦达午不休。此太洁而废时者也。

南齐王思远，诸客有诣己者，觇知衣服垢秽，方便不前，形仪新楚，乃与促膝，及去之后，犹令二人交拂其坐处。庚炳之，士大夫未出户，辄令人拭席洗床；宋米芾不与人共巾器。此太洁而妨人者也。

若乃采访风土，化导夷蛮，挽救孤贫，疗护疾病，势不得不入不洁之地，而接不洁之人。使皆以好洁之故，而裹足不前，则文明无自流布，而人道亦将歇绝矣。汉苏武之在匈奴也，居窨室中，啮雪与毡而吞之。宋洪皓之在金也，以马粪燃火，烘面而食之。宋赵善应，道见病者，必收恤之，躬为煮药。瑞士沛斯泰洛齐集五十余乞儿于一室而教育之。此其人视王思远、庾炳之辈为何如耶？

且尚洁之道，亦必推己而及人。秦苻朗与朝士宴会，使小儿跪而开口，唾而含出，谓之肉唾壶。此其昧良，不待言矣。南宋谢景仁居室极净丽，每唾，辄唾左右之衣。事毕，听一日浣濯。虽不似苻朗之忍，然亦纵己而蔑人者也。汉郭泰，每行宿逆旅，辄躬洒扫；及明去后，人至见之曰："此必郭有道昨宿处也。"斯则可以为法者矣。

【译文】

中国人一向以不干净而闻名于世：不经常洗澡，不经常换洗衣服，随地吐痰，用袖口擦鼻涕，不洒扫道路，听任厕所散发恶臭的气味，饮用水不加以过滤澄清，有了传染病人，也不知道去隔离。上述情形，从小的方面来说是损害了一个人的身体健康，从大的方面来看会造成一个地方瘟疫流行。这是我们痛心疾首的事情，希望大家都以崇尚整洁来互相鼓励。

不过，崇尚整洁也有一个分别。洗澡、洒扫，是一个人可以尽力而为的事情；公共环境的清洁，却是众人相互约定而加以实行的。如果不把握一个正常的尺度，矫枉而过正，那么它所带来的弊端也会很多。

南宋的何佟之，一天洗澡十几遍，还嫌不够多；元代倪瓒的痰盂，频繁地换水，衣服帽子经常擦拭，每天数十次，连他住房前后的树木和石头也要经常擦洗；清代的洪景融每天洗脸从早晨洗到中午还没洗完。这些都是因为太爱干净而浪费时间。

南朝齐国的王思远，对那些登门拜访自己的客人，发现有人衣服不整洁，他就不靠近。

如果来客形态庄重、衣冠整洁，他才与之促膝交谈，等到这人走了之后，他还叫来两个人轮流擦拭来客坐过的地方。南朝宋的庾炳之，来访的士大夫还没有走出门，他就让仆人擦拭客人坐过的位子；宋朝的米芾不和别人共用手巾和器具。这些都是因为太爱清洁而妨碍了别人。如果去采访各地的风土人情，教化野蛮落后的民族，挽救孤儿穷人，治疗护理患病的人，这种情况下，很可能不得不进入不干净的地方，接触到不整洁的人。如果因为爱好整洁，就停止不前，那么文明就不能传播，人道主义也将会灭绝。汉朝的苏武被扣留在匈奴，住在洞穴中，把雪块和兽毛裹起来直接吞下去。宋朝的洪皓被扣留在金国，用马粪生火，烘熟面粉来吃。宋朝的赵善应，在路上遇见病人，就一定收养抚恤，亲自为他们煮药。瑞士的裴斯泰洛齐收留了五十多个流浪儿和孤儿，让他们同处一室进行教育。这些人与王思远、庾炳之那些人相比，怎么样呢？

况且崇尚整洁的道理，也应该从自己做起并推及别人。前秦的符朗与朝廷官员举行宴会，让小孩子跪着张开嘴，等宾客把痰吐到他们的嘴里，然后再出去，并称之为"肉痰盂"。不用多说，这种做法真是昧良心。南宋谢景仁居住的地方非常干净漂亮，他每次吐口痰时，就吐到左右仆人的衣服上。等每天的事情办完了，他才让仆人去洗净衣服。谢景仁的做法虽然不像符朗那样残忍，但他仍然是放纵自己、轻视别人。汉朝的郭泰，每次住宿旅馆，都亲自洒水扫地；第二天等他离去后，新入住的客人看到这个地方，都会说："这一定是郭泰昨晚住过的地方。"这真是值得别人效仿的啊。

互助与倚赖

西人之寓言曰："有至不幸之甲、乙二人。甲生而瞽，乙有残疾不能行。二人相依为命：甲负乙而行，而乙则指示其方向，遂得互减其苦状。"甲不能视而乙助之，乙不能行而甲助之，互助之义也。

互助之义如此。甲之义务，即乙之权利，而同时乙之义务，亦即甲之权利：互相消，即互相益也。推之而分工之制，一人之所需，恒出于多数人之所为，而此一人之所为，亦还以供多数人之所需。是亦一种复杂之互助云尔。

若乃不尽义务，而唯攫他人义务之产业为己权利，是谓倚赖。

我国旧社会倚赖之风最盛。如乞丐，固人人所贱视矣。然而纨袴子弟也，官亲也，帮闲之清客也，各官署之冗员也，凡无所事事而倚人以生活者，何一非乞丐之流亚乎？

《礼·王制》记曰："瘖、聋、跛、躃、断者、侏儒，各以其器食之。"晋胥臣曰："戚施直镈，蘧篨蒙璆，侏儒扶卢，矇瞍修声，聋聩司火。"废疾之人，且以一艺自赡如此，顾康强无恙，而不以倚赖为耻乎？

往昔慈善家，好赈施贫人。其意甚美，而其事则足以助长依赖之心。今则出资设贫民工艺厂以代之。饥馑之年，以工代赈。监禁之犯，课以工艺，而代蓄赢利，以为出狱后营生之资本。皆所以绝倚赖之弊也。

幼稚之年，不能不倚人以生，然苟能勤于学业，则壮岁之所致力，足偿宿负而有余。平日勤工节用，蓄其所余，以备不时之需，则虽衰老疾病之时，其力尚足自给，而不至累人，此又自助之义，不背于互助者也。

【译文】

西方有寓言说："有非常不幸的甲、乙两人。甲天生眼瞎，乙有残疾不能行走。两人相依为命：甲背着乙走路，乙就给甲指示方向，这样配合两人便各自减少了痛苦。"甲看不到东西而乙帮助他，乙不能行走而甲帮助他，这就是互助的意思。

互助的意思就是这样。甲的义务，就是乙的权利，而同时乙的义务，也是甲的权利：互相付出，即互相获益。由此推论出分工制度的原理：一个人的需要，往往是由很多人的劳动来满足的；而这个人的劳动，也能满足很多人的需要。这也是一种复杂的互助。

如果不尽义务，而只是以攫取他人的劳动成果为自己的权利，这就是依赖。

我国旧社会依赖之风非常盛行。如乞丐，当然是人人所鄙视的。然而，那些纨绔子弟、官僚亲友、帮闲清客、官署冗员等，所有无所事事依赖别人而生活的人，哪一个又比乞丐强呢？

《礼·王制》记载道："聋子、哑巴、瘸子、残疾、侏儒，各自靠自己的能力吃饭。"晋国的胥臣说:"驼背的,让他弓身敲钟;身有残疾不能俯视的,让他拿玉磬;身材矮小的,让他表演杂技;眼睛瞎了的,让他演奏音乐;耳聋听不见的,让他掌管烧火。"残疾的人,尚且以自己的一技之长来养活自己,看看那些健康强壮没有疾病的正常人,难道不以依赖别人为生而感到耻辱吗?

过去的慈善家,喜欢向穷人施舍。他们的本意是很好的,但他们的行为却足以助长对方产生依赖的心理。现在的办法是,以出资兴建贫民工厂来代替施舍。饥荒之年,以工代赈。被监禁的犯人,让他们做工艺活,替他们把挣来的钱储存起来,作为出狱后谋生的资本。这些都是杜绝依赖弊端的好举措。

年幼的人,不得不依靠别人而生活,但是如果他能够勤奋学习,成年后努力工作,那么他完全能偿还以前所欠下的抚养资金并能有所剩余。平常他勤奋工作,节约开支,把多余的钱储蓄起来,以备日后需要,这样即便是在他衰老生病的时候,还能依靠自己的储蓄自给自足,而不至于拖累别人,这又是自助的意思,与互助并不矛盾。

爱情与淫欲

尽世界人类而爱之,此普通之爱,纯然伦理学性质者也。而又有特别之爱,专行于男女之间者,谓之爱情,则以伦理之爱,而兼生理之爱者也。生理之爱,常因人而有专泛久暂之殊,自有夫妇之制,而爱情乃贞固。此以伦理之爱,范围生理之爱,而始有纯洁之爱情也。

纯洁之爱,何必限于夫妇?曰既有所爱,则必为所爱者保其康健,宁其心情,完其品格,芳其闻誉,而准备其未来之幸福。凡此诸端,准今日社会之制度,唯夫妇足以当之。若于夫妇关系以外,纵生理之爱,而于所爱者之运命,恝然不顾,是不得谓之爱情,而谓之淫欲。其例如下:

一曰纳妾。妾者,多由贫人之女卖身为之。均是人也,而侪诸商品,于心安乎？均是人也，使不得与见爱者敌体，而视为奴隶，于心安乎？一纳妾而夫妇之间，猜嫌迭起，家庭之平和为之破坏；或纵妻以虐妾，或宠妾而疏妻，种种罪恶，相缘以起。稍有人心，何忍出此？

二曰狎妓。妓者，大抵青年贫女，受人诱惑，被人压制，皆不得已而业此。社会上均以无人格视之？吾人方哀矜之不暇，而何忍亵视之。其有为妓脱籍者，固亦救拔之一法；然使不为之慎择佳偶，而占以为妾，则为德不卒，而重自陷于罪恶矣。

三曰奸通。凡曾犯奸通之罪者，无论男女，恒为普通社会所鄙视，而在女子为尤甚，往往以是而摧灭其终身之幸福：甚者自杀，又甚者被杀。吾人兴念及此，有不为之慄慄危惧，而悬为厉禁者乎？

其他不纯洁之爱情，其不可犯之理，大率类是，可推而得之。

【译文】

关爱全世界的人，这是普遍意义上的爱，纯粹是伦理学的性质。还有特别的爱，专门发生在男女之间，叫做爱情，这种爱既有伦理之爱，也有生理之爱的成分。生理之爱，常常因人不同而有专一与分散、长久与短暂的不同。自从有了夫妻制度，爱情才变得忠贞牢固。这是以伦理之爱，包含了生理之爱，而开始有了纯洁的爱情。

纯洁的爱情，为什么一定要限于夫妇之间呢？我们说既然爱对方，那么就一定要保护所爱的人身体健康，让对方产生安全感，完善对方的品格，美化对方的声誉，并为对方未来的幸福做好准备。凡此种种，以今天的社会制度来衡量，只有夫妻双方足以担当。如果在夫妻关系之外，放纵生理上的欲望，而对于所爱之人的命运漠不关心，这是不能称为爱情的，而是淫欲。举例如下：

一是纳妾。小妾，大多是穷苦人家的女子卖身而为。同样是人，她们却变成了商品，我们内心能安宁吗？同样是人，却不能使她们与被爱的人平等，而被看做奴隶，我们内心能安宁吗？

一旦纳妾，那么夫妻之间就会猜疑丛生，家庭的平和氛围被打破。纳妾者或者是放纵妻子虐待小妾，或者是宠爱小妾而疏远妻子，种种罪恶的行为由此而产生。稍微有点良心的话，我们会做这样的事情吗？

二是嫖妓。妓女，大多是穷苦的青年女子，受人诱惑，被人压迫，都是迫不得已而以此为业。社会上的人难道都不把她们当人看吗？我们同情可怜她们还来不及，哪里忍心对她们动邪念呢！有的人用钱把妓女赎出来，固然是救助她们的一种方法；但是赎身后如果不慎重地为她们选择配偶，而是霸占她们作为自己的小妾，那就是善事没有做完，而又让自己重新陷入了罪恶。

三是通奸。凡是犯有通奸罪的人，不论男女，都为全社会所鄙视，对于女性尤其如此，往往因此而毁掉她终身的幸福，严重的选择自杀，更严重的甚至被杀。想到这些，我们能不害怕得发抖，并以此为戒，严禁通奸吗？

其他不纯洁的爱情不应当发生的道理，大体上和上面类似，可以通过推论而得到。

方正与拘泥

孟子曰："人有不为也，而后可以有为。"盖人苟无所不为，则是无主宰，无标准，而一随外界之诱导或压制以行动，是乌足以立身而任事哉，故孟子曰："仰不愧于天，俯不怍于人。"又曰："富贵不能淫，贫贱不能移，威武不能屈。"言无论外境如何，而决不为违反良心之事也。孔子曰："非礼勿视，非礼勿听，非礼勿言，非礼勿动。"谓视听言动，无不循乎规则也。是皆方正之义也。

昔梁明山宾家中尝乏困，货所乘牛。既售，受钱，乃谓买主曰："此牛经患漏蹄，疗差已久，恐后脱发，无容不相语。"买主遽取还钱。唐吴兢与刘子玄，撰定武后实录，叙张昌宗诱张说诬证魏元忠事。后说为相，读之，心不善，知兢所为，即从容谬谓曰："刘生书魏齐公事，不少假借奈何？"兢曰："子玄已亡，不可受诬地下。兢实书之，其草故在。"说屡以情蕲改。辞曰："徇公之请，何名实录？"卒不改。一则宁失利而不肯欺人，一则既不诬友，又不畏势。皆方正之例也。

然亦有方正之故，而涉于拘泥者。梁刘进，兄献每隔壁呼进。进束带而后语。吴顾恺疾笃，妻出省之，恺命左右扶起，冠帻加袭，趣令妻还。虽皆出于敬礼之意，然以兄弟夫妇之亲，而尚此烦文，亦太过矣。子从父令，正也。然而《孝经》曰："父有争子，则身不陷于不义。"孔子曰："小杖则受，大杖则走，不陷父于不义。"然则从令之说，未可拘泥也。官吏当守法令，正也。然汉汲黯过河南，贫民伤水旱万余家，遂以便宜持节发仓粟以赈贫民，请伏矫制之罪。武帝贤而释之。宋程师孟，提点夔部，无常平粟，建请置仓；遘凶岁，赈民，不足，即矫发他储，不俟报。吏惧，白不可。师孟曰："必俟报，饥者尽死矣。"竟发之。此可为不拘泥者矣。

【译文】

孟子说："一个人首先要有不能做的事，然后才有应该做的事。"大概我们如果什么都去做，那就是没有主张，没有标准，而完全受外界的诱导或逼迫来行动，这样是不能够站稳脚跟、担当大任的。所以孟子说："上不愧对于天，下不愧对于人。"他又说："高官厚禄收买不了，贫穷困苦折磨不了，强暴武力威胁不了。"这句话的意思是说无论外部环境如何，决不做违背良心的事。孔子说："不合乎礼的东西不看，不合乎礼的传闻不听，不合于礼的话不说，不合于礼的事不做。"这句话是说我们看、听、说、做等一切行为，都要合乎道德规范。这都是做人要正直的道理。

南朝梁人明山宾，家中曾经非常贫穷，为了生计他把自己所骑的牛卖了。卖完拿了钱，他对买主说："这头牛曾经患过漏蹄病，治好很久了，我怕它以后旧病复发，不能不告诉你。"买主听后急忙退了牛，把钱拿回去了。唐朝的史官吴兢与刘子玄，写好了武则天实录，其中叙述了张昌宗引诱张说诬陷魏元忠的事。后来张说做了宰相，读到这段故事，心里不痛快，知道是吴兢写的，就装作很自然地对吴兢说："刘子玄写魏元忠的事，有不少是虚假的，怎么办？"吴兢说："刘子玄已经死了，不能在地下还受到诬陷。那段事是我写的，草稿还在我手里。"张说多次以私情求吴兢改写这段故事。吴兢拒绝说："如果我遵照了您的请求去作修改，那还叫什么实录？"最终没作改动。一个是宁可失去利益也不肯欺骗别人,一个是既不诬陷朋友又不畏惧权势。这都是刚正不阿的例子。

然而,也有因为过于方正,而显得死板教条的。南朝梁代的刘进,他哥哥刘献常常隔着墙壁呼唤刘进,刘进每次都要系好衣带端正礼仪后才跟他说话。三国时吴国的顾恺有一次病得很厉害,他的妻子出来看他,顾恺让旁边的人把他扶起床,戴好帽子穿好衣服,然后催促妻子赶紧回去。虽然这些行为都是出于尊敬和礼貌,但以兄弟夫妻这样亲密的关系,都这样拘泥于烦琐的礼节,也太过分了。儿子听父亲的话,这是正确的。然而《孝经》说:"父亲有敢于提意见的儿子,就不会做出错误的事情。"孔子说:"小的惩罚就接受,大的惩罚就逃走,这是为了不让父亲因过度惩罚自己而犯错。"既然这样,那么服从命令一说,就不能死板教条。官吏应当遵守法令,这是正确的。然而西汉的汲黯路过河南,看到有一万多户贫民遭受旱涝灾害,于是就根据具体情况,手持符节开仓放粮以救济受灾贫民,然后请皇帝治自己假称皇帝圣旨的罪。汉武帝认为他贤良就赦免了他。宋朝的程师孟,做掌管夔路法律实施的长官。夔路当时没有救荒粮,程师孟建议设置粮仓储备粮食。遇到灾荒之年,开仓救济贫民,粮食不够,于是就假称皇帝的圣旨,不等皇帝的旨意到达,就开放其他地方的粮仓。办事的官员感到害怕,说这样做不行。程师孟说:"如果一定要等皇帝的圣旨到达,那些饥饿的人就会全部死了。"于是他命令众官员打开粮仓赈民。这可算是不死板教条的了。

谨慎与畏葸

果敢之反对为畏葸;而鲁莽之反对为谨慎。知果敢之不同于鲁莽,则谨慎之不同于畏葸,盖可知矣。今再以事实证明之。

孔子,吾国至谨慎之人也,尝曰:"谨而信。"又曰:"多闻阙疑,慎言其余,多见阙殆,慎行其余。"然而孔子欲行其道,历聘诸侯。其至匡也,匡人误以为阳虎,带甲围之数匝,而孔子弦歌不辍。既去匡,又适卫,适曹，适宋，与弟子习礼大树下。宋司马桓魋，欲杀孔子，拔其树。孔子去，适郑、陈诸国而适蔡。陈、蔡大夫，相与发徒役，围孔子于野，绝粮，七日不火食。孔子讲诵弦歌不衰。围既解，乃适楚，适卫，应鲁哀公之聘而始返鲁。初不以匡、宋、陈、蔡之厄而辍其行也。其作《春秋》也，以传指口授弟子，为有所刺、讥、褒、讳、挹、损之文辞，不可以书见也。是其谨慎也。然而笔则笔，削则削。吴楚之君自称王，而《春秋》贬之曰子。践土之会，晋侯实召周天子，而《春秋》讳之曰：天王狩于河阳。初无所畏也。故曰："慎而无礼则葸。"言谨慎与畏葸之别也。人有恒言曰："诸葛一生唯谨慎。"盖诸葛亮亦吾国至谨慎之人也。其《出师表》有曰："先帝知臣谨慎，故临崩寄臣以大事也。"然而亮南征诸郡，五月渡泸，深入不毛；其伐魏也，六出祁山，患粮不继，则分兵屯田以济之。初不因谨慎而怯战。唯敌军之司马懿，一则于上邦之东，敛兵依险，军不得交，再则于卤城之前，又登山掘营不肯战，斯贾诩、魏平所谓畏蜀如虎者耳。

且危险之机，何地蔑有。试验化电，有爆烈之虞，运动机械，有轧轹之虑，车行或遇倾覆；舟行或值风涛；救火则涉于焦烂，侍疫则防其传染。若一切畏缩而不前，不将与木偶等乎？要在谙其理性，预为防范。孟子曰："知命者，不立乎岩墙之下。"汉谚曰："前车覆，后车戒。"斯为谨慎之道，而初非畏葸者之所得而托也。

【译文】

果敢的反义词是畏葸；鲁莽的反义词是谨慎。理解了果敢与鲁莽的不同，那么谨慎与畏葸的不同也就可以理解了。现在再用事实证明这一点。

孔子，是我国历史上非常谨慎的人，他曾经说："谨慎而讲信用。"又说："多听，有怀疑的部分加以保留，其余知道的部分谨慎地说出；多看，有怀疑的部分加以保留，其余了解的部分谨慎去做。"但是孔子想要实行自己的主张，游历各个诸侯国。他到了匡地，匡人误把他认作阳虎，派卫兵把他围了好几层，然而孔子却在那儿不停地弹琴歌唱。离开匡地以后，他又先后到卫国、曹国、宋国，和弟子们在大树下练习礼仪。宋国的司马桓魋想杀孔子，便砍倒了这棵大树。孔子只得离去，到了郑国、陈国等国后，又来到蔡国。陈国和蔡国的大夫相约派士兵把孔子围在野外，断绝了粮食，让孔子七天不能生火做饭。孔子照样讲课唱歌。解了陈、蔡的围困之后，他便来到楚国、卫国，最后应鲁哀公的邀请回到了鲁国。孔子不因为在匡、宋、陈、蔡等地遭受的厄运而停止自己的行动。他写《春秋》一书，把他要表达的意思口授给弟子们，认为攻击、嘲笑、表扬、忌讳、抒情、贬损等表达情绪的文字，不应该出现在书中。这体现了孔子谨慎的态度。然而，该写的还是要写，该贬的还是要贬。吴国、楚国的君主自称为王，而《春秋》却贬称他们为子。践土的盟会，实际上是晋国国君召来了周天子，而《春秋》却避讳说：天王打猎于河阳。一点也不畏惧。所以说："谨慎而不遵循礼制，就是畏惧。"

这是说谨慎与畏葸的区别。人们常说："诸葛亮一生非常谨慎。"诸葛亮也是我国历史上非常谨慎的人。他在《出师表》中说："先帝知道我非常谨慎，所以临去世时把大事托付给我。"然而诸葛亮向南征伐各地，五月渡过泸河，深入到荒无人烟的地方；他率军讨伐魏国，六次出兵祁山，由于担心粮草供给中断，就分兵开垦田地来救济军用。诸葛亮当时并不是因为谨慎而害怕征战。只是魏将司马懿，一方面在蜀国东部依据险要地势屯兵固守，军队得不到交战的机会；另一方面又在卤城前面登山扎营不肯交战。这就是贾诩、魏平所说的，害怕蜀国军队就像怕虎一样。

况且险情哪里都有。进行电学方面的试验，有爆炸的危险；操作机械，有被轧伤的顾虑。坐车有时候会遇到翻车；坐船有时候会遇到风浪；救火则有可能被烧伤，伺候传染病人则要防备被传染。如果对任何事情都畏缩不前，那不是形同木偶吗？重要的是认识其中的规律，提前做好防范。孟子说："懂得天理的人，不会站在石墙之下。"汉代谚语说："前面的车翻了，后面的车就要引以为戒。"这是谨慎的道理，而不是畏惧的人将其作为借口的。

有恒与保守

有人于此，初习法语，未几而改习英语，又未几而改习俄语，如是者可以通一国之言语乎？不能也。有人于此，初习木工，未几而改习金工，又未几而改习制革之工，如是而可以成良工乎？不能也。事无大小，器无精粗，欲其得手而应心，必经若干次之练习。苟旋作旋辍，则所习者，旋去而无遗。例如吾人幼稚之时，手口无多能力，积二三年之练习，而后能言语，能把握。况其他学术之较为复杂者乎？故人不可以不有恒。

昔巴律西之制造瓷器也，积十八年之试验而后成。蒲丰之著自然史也，历五十年而后成。布申之习图画也，自十余岁以至于老死。使三子者，不久而迁其业，亦乌足以成名哉。

虽然，三子之不迁其业，非保守而不求进步之诈也。巴氏取土器数百，屡改新窑，屡傅新药，以试验之。三试而栗色之土器皆白，宜以自为告成矣；又复试验八年，而始成佳品。又精绘花卉虫鸟之形于其上，而后见重于时。蒲氏所著，十一易其稿，而后公诸世？布氏初学于其乡之匠工，尽其技，师无以为教；犹不自足，乃赴巴黎，得纵目于美术界之大观；犹不自足，立志赴罗马，以贫故，初至佛稜斯而返，继止于里昂，及第三次之行，始达罗马，得纵观古人名作，习解剖学，以古造象为模范而绘之，假绘术书于朋友而读之，技乃大进。晚年法王召之，供奉于巴黎之画院；未二年，即辞职，复赴罗马；及其老而病也，曰："吾年虽老，吾精进之志乃益奋，吾必使吾技达于最高之一境。"向使巴氏以三试之成绩自画，蒲氏以初稿自画，布氏以乡师之所授、巴黎之所得自画，则其著作之价值，又乌能煊赫如是？是则有恒而又不涉于保守之前例也。无恒者，东驰西骛，而无一定之轨道也。保守者，踯躅于容足之地，而常循其故步者也。有恒者，向一定之鹄的，而又无时不进行者也；此三者之别也。

【译文】

有一个人，刚开始学习法语，没过多久改学英语，又没过多久改学俄语，像这样学习能够精通一个国家的语言吗？不能。有一个人，刚开始学习木工，没过多久改学金工，又没过多久改学制革，像这样能成为一个好的工匠吗？不能。事情不论大小，器具不论精细、粗糙，想要做到得心应手，必须要经过多次反复练习。如果刚开始做就中途停止，那么所学到的一点东西很快就忘掉了。比如我们小的时候，手与口都没有多少能力，通过积累两三年的练习，然后才能说话，才能拿东西，何况其他更复杂的学问和技术呢？所以人们做事不能没有恒心。

从前布制造瓷器，经过了十八年的试验之后才做成。布封写《自然史》，经过了五十年的努力之后才写成。布申学习绘画，从十多岁开始，一直到老死都在学。如果上述三个人，刚开始不久就改做其他事情，那么也就很难成名了。

虽然这样，但他们三个人不改做其他事情，并不是因为保守而不求上进。巴律西拿出数百件陶器，多次改建新窑，多次在陶器上涂抹新药，以进行试验。经过三次试验，栗色的陶器都变白了，可以自认为做成了；但是他又进行了八年试验，才做出了上好的瓷器。他又在瓷器上精心绘制花卉虫鸟，这样以后才引起了当时人们的重视。布封著写《自然史》，先后改了十一次，然后才公布于世。布申起先师从他家乡的画匠，这位画匠向布申传授完所有的技法，再也没有新的内容可教了；布申仍然不满足，于是就到巴黎去，得到尽情欣赏美术杰作的机会；他还是不满足，立志要去罗马，后来因为贫穷，到了佛罗伦萨后不得不返回，继而在里昂中止了行程，到他第三次出行，才到达罗马。于是他纵情观赏古人的名作，学习解剖学，以古代的雕像为摹本进行绘画，向朋友借来绘画书籍苦读，最终他的绘画技巧大有长进。布申晚年时法国国王召见他，把他供养在巴黎画院。最后两年，他辞了职，又去罗马。他在衰老而得病的时候，说："我虽然老了，我精益求精的上进之心却更加强烈了，我一定要使我的绘画技巧达到最高的境界。"如果巴律西以三次试验的结果就满足了，布封以自己的初稿而满足，布申以家乡的老师所教的和在巴黎所得到的知识为满足,那么他们作品的价值,又怎么能这样显耀呢?这是有恒心而又不保守的先例。没有恒心的人,东张西望,没有一定的套路。保守的人,徘徊于只能容足的地方,而且常常照着原来的脚印走路。有恒心的人,有固定的宏伟目标,而又无时无刻不在向着既定的目标奋进。这就是上述三人与一般人的不同之处。

智育十篇

文　字

人类之思想，所以能高出于其他动物，而且进步不已者，由其有复杂之语言，而又有划一之文字以记载之。盖语言虽足为思想之表识，而不得文字以为之记载，则记忆至艰，不能不限于简单；且传达至近，亦不能有集思广益之作用。自有文字以为记忆及传达之助，则一切已往之思想，均足留以为将来之导线；而交换知识之范围，可以无远弗届。此思想之所以日进于高深，而未有已也。

中国象形为文，积文成字，或以会意，或以谐声，而一字常止一声。西洋各国，以字母记声，合声成字，而一字多不止一声。此中西文字不同之大略也。

积字而成句，积句而成节，积节而成篇，是谓文章，亦或单谓之文。文有三类：一曰，叙述之文。二曰，描写之文。三曰，辩论之文。叙述之文，或叙自然现象，或叙古今之人事、自然科学之记载及历史等属之。描写之文，所以写人类之感情，诗、赋、词、曲等属之。辩论之文，所以证明真理，纠正谬误，孔、孟、老、庄之著书，古文中之论说辩难等属之。三类之中，间亦互有出入，如历史常参论断，诗歌或叙故事是也。吾人通信，或叙事，或言情，或辩理，三类之文，随时采用。今之报纸，有论说，有新闻，有诗歌，则兼三类之文而写之。

【译文】

人类的思想，之所以能高出其他动物，而且还在不停地进步，是因为有复杂的语言，又有整齐划一的文字以记载语言。语言虽然能表达思想，但如果得不到文字记载的话，记忆就会很艰难，只能局限在简单的层次；而且只能在很近的地方传播，也无法具有集思广益的作用。自从有文字来帮忙记忆以及传达以来，一切已经过去的思想，都可以保留下来成为将来的基础；而且知识交换的范围，也可以不受距离的限制。这就是思想之所以日渐进步并永无止境的缘故。

中国文字以象形构成笔画，再由笔画组合成文字，有些是会意字，有些是形声字，而且一个字常常只有一个音节。西方国家，以字母记录读音，将读音组合成字词，而且一个字词往往不止一个音节。这就是中西文字不同之处的大概情况。

字词组合成为句子，句子排列成为段落，段落积累成为篇章，这就叫做文章，也可以单称为"文"。文有三种类型：一是叙述，二是抒情，三是辩论。叙述文，有的叙述自然现象，有的叙述古往今来的人物、事件，记载自然科学，以及历史等一类的内容。抒情文，是用来抒写人类的情感，如诗、赋、词、曲等类都属于抒情文。辩论文，是用来证明真理，纠正谬误，孔子、孟子、老子、庄子的著作，古文中的论、说、辩、难等议论文章都属于辩论文。这三种文章类型之中，有时也互相有所交叉，比如写历史的叙述文中常常夹杂一些论断，诗歌有时候也叙述故事。我们通信时，信中或者叙事，或者言情，或者说理，三类手法都可以随时采用。现在的报纸上，有评论，有新闻，有诗歌，都是兼备了三类文章而写作的。

图 画

　　吾人视觉之所得，皆面也。赖肤觉之助，而后见为体。建筑、雕刻，体面互见之美术也。其有舍体而取面，而于面之中，仍含有体之感觉者，为图画。

　　体之感觉何自起？曰：起于远近之比例，明暗之掩映。西人更益以绘影写光之法，而景状益近于自然。

　　图画之内容：曰人，曰动物，曰植物，曰宫室，曰山水，曰宗教，曰历史，曰风俗。既视建筑雕刻为繁复，而又含有音乐及诗歌之意味，故感人尤深。

　　图画之设色者，用水彩，中外所同也。而西人更有油画，始于"文艺中兴"时代之意大利，迄今盛行。其不设色者，曰水墨，以墨笔为浓淡之烘染者也。曰白描，以细笔钩勒形廓者也。不设色之画，其感人也，纯以形式及笔势。设色之画，其感人也，于形式、笔势以外，兼用激刺。

　　中国画家，自临摹旧作入手。西洋画家，自描写实物入手。故中国之画，自肖像而外，多以意构，虽名山水之图，亦多以记忆所得者为之。西人之画，则人物必有概范，山水必有实景，虽理想派之作，亦先有所本，乃增损而润色之。

　　中国之画，与书法为缘，而多含文学之趣味。西人之画，与建筑、雕刻为缘，而佐以科学之观察，哲学之思想。故中国之画，以气韵胜，善画者多工书而能诗。西人之画，以技能及义蕴胜，善画者或兼建筑、图画二术。而图画之发达，常与科学及哲学相随焉。中国之图画术，托始于虞、夏，备于唐，而极盛于宋，其后为之者较少，而名家亦复辈出。西洋之图画术，托始于希腊，发展于十四、十五世纪，极盛于十六世纪。近三世纪，则学校大备，画人伙颐，而标新领异之才，亦时出于其间焉。

【译文】

我们视觉所看到的，都是平面，依靠触觉的帮助，才有立体感。建筑和雕塑都是平面和立体互见的艺术类型。艺术中还有舍弃立体，只取平面，但在平面之中，仍然含有立体的感觉，这就是绘画。

立体的感觉从何而来？可以这样说：来自物体远近的比例，明暗的层次掩映。西方人更利用光与影之间关系的描绘技法，使绘出的景物更加接近于自然。

绘画的内容包括：人、动物、植物、建筑、山水、宗教、历史、风俗。比起建筑雕塑等艺术来，绘画艺术既显得丰富复杂，又含有音乐、诗歌的韵味，所以非常感人。

绘画的颜色是用水彩来做的，中外都一样。但是，西方人还有油画，它始于文艺复兴时期的意大利，至今仍然盛行。而绘画中还有不带颜色的：一种称为水墨画，是以墨笔来体现画面的浓淡；一种称为白描，是用细笔勾勒物体的轮廓。不带颜色的画，纯粹以形式和笔势来感染人，而带颜色的画感染人的地方，除了形式、笔势之外，还有色彩的对比反差。

中国的画家，学绘画从临摹前人的旧作入手；西方的画家，学绘画从描写实物入手。所以中国画之中，除了肖像画以外，多数是以意境构成，虽然称为山水画，也大多是画家凭着记忆中的印象描绘出来的。西洋画，人物画一定要有模特儿，山水画一定要有实景，即使是理想派的作品，也要先有蓝本，再在蓝本的基础上进行修改和润色。

中国画与书法有密切关系，并且大多含有文学方面的趣味。西方人的画则与建筑、雕塑有联系，并伴有科学的观察、哲学的思想。所以中国画以气韵取胜，善于绘画的人多数也精通书法、擅长写诗；西方的画以技能和意蕴取胜，善于绘画的人有的兼通建筑与绘画两种艺术。而且绘画艺术的进步，常常与科学、哲学的发展相伴随。中国的绘画，起源于上古的尧、舜、禹时期，成熟于唐朝，鼎盛于宋朝，此后绘画的人逐渐减少，但也名家辈出。西方的绘画，起源于古希腊时期，发展于十四、十五世纪，十六世纪最为兴盛。近三个世纪以来，传授绘画的学校大为齐备，画家众多，其间也不时有标新立异的人才出现。

音　乐

　　音乐者，合多数声音，为有法之组织，以娱耳而移情者也。其所托有二：一曰人声，歌曲是也。二曰音器，自昔以金、石、丝、竹、匏、土、革、木者为之；今所常用者，为金、革、丝、竹四种。音乐中所用之声，以一秒中三十二颤者为最低，八千二百七十六颤者为最高。其间又各自为阶，如二百五十颤至五百十七颤之声为一阶，五百十七颤至千有三十四颤之声又自为一阶等，谓之音阶是也。一音阶之中，吾国古人选取其五声以作乐。其后增为七及九。而西人今日之所用，则有正声七，半声五，凡十二声。

　　声与声相续，而每声所占之时价，得量为申缩。以最长者为单位。由是而缩之，为二分之一，四分之一，八分之一，十六分之一，三十二分之一，及六十四分之一焉。同一声也，因乐器之不同，而同中有异，是为音色。

　　不同之声，有可以相谐的，或隔八位，或隔五位，或隔三位，是为谐音。

　　合各种高下之声，而调之以时价，文之以谐音，和之以音色，组之而为调、为曲，是为音乐。故音乐者，以有节奏之变动为系统，而又不稍滞于迹象者也。其在生理上，有节宣呼吸、动荡血脉之功。而在心理上，则人生之通式，社会之变态，宇宙之大观，皆得缘是而领会之。此其所以感人深，而移风易俗易也。

【译文】

　　音乐，是以一定的规律将多种声音组织起来，使人们通过娱乐来陶冶情操的一门艺术。音乐的载体有两种：一是人的声音，歌曲就是人声；二是乐器，古代的"八音"也就是用八种不同材料制成的乐器：金、石、丝、竹、匏、土、革、木。现在所常用的，有金（如锣、铙、钹等打击乐器）、革

（如鼓）、丝（如琴、筝）、竹（如箫、笛）等四种。音乐中使用的音，以每秒振动三十二次的频率为最低，每秒振动八千二百七十六次的频率为最高，其间又各自有阶段划分，比如从每秒二百五十次振动到每秒五百一十七次振动的频率为一阶，每秒五百一十七次振动到每秒一千零三十四次振动的频率又是一阶，这就是音阶。一个音阶之中，我国古代取其中的七个音作曲，后来增加到七声音阶和九声音阶。而西方人现在所用的是七个正音，五个半音，一共十二音阶。

音与音相连续，而每个音所占的时间长短都不一样，这叫做音符。以最长的全音符为基本单位，以此依次递减，有二分之一的二分音符，有四分之一的四分音符，八分之一的八分音符，十六分之一的十六分音符，三十二分之一的三十二分音符，以及六十四分之一的六十四分音符。同一个音，由于演奏乐器的不同，而在同音中有所差别，这就是音色。

不同的音，有的可以和谐相配，比如相隔八位，或者相隔五位，或者相隔三位，这叫做谐音（编注：今称为"和弦"）。

组合了各种高低音阶，协调音符时值，以和弦为修饰，选择相适应的音色，组成曲调，这就是音乐。所以音乐是以有节奏的音符变动作为一个系统，而又丝毫不显得板滞、停顿的声音艺术。它在生理上，可以起到调节呼吸节律、促使血脉流动的作用；在心理上，可以由它而领悟人生境界、社会变迁、宇宙万象。这就是它能够感人至深、达到移风易俗效果的根本原因。

戏　剧

在闳丽建筑之中，有雕刻、装饰及图画，以代表自然之景物。而又演之以歌舞，和之以音乐，集各种美术之长，使观者心领神会，油然与之同化者，非戏剧之功用乎？我国戏剧，托始于古代之歌舞及俳优；至唐而始有专门之教育；至宋、元而始有完备之曲本；至于今日，戏曲之较为雅驯、声调之较为沉郁者，惟有"昆曲"，而不投时人之好，于是"汉调"及"秦腔"

起而代之。汉调亦谓之皮黄，谓西皮及二黄也。秦腔亦谓之梆子。

西人之戏剧，托始于希腊，其时已分为悲剧、喜剧两种，各有著名之戏曲。今之戏剧，则大别为歌舞及科白二种。歌舞戏又有三别：一曰正式歌舞剧（Opera），全体皆用歌曲，而性质常倾于悲剧一方面者也。二曰杂体歌舞剧（Opera—Comique），于歌曲之外，兼用说白，而参杂悲剧以喜剧之性质者也。三曰小品歌舞剧（Opérette），全为喜剧之性质，亦歌曲与说白并行，而结体较为轻佻者也。科白剧又别为二：一曰悲剧（Tragiqne），二曰喜剧（Comédie），皆不歌不舞，不和以音乐，而言语行动，一如社会之习惯。今我国之所谓新剧，即仿此而为之。西人以戏剧为社会教育之一端，故设备甚周。其曲词及说白，皆为著名之文学家所编；学校中或以是为国文教科书。其音谱，则为著名之音乐家所制。其演剧之人，皆因其性之所近，而研究于专门之学校，能洞悉剧本之精意，而以适当之神情写达之。故感人甚深，而有功于社会也。其由戏剧而演出者，又有影戏：有象无声，其感化力虽不及戏剧之巨，然名手所编，亦能以种种动作，写达意境；而自然之胜景，科学之成绩，尤能画其层累曲折之状态，补图书之所未及。亦社会教育之所利赖也。

【译文】

在宏伟壮丽的建筑之中，含有雕塑、装饰以及绘画等手法，以代表自然的景物，而又加上歌舞的表演，音乐的唱和，集中各种美术的长处，使观众心领神会，油然而产生同化感的，不正是戏剧的功效吗？我国的戏剧，起源于古代的歌舞和俳优戏；唐代开始有专门的教坊组织教习演剧；宋元时期才开始出现完整的戏曲剧本；到了现代，戏曲中文辞比较雅驯、声调比较沉郁的，只有"昆曲"，但它已经不投合时人的爱好，于是"汉调"、"秦腔"等地方戏兴起并取代了昆曲。汉调也叫做皮黄，就是西皮和二黄；秦腔也称作梆子。

西方戏剧，起源于古希腊，当时就已经分为悲剧、喜剧两种，各有著名的戏曲作品。现代戏剧，大致分为歌舞剧和话剧两种。歌舞剧又分三种：一是正式歌舞剧，全部用歌曲，其内容多倾向于悲剧性方面；二是杂体歌舞剧，在歌曲之外还兼用说白，在悲剧中又掺杂了喜剧的性质；三是小品歌舞剧，全是喜剧的性质，也是歌曲与说白兼用，情节结构比较轻佻。话剧又分两种：一是悲剧，二是喜剧，都没有歌舞，不用配乐，对白和动作都和社会生活习惯一样。现在我国所谓的"新剧"，就是仿效西方话剧而创作的。西方人将戏剧作为社会教育方式的一种，所以对它的设置很周全。戏剧的曲词以及说白，都是著名的文学家编写的，有些学校甚至用戏剧剧本作为国文教科书。戏剧的乐谱，由著名音乐家谱写。戏剧的演员，都是因为自身性格喜好与这门艺术相近，从而在专门的学校进行研习，能够透彻把握剧本的深刻含义，并以适当的神情来表达，所以能感人至深，对社会产生巨大影响。以戏剧方式演出的艺术，还有一种影戏（编注：即电影，当时电影还处于默片时期）：有影像而没有声音，其感染力虽然不及戏剧的巨大，但名家所编创的影戏，也能以种种动作表达意境；而且对于大自然的美景，科学研究的成果，影戏尤其能细致刻画其中层次曲折的各种状态，补充图画书本所无法表达的内容。这也是一种很好的社会教育方式。

诗 歌

人皆有情。若喜、若怒、若哀、若乐、若爱、若惧、若怨望、若急迫，凡一切心理上之状态，皆情也；情动于中，则声发于外，于是有都、俞、噫、咨、吁、嗟、乌呼、咄咄、荷荷等词，是谓叹词。

虽然，情之动也，心与事物为缘。若者为其发动之因，若者为其希望之果，且情之程度，或由弱而强，或由强而弱，或由甲种之情而嬗为乙种，或合数种之情而冶诸一炉，有决非简单之叹词所能写者，于是以抑扬之声调，复杂之语言形容之。而诗歌作焉。

声调者，韵也，平、侧声也。"平"者，声之位于长短疾徐之间者也，其最长最徐之声曰"去"，较短较徐之声曰"上"，最短最徐之声曰"入"。三者皆为侧声。

语言者，词句也。古者每句多四言，而其后多五言及七言。以八句为一首者，曰律诗。十二句以上，曰排律。四句者，曰绝句（绝句偶有六言者）。古体诗则句数无定。诗之字句有定数，而歌者或不能不延一字为数声，或蹙数字为一声，于是乎有准歌声之延蹙以为诗者，古者谓之乐府，后世则谓之词。词之复杂而通俗者谓之曲。词所用之字，不惟辨平侧，而又别清浊，所以谐于歌也。

古者别诗之性质为三：曰风，曰雅，曰颂。风，纯乎言情者也；雅，言情而兼叙事者也；颂，所以赞美功德者也，后世之诗，亦不外乎此三者。

与诗相类者有赋，有骈文。其声调皆不如诗之谨严。赋有韵，而骈文则不必有韵。

【译文】

人类都有情感，如喜、怒、哀、乐、爱恋、惧怕、怨恨、急躁等，凡是一切心理上的状态，都是情感。情感产生于内心，对外则发出声音，于是有唉、呀、啊、咳、吁、嗟、呜呼、咄咄、呵呵等词，称作感叹词。

虽然这样，但是情感的发生还是缘于心与事物发生关系。其中有情感产生的原因，有情感所希望的结果，而且情感的程度，或者由弱到强，或者由强到弱，或者从这种情感转变为另一种情感，或者综合了多种情感为一体，有些情感决非简单的感叹词所能描述，于是人们用抑扬顿挫的声调和复杂的语言来形容它，从而产生了诗歌。

声调就是韵以及平、仄声。"平"是指发声位于长短缓急之间的音调，最长最缓的音调称为"去"声，较短较缓的音调称为"上"声，最短最缓的音调称为"入"声，后三者都是仄声。

语言就是词句。我国诗歌的语言，最早的每句多数是四言，其后以五言、七言为多。一首八句的诗，称作律诗，十二句以上的则称作排律。一首四句的诗称为绝句（绝句也偶尔有六言句的）。古体诗的句数不确定。诗的字句有一定的规格，但唱歌的人不得不适应乐曲的节奏变化，有时延长一字来对应几个音，有时压缩几个字在一个音里，于是有人就依据歌声的长短变化写诗，古时称为乐府，后代则称作"词"。词当中，节奏复杂而语句通俗的又称作"曲"。词中所用的字，不但要辨明平仄，而且还要分别清音和浊音，以使唱歌时音节和谐。

古人将诗的性质分成三种：风、雅、颂。风，是纯粹的言情诗歌；雅，是言情而兼有叙事内容的诗歌；颂，是用来赞美道德和功业的诗篇。后代的诗歌，也不外乎这三种类型。

与诗歌体裁相类似的还有赋，有骈文，它们的声调要求都不如诗歌格律的严谨。赋要押韵，而骈文则不必押韵。

历　史

历史者，记载已往社会之现象，以垂示将来者也。吾人读历史而得古人之知识，据以为基本，而益加研究，此人类知识之所以进步也。吾人读历史而知古人之行为，辨其是非，究其成败，法是与成者，而戒其非与败者，此人类道德与事业之所以进步也。是历史之益也。

我国历史旧分三体：一曰纪传体。为君主作本纪，为其他重要之人物作列传，又作表以记世系及大事，作志以记典章：如《史记》、《汉书》、二十四史等是也。二曰编年体。循事记事，便于稽前后之关系：如《左氏春秋传》及《资治通鉴》等是也。三曰纪事本末体。每纪一事，自为首尾，便于索相承之因果：如《尚书》及《通鉴纪事本末》等是也。三者皆以政治为主，而其他诸事附属之。

新体之历史，不偏重政治，而注意于人文进化之轨辙。凡夫风俗之变迁，实业之发展，学术之盛衰，皆分治其条流，而又综论其统系。是谓文明史。

又有专门记载，如哲学史、文学史、科学史、美术史之类。是为文明史之一部分，我国纪传史中之儒林，文苑诸传，及其他《宋元学案》、《畴人传》、《画人传》等书，皆其类也。

缺附注：《畴人传》，清阮元著，所传皆算学家。

【译文】

历史，是记载已经过去了的社会现象，用以昭示后人的一门学科。我们读历史，获得古代的知识，以此作为基础并加以研究，这是人类知识之所以能够进步的原因。我们读历史，知道古人的行为，辨析是非曲直，研究成败得失，效仿正确和成功的做法，而以错误和失败的教训为鉴，这是人类道德和事业之所以能够进步的原因。这些都是历史的有益之处。

我国的历史著作，过去分为三种体裁：一是纪传体。为君主撰写本纪，为其他重要的人物撰写列传，又编写表以记录皇家、贵族的世系和国家的大事，编撰志来记载文献资料，例如《史记》《汉书》以及二十四史等正史都是纪传体史书。二是编年体。按照时间先后顺序记录历史事件，便于核实事件发生的前后关系，例如《左氏春秋传》《资治通鉴》这一类史书。三是纪事本末体。每记录一件事情，都有始有终，首尾完全，以便考察这件事发生的前因后果，例如《尚书》《通鉴纪事本末》等史书。这三种体裁的历史著作，都是以政治为主，其他事情为附属。

现代的新历史学，不再偏重政治，而注意人文进化的轨迹。凡是风俗的变迁，实业的发展，学术的盛衰，都分别梳理它们的条目流变，综述它们的系统构成。这就称为"文明史"。

另外还有专门性的历史著作，如哲学史、文学史、科学史、美术史之类，都是文明史的一部分。我国纪传体历史著作中的儒林传、文苑传等，以及其他传记著作《宋元学案》《畴人传》《画人传》等书，都可以归入这一类。

地 理

地理者，所以考地球之位置区画、及其与人生之关系者也，可别为三部。

一曰数学地理：如地球与日球及其他行星之关系，及其自转，公转之规则等是也。此吾人所以有昼夜之分，与夫春、夏、秋、冬之别。

二曰天然地理：如土壤之性质，山脉、河流之形势，动、植、矿各物之分布，气候之递变，雨量、风向之比例等是也。吾人之状貌、性情、习尚及职业，往往随所居之地而互相差别者，以此。

三曰人文地理：又别为二：其一，关于政治，如大地分为若干国，有中华民国及法国等。一国之中，又分为若干省，如中华民国有二十四省，法国有八十六省是也。其不编为省者曰属地，如中华民国有蒙古、西藏，法国有安南及美、非、澳诸州属地是也。其二，关于生计，如物产之丰啬，铁道、运河之交通，农、林、渔、牧之区域，工商之都会等是也。二者，皆地理与人生有直接之关系者也。故谓之人文地理。

凡记载此等各部之现状者，谓之地理志，亦曰地志。合全地球而记载之，是谓世界地志。其限于一国者，为某国地志，如中华民国地志，及法国地志等是也。地理非图不明，故志必有图，而图不必皆附于志。

【译文】

地理，是用来考证地球的位置、区划，以及它与人类生存关系的一门学科，可以分为三个门类：

一是数学地理：如研究地球与太阳及其他行星的关系，以及地球的自转、公转的规律等。数学地理学可以告诉我们为什么会有昼夜的分别，以及春、夏、秋、冬四季的划分。

二是天然地理：如研究土壤的性质，山脉、河流的走势，动植物、矿物的分布，气候的顺序变化，雨量、风向的比例等。因为这些因素，我们的身体形貌、性格心情、风俗习惯以及职业特点等，往往因居住地的不同而互有差别。

三是人文地理：又分为两种。其一，关于政治，例如地球陆地分为若干国家，有中华民国以及法国等国家。一国之中，又分为若干省份，如中华民国有二十四个省份，法国有八十六个省份等。其中不编为省份的称为属地，如中华民国有蒙古、西藏等属地，法国有安南以及在美洲、非洲、澳洲等洲的属地等。其二，关于生计，比如这块土地上的物产是丰富还是贫瘠，铁道、运河的交通状况，农业、林业、渔业、牧业的区域，工商业型大都市等。上述两者，都是地理与人类生活有直接关系的方面，所以称为人文地理。

凡是记载这些各种门类现状的著作，就称为地理志，也叫地志。综合记载全地球的地理，称为世界地志；只限于一个国家的地理，称为某国地志，如中华民国地志、法国地志等。地理如果没有地图，就很难记载清楚，所以地志著作一定配有地图，但地图不必都附载于地志书里，也可以以单行本的形式出版发行。

建 筑

人之生也，不能无衣、食与宫室。而此三者，常于实用之外，又参以美术之意味。如食物本以适口腹也，而装置又求其悦目；衣服本以御寒暑也，而花样常见其翻新；宫室本以蔽风雨也，而建筑之术，尤于美学上有独立之价值焉。

建筑者，集众材而成者也。凡材品质之精粗，形式之曲直，皆有影响于吾人之感情。及其集多数之材，而成为有机体之组织，则尤有以代表一种之人生观。而容体气韵，与吾人息息相通焉。

吾国建筑之中，具美术性质者，略有七种：一曰宫殿，古代帝王之居处与陵寝，及其他佛寺道观等是也。率皆四阿而重檐，上有飞甍，下有崇阶，朱门碧瓦，所以表尊严富丽之观者也。二曰别墅。萧斋邃馆，曲榭回廊，间之以亭台，映之以泉石，宁朴毋华，宁疏毋密，大抵极清幽潇洒之致焉。三曰桥。叠石为穹窿式，与罗马建筑相类。惟罗马人广行此式，而我国则自桥以外罕用之。四曰城。叠砖石为之，环以雉堞，隆以谯门，所以环卫都邑也。而坚整之概，有可观者，以万里长城为最著。五曰华表。树于陵墓之前，间用六面形，而圆者特多，冠以柱头，承以文础，颇似希腊神祠之列栏；而两相对立，则又若埃及之方尖塔然。六曰坊。所以旌表名誉，树于康衢或陵墓之前，颇似欧洲之凯旋门，唯彼用穹形，而我用平构，斯其异点也。七曰塔。本诸印度而参以我国固有之风味，有七级、九级、十三级之别，恒附于佛寺，与欧洲教堂之塔相类；惟常于佛殿以外，呈独立之观，与彼方之组入全堂结构者不同。要之，我国建筑，既不如埃及式之阔大，亦不类峨特式之高骞，而秩序谨严，配置精巧，为吾族数千年来守礼法尚实际之精神所表示焉。

【译文】

人的生活，不能没有衣服、食物和住宅。而这三种生活必需品，常常在实用功能之外，又加入了美术的趣味。比如食物本来是满足人们口腹之欲的，却又要求在制作上赏心悦目；衣服本来是保暖御寒的，却常常花样翻新；住宅本来是遮风避雨的，然而建筑学却在美学上具有独特的价值。

建筑，是集合了众多材料而构成的。材料品质是精致还是粗糙，形式是弯曲还是笔直，都会影响到我们的性情。当建筑物集中了多数的材料，构成一个有机的整体组织之时，它完全可以代表一种人生观。而且它的外形和气韵，与我们的感觉息息相通。

我国建筑之中，具有美术性质的，大致有七种：一是宫殿。一般作为古代帝王的居处和陵墓，还有其他佛寺道观等。宫殿建筑大都是四方形建筑，多层高檐，上面有飞扬式的拱顶，下面有高而整齐的台阶，朱红的大门，碧绿的琉璃瓦，给人一种尊贵富丽的观感。二是别墅。书斋馆舍，曲折楼榭，回环长廊，间隔着建有观景的亭台，以泉水假山掩映其间作为点缀，追求朴素摈除华丽，要求空疏不可密集，极尽清幽潇洒的韵味。三是桥。以石块垒成拱状穹隆式，与罗马式建筑有些相似，但罗马式建筑普遍采用这种样式，而我国的建筑除桥以外很少使用穹隆式。四是城。以砖石垒成，四周城墙之上环绕着可以供守军瞭望、隐蔽和射箭的城垛，四角建有守卫、报时人员值勤时所住的望楼，其功能是为了守护城市不受外敌侵略。城的建筑要求是坚固整齐，其中具有观赏价值的，以万里长城最为著名。五是华表。树立在陵墓之前，有时也有六面形柱子，但一般多使用圆形柱，顶上有雕刻着神兽的柱头，下方承接绘有浮雕装饰的柱础，很像希腊神祠里的列栏。而华表的两两对立，则又像埃及的方尖塔。六是坊。是为了旌表某个人的名誉而建造的，一般树在街道或者陵墓之前，好像欧洲的凯旋门，但是欧洲使用的是穹形拱门，而我国是平面方形结构，这是两者的不同之处。七是塔。来源于印度，却融入了我国固有的审美风味，有七级、九级、十三级的区别，常建造于佛寺之中，与欧洲教堂的塔相似；但中国的塔一般建于佛殿之外，呈现出独立的观赏价值，与欧洲将塔融入整个教堂建筑结构的方式并不相同。总而言之，我国的建筑，既不如埃及式建筑的雄壮阔大，也不像哥特式建筑的巍峨高峻，却是秩序严谨，配置精巧，正是我们民族数千年来遵守礼法、崇尚实际的精神的体现。

雕　刻

音乐、建筑皆足以表示人生观；而表示之最直接者为雕刻，雕刻者，以木、石、金、土之属，刻之范之，为种种人物之形象者也。其所取材，率在历史之事实，现今之风俗，即有推本神话宗教者，亦犹是人生观之代表云尔。

雕刻之术，大别为二类：一浅雕凸雕之属，象不离璞，仅以圻堮起伏之文写示之者也。如山东嘉祥之汉武梁祠画象，及山西大名之北魏造象等属之。一具体之造象，雕刻之工，面面俱到者也。如商武乙为偶人以象天神，秦始皇铸金人十二，及后世一切神祠佛寺之象皆属之。

雕刻之精者，一曰匀称，各部分之长短肥瘠，互相比例，不违天然之状态也。二曰致密，琢磨之工，无懈可击也。三曰浑成，无斧凿痕也。四曰生动，仪态万方，合于力学之公例，神情活现，合于心理学之公例也。吾国之以雕刻名者，为晋之戴逵，尝刻一佛象，自隐帐中，听人臧否，随而改之。如是者十年，厥工方就，然其象不传。其后以塑象名者，唐有杨惠之，元有刘元。西方则古代希腊之雕刻，优美绝伦；而十五世纪以来，意、法、德、英诸国，亦复名家辈出。吾人试一游巴黎之鲁佛尔及卢克逊堡博物院，则希腊及法国之雕刻术，可略见一斑矣。

相传越王勾践尝以金铸范蠡之象，是为我国铸造肖象之始。然后世鲜用之。西方则自罗马时竞尚雕铸肖象，至今未沫。或以石，或以铜，无不面目逼真焉。

我国尚仪式，而西人尚自然，故我国造象，自如来袒胸，观音赤足，仍印度旧式外，鲜不具冠服者。西方则自希腊以来，喜为裸象；其为骨骼之修广，筋肉之张弛，悉以解剖术为准。作者固不能不先有所研究，观者亦得为练达身体之一助焉。

【译文】

音乐和建筑都足以体现人生观，而体现得最为直接的就是雕刻。雕刻是用木、石、金、土之类的材料，凿刻塑造，成为种种人和物的形象的一种艺术。雕刻的题材，大多取材于历史事实，现今的风俗，即使有取材于神话宗教的，仍可以称其是一种人生观的代表。

雕刻的方法，基本上分为两类：一是浮雕，雕出来的像是还带有简单朴实的风味，然而仅仅是用凹凸起伏的花纹描绘入与物罢了，如山东嘉祥的汉代武梁祠画像，以及山西著名的北魏造像，都属于浮雕；另一种是具体的塑像，雕刻的功夫，要求面面俱到，如商代武乙制造的天神偶像，秦始皇铸造的十二个铜人，以及后世一切神祠佛寺中的神像，都属于塑像。

雕刻的精美之处，一是匀称，各部分的长短肥瘦，互相间的比例适合，不违反自然状态。二是细致，雕琢打磨的工巧，要求无懈可击。三是浑成，要求看不到斧凿的痕迹。四是生动，表现动态要仪态万方，合乎力学的原理；表现神态要活灵活现，合乎心理学的原理。我国以雕刻家著称的，是晋代的戴逵，他曾经刻一佛像，自己藏身在佛像后的神帐里，听取参观者的意见，然后予以修改，这样一直用了十年的时光才告成功，可惜他的雕刻作品现在已经失传了。其后著名的塑像家，唐代有杨惠之，元代有刘元。西方则是以古希腊的雕刻最为优美绝伦。而十五世纪以来，意、法、德、英诸国，在雕刻方面也是名家辈出。我们如果去巴黎的卢浮宫以及卢克逊堡博物馆游玩参观，对于古希腊及法国的雕刻，就可以略窥一斑了。

相传越王勾践曾经用金来铸造手下贤臣范蠡的塑像，这是我国铸造人物肖像的起始，但后世很少再用。西方则从古罗马时期就竞相雕刻和铸造人物肖像，这门艺术至今没有衰落，有的是石雕，有的是铜雕，无不面目逼真。

我国崇尚仪式，而西方人崇尚自然，所以我国的塑像，除了如来袒露胸膛，观音赤着双足，仍然保留印度旧有的式样之外，很少有不穿衣戴冠的。西方则从古希腊以来就喜欢雕塑裸体人物像，人像骨骼的长短粗细，筋肉的松弛紧绷，都以解剖学原理为准则。创作雕塑的人自然不能不先对解剖学有所研究，而观赏者也得以借此作为了解人体结构的辅助。

例　言

一、本书为中学校修身科之用。

一、本书分上、下二篇：上篇注重实践；下篇注重理论。修身以实践为要，故上篇较详。

一、教授修身之法，不可徒令生徒依书诵习，亦不可但由教员依书讲解，应就实际上之种种方面，以阐发其旨趣：或采历史故实，或就近来时事，旁征曲引，以起发学生之心意。本书卷帙所以较少者，正留为教员博引旁证之余地也。

一、本书悉本我国古圣贤道德之原理，旁及东西伦理学大家之说，斟酌取舍，以求适合于今日之社会。立说务期可行，行文务期明亮，区区苦心，尚期鉴之。

上 篇

第一章 修己

第一节 总论

人之生也，不能无所为，而为其所当为者，是谓道德。
道 德 道德者，非可以猝然而袭取也，必也有理想，有方法。修身
一科，即所以示其方法者也。

夫事必有序，道德之条目，其为吾人所当为者同，而所
修己之道 以行之之方法，则不能无先后，其所谓先务者，修己之道是
已。

吾国圣人，以孝为百行之本，小之一人之私德，大之国
民之公义。无不由是而推演之者，故曰惟孝友于兄弟，施于
行之于社 有政，由是而行之于社会，则宜尽力于职分之所在，而于他
会 人之生命若财产若名誉，皆护惜之，不可有所侵毁。

行之于国家

行有余力，则又当博爱及众，而勉进公益，由是而行之于国家，则于法律之所定，命令之所布，皆当恪守而勿违。而有事之时，又当致身于国，公尔忘私，以尽国民之义务，是皆道德之教所范围，为吾人所不可不勉者也。

夫道德之方面，虽各各不同，而行之则在己。知之而不行，犹不知也；知其当行矣，而未有所以行此之素养，犹不能行也。怀邪心者，无以行正义；贪私利者，无以图公益。未有自欺而能忠于人，自侮而能敬于人者。故道德之教，虽统各方面以为言，而其本则在乎修己。

康 强

修己之道不一，而以康强其身为第一义。身不康强，虽有美意，无自而达也。

知 能

康矣强矣，而不能启其知识，练其技能，则奚择于牛马；故又不可以不求知能。

德 性

知识富矣，技能精矣，而不率之以德性，则适以长恶而遂非，故又不可以不养德性。是故修己之道，体育、知育、德育三者，不可以偏废也。

【译文】

人生在世，不能无所作为，而必须要做他所应该做的事情，也就是实现道德。道德无法快速地得到，一定要有理想，有方法。修身这个科目就是指引人们实现道德的方法。

凡事都有轻重先后。道德的要求，每个人都应该去履行，但人们在实行的时候却不能没有章法，其中最先要做的事情就是自我修养的方法。

我们国家的圣人认为：孝行是各种品行的根本，小到个人的生活作风，大到国家公民的道德，没有不是由孝行推演而来的，所以说要孝敬父母、友爱兄弟，并把这种精神推广到政治上去。若将孝推行至社会，就应该尽力于自己的本职，对于他人的生命以及财产、名誉，也都要爱护珍惜，不可以有丝毫的侵犯或损害。做好本职以后，如果还有余力，又应当博爱他人，致力于公益事业。若将孝施行至国家，就应当认真遵守国家的法律、法规而不去违犯；当国家有危难的时候，又应当献身其中，公而忘私，以尽到作为国民的义务。这都是道德教育的范围，我们不能不努力去做。

道德的层面虽然各不相同，却都要自己去实践。知道而不去做，就跟不知道一样；知道应该去实践，但是没有实行的学识和涵养，还是无法实践啊。心怀邪念的人不会实践正义，贪图私利的人不会服务公益；自欺的人不可能取信于他人，自侮的人不可能受到他人的尊敬。所以，道德教育的内容，虽然是综合各个层面来说的，但它的根本就在于自我修养。

自我修养的方法有很多，而以健康强壮的身体为最重要。身体不健康，虽然有美好的理想，也无法自己实现。健康强壮了，却不能开启智识，锻炼技能，那跟牛马又有什么区别呢？所以又不可以不寻求知识和技能。知识丰富了，技能精湛了，而没有道德品质来统率，反而会增加过失、导致屡屡犯错，所以又不可以不修养道德。因此，自我修养的方法在于体育、智育、德育，三者并重，不可偏废。

第二节　体育

修己以体
育为本
身不康强
不能尽孝
身不康强
不能尽忠

凡德道以修己为本，而修己之道，又以体育为本。忠孝，人伦之大道也，非康健之身，无以行之。人之事父母也，服劳奉养，唯力是视，羸弱而不能供职，虽有孝思奚益？况其以疾病贻父母忧乎？其于国也亦然。国民之义务，莫大于兵役，非强有力者，应征而不及格，临阵而不能战，其何能忠？且非特忠孝也。一切道德，殆皆非羸弱之人所能实行者。苟欲实践道德，宣力国家，以尽人生之天职，其必自体育始矣。

且体育与智育之关系，尤为密切，西哲有言：康强之精神，必寓于康强之身体。不我欺也。苟非狂易，未有学焉而不能知，习焉而不能熟者。其能否成立，视体魄如何耳。也尝有抱非常之才，且亦富于春秋，徒以体魄孱弱，力不逮志，奄然与凡庸伍者，甚至或盛年废学，或中道夭逝，尤可悲焉。

体育与智育之关系

夫人之一身，本不容以自私，盖人未有能遗世而独立者。无父母则无我身，子女之天职，与生俱来。其他兄弟夫妇朋友之间，亦各以其相对之地位，而各有应尽之本务。而吾身之康强与否，即关于本务之尽否。故人之一身，对于家族若社会若国家，皆有善自摄卫之责。使傲然曰：我身之不康强，我自受之，于人无与焉。斯则大谬不然者也。

身体康强与家族社会国家之关系

人之幼也，卫生之道，宜受命于父兄。及十三四岁，则当躬自注意矣。请述其概：一曰节其饮食；二曰洁其体肤及衣服；三曰时其运动；四曰时其寝息；五曰快其精神。

卫生之概要

少壮之人，所以损其身体者，率由于饮食之无节。虽当身体长育之时，饮食之量，本不能以老人为例，然过量之忌则一也。使于饱食以后，尚歆于旨味而恣食之，则其损于身体，所不待言。且既知饮食过量之为害，而一时为食欲所迫，不及自制，且致养成不能节欲之习惯，其害尤大，不可以不慎也。

饮食过量之害

少年每喜于闲暇之时，杂食果饵，以致减损其定时之餐饭，是亦一弊习。医家谓成人之胃病，率基于是。是乌可以不戒欤？

杂食果饵之害

酒与烟，皆害多而利少。饮酒渐醉，则精神为之惑乱，而不能自节。能慎之于始而不饮，则无虑矣。吸烟多始于游戏，及其习惯，则成癖而不能废。故少年尤当戒之。烟含毒性，卷烟一枚，其所含毒分，足以毙雀二十尾。其毒性之剧如此，吸者之受害可知矣。

饮酒之害 吸烟之害

凡人之习惯，恒得以他习惯代之。饮食之过量，亦一习惯耳。以节制食欲之法矫之，而渐成习惯，则日习不难尽去也。

节制食欲

清洁为卫生之第一义，而自清洁其体肤始。世未有体肤既洁，而甘服垢污之衣者。体肤衣服洁矣，则房室庭园，自不能任其芜秽，由是集清洁之家而为村落为市邑，则不徒足以保人身之康强，而一切传染病，亦以免焉。

清洁

且身体衣服之清洁，不徒益以卫生而已，又足以优美其仪容，而养成善良之习惯，其裨益于精神者，亦复不浅。盖身体之不洁，如蒙秽然，以是接人，亦不敬之一端。而好洁之人，动作率有秩序，用意亦复缜密，习与性成，则有以助勤勉精明之美德。借形体以范精神，亦缮性之良法也。

运动亦卫生之要义也。所以助肠胃之消化，促血液之循环，而爽朗其精神者也。凡终日静坐偃卧而怠于运动者，身心辄为之不快，驯致食欲渐减，血色渐衰，而元气亦因以消耗。是故终日劳心之人，尤不可以不运动。运动之时间，虽若靡费，而转为勤勉者所不可吝，此亦犹劳作者之不能无休息也。

运动

凡人精神抑郁之时，触物感事，无一当意，大为学业进步之阻力。此虽半由于性癖，而身体机关之不调和，亦足以致之。

游散

时而游散山野，呼吸新空气，则身心忽为之一快，而精进之力顿增。当春夏假期，游历国中名胜之区，此最有益于精神者也。

游历

是故运动者，所以助身体机关之作用，而为勉力学业之预备，非所以恣意而纵情也。故运动如饮食然，亦不可以无节。而学校青年，于蹴鞠竞渡之属，投其所好，则不惜注全力以赴之，因而毁伤身体，或酿成疾病者，盖亦有之，此则失运动之本意矣。

运动不可无节

凡劳动者，皆不可以无休息。睡眠，休息之大者也，宜无失时，而少壮尤甚。世或有勤学太过，夜以继日者，是不可不戒也。睡眠不足，则身体为之衰弱，而驯致疾病，即幸免于是，而其事亦无足取。何则？睡眠不足者，精力既疲，即使终日研求，其所得或尚不及起居有时者之半，徒自苦耳。惟睡眠过度，则亦足以酿惰弱之习，是亦不可不知者。

睡　眠

精神者，人身之主动力也。精神不快，则眠食不适，而血气为之枯竭，形容为之憔悴，驯以成疾，是亦卫生之大忌也。夫顺逆无常，哀乐迭生，诚人生之常事，然吾人务当开豁其胸襟，清明其神志，即有不如意事，亦当随机顺应，而不使留滞于意识之中，则足以涵养精神，而使之无害于康强矣。

精　神

自杀之罪

康强身体之道，大略如是。夫吾人之所以斤斤于是者，岂欲私吾身哉？诚以吾身者，因对于家族若社会若国家，而有当尽之义务者也。乃昧者，或以情欲之感，睚眦之忿，自杀其身，罪莫大焉。彼或以一切罪恶，得因自杀而消灭，是亦以私情没公义者。

杀身成仁

唯志士仁人，杀身成仁，则诚人生之本务，平日所以爱惜吾身者，正为此耳。彼或以衣食不给，且自问无益于世，乃以一死自谢，此则情有可悯，而其薄志弱行，亦可鄙也。人生至此，要当百折不挠，排艰阻而为之，精神一到，何事不成？见险而止者，非夫也。

杀身成仁

惟志士仁人，杀身成仁，则诚人生之本务，平日所以爱惜吾身者，正为此耳。彼或以衣食不给，且自问无益于世，乃以一死自谢，此则情有可悯，而其薄志弱行，亦可鄙也。人生至此，要当百折不挠，排艰阻而为之，精神一到，何事不成？见险而止者，非夫也。

【译文】

道德教育以自我修养为根本，而自我修养的方法，又以体育为根本。

忠孝，是人际关系的重要准则，但没有健康的身体就无法实行。人们侍奉父母，必须竭尽全力地侍候赡养，而身体瘦弱的人就不能尽职，如此一来，就算有尽孝的想法又有什么用呢？何况自己患病还会令父母忧虑呢？对于国家来说也是这样。国民的义务中，最大的无非是兵役，不是强壮有力的人，应征就不能合格，临阵就不能战斗，这样哪里谈得上忠于国家呢？不仅仅是忠孝，其他一切道德行为都不是身体瘦弱的人所能实行的，如果要实践道德，效力国家，以尽到人生应尽的职责，就一定要从体育锻炼开始。

而且体育与智育的关系也特别密切，西方哲人说过：健康强健的精神，一定存在于健康强健的身体。这话没有欺骗我们啊。如果不是精神失常的人，没有人会学习了却还不懂得、不熟练掌握的。但能不能如此，还要看身体和精力怎么样。也曾经有非常有才华的人，正当年少却因为身体虚弱，无法实现自己的理想，结果黯然地和平庸的人混在一起，甚至有的正当少年就被迫停止学习，而有的壮年时就夭折了，真是非常的可悲！

人的身体本来就不容许自私，因为没有人能离开社会而独立存在。没有父母就没有我的身体，因此子女的天职从一出生就有了。其他如兄弟、夫妻、朋友之间也各自有其应尽的责任，而我们的身体是不是足够健康强壮，就关系到能不能尽到这些责任。所以人对于家族以及社会、国家，都有妥善保养自己身体的责任。如果狂傲地说：我的身体不健康，所产生的后果我自会承担，跟别人没有关系。那就大错特错了。

保养生命的道理，在小的时候应该接受父母兄弟的照顾和指导。到了十三四岁，就应该自己注意了。请允许我概述其内容：第一，要节制饮食；第二，要保持身体和衣服的清洁；第三，要经常运动；第四，要适当休息；第五，要保持精神愉快。

对于青少年来说，损害身体的原因大概都是由于没有节制饮食。虽然身体正在发育的时候，食量本来就比老年人要多一些，但是，不可饮食过量的禁忌却是一样的。如果吃饱以后还贪图美味而放肆乱吃，那么伤害身体就是自然的了。而且，既然知道饮食过度的害处，还一时为食欲所诱惑而不能自制，长此以往，必然养成不能控制自己欲望的习惯，这样的危害更大，不能不谨慎啊！

少年人往往喜欢在闲暇的时候乱吃零食，以致减少了一日三餐固定时间的正常摄入量，这也是一个坏习惯。医生说成人的胃病，基本上都是因为这个毛病引起的，所以怎么能不戒除呢？

烟和酒都是祸害多而益处少。一旦喝醉了，精神就会因此迷乱而不能自我克制。如果能从一开始就小心控制，不去饮酒，那么就不需要顾虑酒后失控的问题了。一般人开始吸烟时都是随便玩玩，可一旦习惯了，就有了烟瘾而不能停止，所以少年人更应当警戒自己不要沾染上。香烟有毒，一支香烟所含的毒素足以毒死二十只麻雀，它的毒性这么剧烈，吸烟的人所受的损害就可想而知了。

人的所有陋习，都必须以其他的习惯来代替，才能得到改正。饮食过度也是一种陋习，用节制饮食的方法来矫正它，并渐渐养成新的习惯，那么旧习惯就不难除尽了。

清洁是保养自己生命的第一要点，并且要从清洁自己的身体开始实行。世界上没有身体清洁，而甘心穿肮脏衣服的人。身体衣服清洁了，那么房间庭院也就不会因此荒芜脏乱，每个家园都清洁卫生，那么以此集合起来的村落、城镇也就都清洁了，这样不只是保护身体的健康，其他一切传染病也会随之消失。

而且身体衣服的清洁，不仅对生命的保养有好处，还可以使人的容貌优美，而且养成良好的习惯，对我们的精神也有不少好处。因为身体不清洁，就像附着了肮脏的东西一样，以这样的状态去招待他人也是不尊重别人的表现，而喜好清洁的人动作轻捷有秩序，想法缜密。习惯与性格相互促进，就会帮助养成勤勉精明的美德。借用形体来规范精神，这也是修养性情的好方法。

运动也是保养生命的要点。它可以帮助肠胃消化，促进血液循环，爽朗我们的精神。那些终日坐着、躺着而懒于运动的人，身心常常会不快乐，渐渐地就会食欲减退，容颜衰落，精神也因此消耗。所以，终日思考的人更加不能不运动。运动虽然看起来好像有点浪费时间，但是，想把精神状态调整为勤奋努力的人是不可以吝惜的，这就好像劳动的人不能没有休息一样。

人的精神压抑郁闷的时候，所看到的事物没有一件能符合心意，这是学习进步的一大阻力。虽然一半是由于性格，但身体各个部分缺乏和谐也会如此。疲惫时去山野之中游逛散心，呼吸新鲜空气，那么身心就会随之一快，精进的力量就会顿时增加。适逢寒暑假期，去游历国内的名胜风景，这对精神是很有益处的。

所以，运动是帮助身体各个部分发挥作用，为努力学习而做的准备，不能够随便放纵乱来。运动就像饮食一样，也不可以没有节制。学校里的青年在踢球、游泳等各种运动中，常常有因为自己喜欢就不惜一切全力以赴的情况，甚至因此而毁伤身体或酿成疾病，这就失去运动的本意了。

所有劳动的人都不能不休息。睡眠是最重要的休息，应该尽量不要错乱或减少，青少年尤其应当这样。有的人过于勤奋，夜以继日地学习或工作，这是不能不戒掉的。睡眠不足，身体就会衰弱，渐渐导致生病，即使能够幸免，但这样的事也是不足取的。为什么呢？睡眠不足的人精力疲惫，即使终日钻研学问，所学到的还不及正常生活的人的一半，只是自找苦吃而已。此外，睡眠过度也会养成懒惰软弱的习性，这是不能不知道的。

精神是人身体的主要动力。精神不愉快，睡眠饮食就会不舒服，血气就会枯竭，容貌就会憔悴，以至于逐渐产生疾病，这是保养生命的重要禁忌。顺境与逆境变化不定，悲哀与快乐不断发生，这实在是人生的常事，但是我们应当开阔胸襟，使自己的精神清爽明朗，即使有不如意的事，也应当跟随境遇来适应它，不让不愉快的心情停留在头脑之中，这样才能涵养精神，使它不至于损害身体的健康。

养成健康强健身体的方法，大概就是这样。我们这些人所以斤斤计较的，哪里是为自己的身体着想啊？实在是因为自己的身体对家族以及社会、国家有应尽的义务。有些不明白这个道理的人，或者因为欲望的感召，或极小的愤怒而去自杀，这样做的罪过很大啊！自杀的人以为一切的罪恶会随着自己的死去而消失，这是用自己的私情来掩盖公义。只有仁人志士牺牲生命去维护道德事业，这种死法才是人生应尽的义务，平常我们所以爱惜身体的原因也正是为了这样。有些自杀的人可能以为自己无法养活自己，而且以为自己活着对世界也没有有益之处，于是以死来谢罪，这种情况虽然有值得可怜的地方，但是他意志软弱、行为无能，也是应该鄙视的。面对惨淡的人生，我们应该百折不挠，排除艰难险阻而努力奋斗，只要有这样的精神，什么事情不能做成呢？碰到困难就停步的人，不是好汉！

第三节　习惯

习惯为第
二之天性

习惯者，第二之天性也。其感化性格之力，犹朋友之于人也。人心随时而动，应物而移，执毫而思书，操缦而欲弹，凡人皆然，而在血气未定之时为尤甚。

习惯不可
不慎

其于平日亲炙之事物，不知不觉，浸润其精神，而与之为至密之关系，所谓习与性成者也。故习惯之不可不慎，与朋友同。

北美洲罪人

江河成于涓流，习惯成于细故。昔北美洲有一罪人，临刑慨然曰：吾所以罹兹罪者，由少时每日不能决然早起故耳。夫早起与否，小事也，而此之不决，养成因循苟且之习，则一切去恶从善之事，其不决也犹是，是其所以陷于刑戮也。是故事不在小，苟其反复数次，养成习惯，则其影响至大，其于善否之间，乌可以不慎乎？第使平日注意于善否之界，而养成其去彼就此之习惯，则将不待勉强，而自进于道德。

道德之本
在卑近

道德之本，固不在高远而在卑近也。自洒扫应对进退，以及其他一事一物一动一静之间，无非道德之所在。彼夫道德之标目，曰正义，曰勇往，曰勤勉，曰忍耐，要皆不外乎习惯耳。

礼仪能造
就习惯

礼仪者，交际之要，而大有造就习惯之力。夫心能正体，体亦能制心。是以平日端容貌，正颜色，顺辞气，则妄念无自而萌，而言行之忠信笃敬，有不期然而然者。孔子对颜渊之问仁，而告以非礼勿视，非礼勿听，非礼勿言，非礼勿动。由礼而正心，诚圣人之微旨也。彼昧者，动以礼仪为虚饰，

祖裼披猖，号为率真，而不知威仪之不摄，心亦随之而化，
渐摩既久，则放僻邪侈，不可收拾，不亦谬乎。

【译文】

习惯，是人除了性格之外的第二个天性，它影响性格的力量就像朋友对
我们的影响一样。人心随着时间和事物而不断改变，拿起笔就想要写字，拨
弄琴弦就想要弹琴，所有的人都一样，特别是少年性格还没有定型的时期更
是这样。人的习惯在平时处理事物的过程中会不知不觉地影响精神，因此和
性格有着十分密切的关系，这就是人们所说的习惯与性格互相促进。因此，
习惯不能不小心对待，就像对待朋友一样。

江河是由那些涓涓细流汇聚而成的，而习惯是由那些细微的小事养成
的。过去北美洲有一个罪犯临刑时感慨地说："我之所以受到惩罚，是因为
少年时每天不能果断地早起啊。虽然早起与否只是一件小事，但是因为不去
实行而养成不思进取、得过且过的习惯，使一切改恶从善的事情都同样无法
实行，因此才会遭受刑罚啊。"事情不管多么小，假如一直反复去做，养成
了习惯，那就会有很大的影响。所以，事情的是非善恶怎能不小心对待呢？
如果平时就注意是非善恶的界限，而养成去恶从善的习惯，那么不用自己太
过于努力，道德就自然而然地进步了。道德的基础本来就不在于好高骛远，
而在于从低下浅近的小事做起。洒水扫地、迎宾待客，以及其他待人接物的
一举一动之间，都有道德的存在。道德所要求的内容：正义、勇往、勤勉、
忍耐，归根结底都不在习惯之外啊！

礼仪，是交际上的一种需要，却有造就习惯的大力量。思想能端正身
体，身体也能影响思想。所以平时端正相貌、脸色，说话语气和顺，那么坏
的念头就不会自动萌发了，而忠信诚敬的言行不用追求也就自然而然地产生
了。孔子回答颜回提出的关于仁的问题时说："不符合礼仪的话语不能说，
不符合礼仪的东西不能看，不符合礼仪的事情不能做。"由礼仪而端正自己
的思想，真是圣人的深妙旨意啊。那些愚蠢的人动不动就说礼仪只是一种虚
假的修饰，放肆猖狂，反而自称是真诚直率，却不知道容貌礼仪如果不加约
束，思想就会随之变化，慢慢被影响久了，就会肆意作恶，而致不可收拾，

这种观点难道不是非常错误的吗？

第四节　勤勉

勤勉为良
习惯
怠惰为众
恶之母

勤勉者，良习惯之一也。凡人所免之事，不能一致，要在各因其地位境遇，而尽力于其职分，是亦为涵养德性者所不可缺也。凡勤勉职业，则习于顺应之道与节制之义，而精细寻耐诸德，亦相因而来。盖人性之受害，莫甚于怠惰。怠惰者，众恶之母。古人称小人闲居为不善，盖以此也。不惟小人也，虽在善人，苟其饱食终日，无所事事，则必由佚乐而流于游惰。于是鄙猥之情，邪僻之念，乘间窃发，驯致滋蔓而难图矣。此学者所当戒也。

幸福由勤
勉而生

人之一生，凡德行才能功业名誉财产，及其他一切幸福，未有不勤勉而可坐致者。人生之价值，视其事业而不在年寿。尝有年登期耆，而悉在醉生梦死之中，人皆忘其为寿。亦有中年丧逝，而树立卓然，人转忘其为夭者。是即勤勉与不勤勉之别也。夫桃梨李栗，不去其皮，不得食其实。不勤勉者，虽小利亦无自而得。自昔成大业、享盛名，孰非有过人之勤力者乎？世非无以积瘁丧其身者，然较之汩没于佚乐者，仅十之一二耳。勤勉之效，盖可睹矣。

【译文】

勤勉是好习惯的一种。每个人致力的事情各不一样，关键在于各人本着各自的情况而尽职尽责，这也是修养品德所必不可少的。所有勤勉工作的人都明白顺应环境与自我克制的道理。而仔细思考各种德行，便会发现，为害品性最大的，莫过于懒惰。懒惰是众恶之母。古人说，小人一闲下来就想着干坏事，就是因为这样。不只是小人，一个好人如果饱食终日，无所事事，那么一定会因为过于悠闲安乐，而变成游荡懒惰的人，于是卑劣邪恶的念头就会不知不觉地萌发，并逐渐蔓延而难以改变，这是我们应当警戒的。

人一生所有的德行、才能、事业、名誉、财产以及其他一切幸福，没有不经过勤勉努力就能得到的。人生的价值，是看他的事业而不是年龄。有的人很高寿，却生活在醉生梦死之中，由此，人们很难忽略他的行为而只关注其长寿与否。也有的人虽然中年就去世了，但却成就卓越，人们转而忘了他的夭折，而常怀念他的成就。这就是勤勉与不勤勉的区别啊。桃、梨、李、栗如果不去掉果皮，就吃不到果肉。人不勤勉努力，就连微小的利益也无法得到。古往今来，成就大业、享有盛名的人，哪一个不比一般人更勤奋呢？世界上并非没有因劳累而死的人，但比起那些死于悠闲安乐的人，仅是其十分之一二。勤勉的效果由此就可以知道了。

第五节　自制

情　欲

自制者，节制情欲之谓也。情欲本非恶名，且高尚之志操，伟大之事业，亦多有发源于此者。然情欲如骏马然，有善走之力，而不能自择其所向，使不加控御，而任其奔逸，则不免陷于沟壑，撞于岩墙，甚或以是而丧其生焉。情欲亦然，苟不以明清之理性，与坚定之意志节制之，其害有不可胜言者。不特一人而已。

节制情欲

苟举国民而为情欲之奴隶，则夫政体之改良，学艺之进步，皆不可得而期，而国家之前途，不可问矣。此自制之所以为要也。

自制之目有三：节体欲，一也；制欲望，二也；抑热情，三也。

体　欲

饥渴之欲，使人知以时饮食，而荣养其身体。其于保全生命，振作气力，所关甚大。然耽于厚味而不知餍饫，则不特妨害身体，且将汩没其性灵，昏惰其志气，以酿成放佚奢侈之习。况如沉湎于酒，荒淫于色，贻害尤大，皆不可不以自制之力预禁之。

欲　望

欲望者，尚名誉，求财产，赴快乐之类是也。人无欲望，即生涯甚觉无谓。故欲望之不能无，与体欲同，而其过度之害亦如之。

骄之害

豹死留皮，人死留名，尚名誉者，人之美德也。然急于闻达，而不顾其他，则流弊所至，非骄则谄。骄者，务扬己而抑人，则必强不知以为知，訑訑然拒人于千里之外，徒使智日昏，学日退，而虚名终不可以久假。

谄之害

即使学识果已绝人，充其骄矜之气，或且凌父兄而傲长上，悖亦甚矣。谄者，务屈身以徇俗，则且为无非无刺之行，以雷同于污世，虽足窃一时之名，而不免为识者所窃笑，是皆不能自制之咎也。

用财之道

小之一身独立之幸福，大之国家富强之基础，无不有借于财产。财产之增殖，诚人生所不可忽也。然世人徒知增殖财产，而不知所以用之之道，则虽藏镪百万，徒为守钱虏耳。而矫之者，又或靡费金钱，以纵耳目之欲，是皆非中庸之道也。盖财产之所以可贵，为其有利己利人之用耳。使徒事蓄积，而不知所以用之，则无益于己，亦无裨于人，与赤贫者何异？且积而不用者，其于亲戚之穷乏，故旧之饥寒，皆将坐视而不救，不特爱怜之情浸薄，而且廉耻之心无存。

鄙吝之弊

当与而不与，必且不当取而取，私买窃贼之赃，重取债家之息，凡丧心害理之事，皆将行之无忌，而驯致不齿于人类。此鄙吝之弊，诚不可不戒也。

顾知鄙吝之当戒矣，而矫枉过正，义取而悖与，寡得而多费，则且有丧产破家之祸。既不能自保其独立之品位，而于忠孝慈善之德，虽欲不放弃而不能，成效无存，百行俱废，此奢侈之弊，亦不必逊于鄙吝也。二者实皆欲望过度之所致，折二者之衷，而中庸之道出焉，谓之节俭。

奢侈之弊

节俭者，自奉有节之谓也，人之处世也，既有贵贱上下之别，则所以持其品位而全其本务者，固各有其度，不可以执一而律之，要在适如其地位境遇之所宜，而不逾其度耳。

节 俭

饮食不必多，足以果腹而已；舆服不必善，足以备礼而已，绍述祖业，勤勉不怠，以其所得，撙节而用之，则家有余财，而可以恤他人之不幸，为善如此，不亦乐乎？且节俭者必寡欲，寡欲则不为物役，然后可以养德性，而完人道矣。

寡欲则不
为物役

家人皆节俭，则一家齐；国人皆节俭，则一国安。盖人人以节俭之故，而赀产丰裕，则各安其堵，敬其业，爱国之念，油然而生。否则奢侈之风弥漫，人人滥费无节，将救贫之不暇，而遑恤国家。且国家以人民为分子，亦安有人民皆穷，而国家不疲茶者。自古国家，以人民之节俭兴，而以其奢侈败者，何可胜数！如罗马之类是已。爱快乐，忌苦痛，人之情也；人之行事，半为其所驱迫，起居动作，衣服饮食，盖鲜不由此者。凡人情可以徐练，而不可以骤禁。昔之宗教家，常有背快乐而就刻苦者，适足以戕贼心情，而非必有裨于道德。

奢俭与国
家之关系

人苟善享快乐，适得其宜，亦乌可厚非者。其活泼精神，鼓舞志气，乃足为勤勉之助。唯荡者流而不返，遂至放弃百事，斯则不可不戒耳。

善享快乐

快乐之适度，言之非艰，而行之维艰，惟时时注意，勿使太甚，则庶几无大过矣。古人有言：欢乐极兮哀情多。世间不快之事，莫甚于欲望之过度者。当此之时，不特无活泼精神、振作志气之力，而且足以招疲劳，增疏懒，甚且悖德

不快莫甚
于欲望过
度

非礼之行，由此而起焉。世之堕品行而冒刑辟者，每由于快乐之太过，可不慎欤！人，感情之动物也，遇一事物，而有至剧之感动，则情为之移，不遑顾虑，至忍捌对己对人一切之本务，而务达其目的，是谓热情。热情既现，苟非息心静气，以求其是非利害所在，而有以节制之，则纵心以往，恒不免陷身于罪戾，此亦非热情之罪，而不善用者之责也。利用热情，而统制之以道理，则犹利用蒸气，而承受以精巧之机关，其势力之强大，莫能御之。

忿怒

热情之种类多矣，而以忿怒为最烈。盛怒而欲泄，则死且不避，与病狂无异。是以忿怒者之行事，其贻害身家而悔恨不及者，常十之八九焉。

怯弱之行

忿怒亦非恶德，受侮辱于人，而不敢与之校，是怯弱之行，而正义之士所耻也。当怒而怒，亦君子所有事。然而逞忿一朝，不顾亲戚，不恤故旧，辜恩谊，背理性以酿暴乱之举，而贻终身之祸者，世多有之。

养成忍耐之力

宜及少时养成忍耐之力，即或怒不可忍，亦必先平心而察之，如是则自无失当之忿怒，而诟詈斗殴之举，庶乎免矣。

对人之道

忍耐者，交际之要道也。人心之不同如其面，苟于不合吾意者而辄怒之，则必至父子不亲，夫妇反目，兄弟相阋，而朋友亦有凶终隙末之失，非自取其咎乎？故对人之道，可以情恕者恕之，可以理遣者遣之。孔子曰：躬自厚而薄责于人。即所以养成忍耐之美德者也。

傲慢

忿怒之次曰傲慢，曰嫉妒，亦不可不戒也。傲慢者，挟己之长，而务以凌人；嫉妒者，见己之短，而转以尤人，此皆非实事求是之道也。夫盛德高才，诚于中则形于外。虽其人抑然不自满，而接其威仪者，畏之象之，自不容已。若乃不循其本，而摹拟剽窃以自炫，则可以欺一时，而不能持久，其凌蔑他人，适以自暴其鄙劣耳。

至若他人之才识闻望，有过于我，我爱之重之，察我所不

嫉妒

如者而企及之可也。不此之务，而重以嫉妒，于我何益？其愚可笑，其心尤可鄙也。

以情制情

情欲之不可不制，大略如是。顾制之之道，当如何乎？情欲之盛也，往往非理义之力所能支，非利害之说所能破，而唯有以情制情之一策焉。

制情之善法

以情制情之道奈何？当忿怒之时，则品弄丝竹以和之；当抑郁之时，则登临山水以解之，于是心旷神怡，爽然若失，回忆忿怒抑郁之态，且自觉其无谓焉。

情欲之炽也，如燎原之火，不可向迩，而移时则自衰，此其常态也。故自制之道，在养成忍耐之习惯。当情欲炽盛之时，忍耐力之强弱，常为人生祸福之所系，所争在顷刻间耳。昔有某氏者，性卞急，方盛怒时，恒将有非礼之言动，几不能自持，则口占数名，自一至百，以抑制之，其用意至善，可以为法也。

【译文】

自制，是节制欲望的意思。欲望本来并不坏，人们所追求的高尚节操、伟大事业，也有不少发源于此。但是欲望就像骏马一样，有善于奔跑的能力，却不能自己选择奔跑的方向，如果不加以控制而任它驰骋，那么就难免会掉入水沟、撞上墙壁，甚至因此而丧失生命。欲望也是这样，如果不用清醒的理性、坚定的意志来节制它，它的害处将怎么说也说不完。不只是个人，如果举国人民都成为欲望的奴隶，那么政体改良、学术进步都将无法企及，国家的前途就更不用问了。这是自制之所以必要的原因！

自制的内涵有三个：第一是节制饮食，第二是控制欲望，第三是抑制热情。

饥饿口渴的欲望，使人知道要及时补充，以营养自己的身体，这对于保全生命，振作气力极为重要。但如果耽于美味而不知道满足，则不仅损害了身体，且会埋没自己的灵性，使志气昏沉懒惰，以致酿成放纵奢侈的习性。沉溺于酒精、荒淫于美色的祸害尤其更大，这些都不能不用自制力去预先遏制它们。

欲望，就是崇尚名誉，追求财产，追逐快乐这一类行为。人如果没有欲望，就会觉得生活没有意义，这与身体的欲望是一样的，而放纵过度的危害也是如此。

豹死留皮，人死留名，重视名誉是人类的美德。但是如果急于出名而不顾其他，所引起的弊端不是自大就是谄媚。自大的人，专门抬高自己贬低别人，把不知道的强当成知道，为掩饰自己而排斥他人，使自己的才智日渐昏乱，学识一天天地倒退，而虚假的名声终究不能长久。即使学识真的已经比别人卓越了，但内心过于骄傲自负，可能就会转而欺凌父母或兄弟，傲慢地对待上级和长辈，这样的错误更大！谄媚的人，以屈从自己来顺从世俗，只做那些不会错的和不会刺痛他人的行为，以此来附和阴暗的世道，虽然能偷来一时的名声，却不免会被有见识的人耻笑。这都是不能自制的害处。

小到个人自立的幸福，大到国家富强的基础，没有不需要借助财产的。财产的增长繁荣，固然是人生不可以忽视的，但世人如果只知道增加而不知道如何使用，那么纵然有百万资产，也不过是徒有钱财却吝啬的人。而那些试图匡正的人，则浪费金钱去放纵声色欲望，这两者都不是中庸之道。财产之所以可贵，是因为它有利于自己和他人。如果只是从事积蓄，而不知道如何使用，那么不仅对自己没有好处，亦对他人无益，这与赤贫的人又有什么不同呢？而且积蓄却不使用的人，对亲戚的穷乏、朋友的饥寒都会坐视不理，不只是同情心逐渐变得淡薄，且连廉耻之心也没有了。一个人应当给予而不给予，那么他一定也会不应获取而获取，如偷偷购买贼盗的赃物，高额拿取借贷的利息，凡是伤天害理的事都将会无所顾忌，逐渐为世人所不齿。过分吝啬的弊端，实在不能不戒除啊。知道吝啬应该戒除，但却矫枉过正，比如正当取得却胡乱给予，得到的少却花费得多，那么就会有倾家荡产的危险。不能保全独立的品质，对于忠孝慈善的品德，虽然不想放弃、无法放弃，但却没有成效，各种品行也都渐趋荒废，这奢侈的弊端，并不输于吝啬。两者实在都是由欲望过度所导致的，若将两者折中，就是中庸之道了，这就是节俭。

节俭，是日常生活花费有节制的意思。人处在世上，既然有尊卑贵贱的分别，那么按照相应的地位完成他们的责任，当然也就各有其准则，不可用单一的标准来要求，关键要符合其地位、环境所适宜的标准，不过度。饮食不必过多，足以吃饱肚子就可以了；冠服与出行工具不必太好，足以体现礼仪就可以了。继承祖先的事业，勤勉而不松懈，根据所得到的财物节省使用，就会家有余财，并可以救济他人的不幸，这样去做好事，不是很快乐吗？而且节俭的人欲望一定也较少，而少的欲望就不会被物质所奴役，如此一来，就可以修心养性而成就道德了。

家人都节俭，那么家就好管理了；国人都节俭，那么一个国家就安定了。因为人人都节俭的缘故，所以财物就富足，人民便得以安居乐业，而爱国的观念也就自然而然地产生了。否则奢侈的风气弥漫，人人浪费无度，连救济贫困都没有时间，更不用说体恤国家了。况且人民是组成国家的分子，哪有人民都贫穷而国家却不疲乏的呢？自古以来，所有的国家都是以节俭而兴旺，以奢侈而败落的，多得数都数不过来啊！比如罗马帝国就是这样衰亡的。喜欢快乐、害怕痛苦，这是人之常情。人们做事一半被这种观念所驱动，生活工作、吃饭穿衣，等等，很少不是因为这个原因。所有人情都可以慢慢训练，而不可以骤然中断。过去的宗教家，常有背离快乐而趋向艰苦的行为，这样反而伤害人的精神，却不一定对道德有什么裨益。如果善于享受快乐且尺度适当，就没有什么好责备的。由此可以充盈精神，鼓舞志气，帮助我们更好、更勤奋地做事。但过度放纵享乐的人流连其中而不知返，以致放弃其他事情，这种情况就不得不戒除了。

适度快乐说起来很容易，但做到却很难，只要时时注意，不过分，基本上就不会有大的过错。古人曾说：快乐到极点，就会产生悲剧。世上不好的事，没有比纵欲更甚的了。在那个时候，纵欲不仅使人没有充足的精神和振作志气的力量，且足以招致心力疲惫，懒惰散漫，甚至做出违背道德、不合礼数的行为。世上品德堕落而遭到刑法惩戒的人，常常是因为过分纵乐，难道不该谨慎对待吗？

人是有感情的动物，遇到一些事物，难免会有很强烈的感受，届时情感受其影响，而无暇顾虑其他事情，甚至忍心放弃对自己、对他人的一切义务，一心追求他的目的，这就是热情。当热情出现时，如果不能平心静气地判断出它的是非利害所在，以便节制它的方向，那么一旦任意放纵下去，就免不了要陷入罪恶之中了。这并不是热情的罪过，而是使用不当的结果。合理利用热情，用道理来统领管制它，就像利用蒸汽，在精妙机械的控制下，使它的威力增强，无以能抵。

热情分很多种，其中以愤怒最为强烈。如果内心积累了很多怒气急需发泄，那么人就会连死都不怕，犹如丧心病狂一般。所以人如果在愤怒的时候处理事情，十有八九都会贻害自己和家庭，后悔莫及。

愤怒也并非就是坏的德性，受到他人的侮辱而不敢跟他计较，这是怯弱的表现，正义之士会为此感到羞耻。该愤怒时就愤怒，这是君子当有的。但因图一时痛快，不顾及亲戚，不体谅朋友，辜负恩义，违背理性，终因自己酿造的残暴之举而抱憾终生的人，世上也有很多。最恰当的方法是在少年的时候就培养忍耐的能力，即使心中的怒火无法忍受，也必然会先平心静气地去观察它，这样做就自然没有不当的愤怒了，如此，辱骂打架的行为，多数是可以避免的。

忍耐是交际的重要方法。人的心就如同人们的长相一样各有不同，如果不合心意就生气，那么一定会导致父子不和，夫妻反目，兄弟相争，连朋友也有变成仇敌的可能，这不是自己找罪受吗？所以，对待他人的方法应该是这样的：可以原谅就原谅，可以宽容就宽容。孔子说：严格要求自己，少责备别人。即养成忍耐这种美德的方法。

除了愤怒，还有傲慢和嫉妒，也是不能不戒除的。傲慢的人依恃自己的优势，到处去欺凌他人；嫉妒的人碰到自己的缺点时，却转而去怨恨他人，这都不是实事求是的态度。道德高尚、才能高超的人，内心真诚，外表自然就会看起来温文儒雅。虽然他们谦虚而不自满，但在接触到他们的威仪时，就会自然地去敬服他、效仿他，同时也会感到自惭形秽。但如果不从根本学起，却通过模仿或剽窃他人的外表行为来炫耀自己，那么就算可以欺瞒一时，也无法持久，而那些欺凌蔑视他人的行为，反而会暴露出自己的浅陋与低劣。如果他人的才识名望超过我们，我们应当敬爱他，尊重他，并审视自己的不足之处，努力赶上。不抓紧迎头赶上，却不停地嫉妒，这对我们有什么好处呢？这样的行为愚蠢可笑，而这种心理更加令人鄙视。

情欲不能不加以控制，大体就是这样。但克服它的方法应该是怎样的呢？欲望强烈时，往往不是理性的力量可以控制的，也不是了解其利害的道理就可以解决的，唯有用感情来控制感情这一种方法。

用感情控制感情的方法是怎样的呢？当愤怒的时候，就用音乐来平息它；当郁闷的时候，就借登临山水来疏导它。这样就会心旷神怡，仿佛什么不快都没有了，待回忆之前愤怒、郁闷时的情形，也就自觉毫无意义了。

欲望强烈时，就像燎原之火一样无法接近，但随着时间的流逝也自会逐渐转弱，这就是它的常态。所以自制的道理，在于养成忍耐的习惯。当欲望炽盛的时候，忍耐力的强弱常常关乎到一生的祸福，而所争的事物只在片刻而已。过去有一个人性格很急躁，当他盛怒时，几乎不能自持，于是就口念数字，从一数到百，用这个方法来压制，这个用意很好，值得借鉴。

第六节　勇敢

勇敢者，所以使人耐艰难者也。人生学业，无一可以轻易得之者。当艰难之境而不屈不沮，必达而后已，则勇敢之效也。

人生学业非轻易得之

所谓勇敢者，非体力之谓也。如以体力，则牛马且胜于人。人之勇敢，必其含智德之原质者，恒于其完本务彰真理之时见之。曾子曰：自反而缩，虽千万人，吾往矣。是则勇敢之本义也。

勇敢不在体力

求之历史，自昔社会人文之进步，得力于勇敢者为多，盖其事或为豪强所把持，或为流俗所习惯，非排万难而力支之，则不能有为。故当其冲者，非不屈权势之道德家，则必不徇嬖幸之爱国家，非不阿世论之思想家，则必不溺私欲事业家。其人率皆发强刚毅，不懾不悚。其所见为善为真者，虽遇何等艰难，决不为之气沮。

不观希腊哲人苏格拉底乎？彼所持哲理，举世非之而不顾，被异端左道之名而不惜，至仰毒以死而不改其操，至今伟之。

苏格拉底

又不观意大利硕学百里诺（Bruno，通译布鲁诺）及加里沙（Galilei，通译伽利略）乎？百氏痛斥当代伪学，遂被焚死。其就戮也，从容顾法吏曰：公等今论余以死，余知公等之恐怖，盖有甚于余者。加氏始倡地动说，当时教会怒其戾教旨，下之狱，而加氏不为之屈。是皆学者所传为美谈者也。若而人者，非特学识过人，其殉于所信而百折不回。诚有足多者，虽其身穷死于缧绁之中，而声名洋溢，传之百世而不衰，岂与夫屈节回志，忽理义而徇流俗者，同日而语哉？

百里诺
加里沙

人之生也，有顺境，即不能无逆境。逆境之中，跋前疐后，进退维谷，非以勇敢之气持之，无由转祸而为福，变险而为夷也。且勇敢亦非待逆境而始著，当平和无事之时，亦能表见而有余。如壹于职业，安于本分，不诱惑于外界之非违，皆是也。

逆 境

人之染恶德而招祸害者，恒由于不果断。知其当为也，而不敢为；知其不可不为也，而亦不敢为，诱于名利而丧其是非之心，皆不能果断之咎也。至乃虚炫才学，矫饰德行，以欺世而凌人，则又由其无安于本分之勇，而入此歧途耳。

不能果断
之咎

勇敢之最著者为独立。独立者，自尽其职而不倚赖于人是也。人之立于地也，恃己之足，其立于世也亦然。以己之心思虑之，以己之意志行之，以己之资力营养之，必如是而后为独立，亦必如是而后得谓之人也。

独 立

夫独立，非离群索居之谓。人之生也，集而为家族，为社会，为国家，乌能不互相扶持，互相挹注，以共图团体之幸福。而要其交互关系之中，自一人之方面言之，各尽其对于团体之责任，不失其为独立也。

独立非离群索居

独立亦非矫情立异之谓。不问其事之曲直利害，而一切拂人之性以为快，是顽冥耳。与夫不问曲直利害，而一切徇人意以为之者奚择焉。

独立非矫情立异

惟不存成见，而以其良知为衡，理义所在，虽刍荛之言，犹虚己而纳之，否则虽王公之命令，贤哲之绪论，亦拒之而不惮，是之谓真独立。

真独立

独立之要有三：一曰自存；二曰自信；三曰自决。

自存

生计者，万事之基本也。人苟非独立而生存，则其他皆无足道。自力不足，庇他人而糊口者，其卑屈固无足言；至若窥人鼻息，而以其一颦一笑为忧喜，信人之所信而不敢疑，好人之所好而不敢忤，是亦一赘物耳，是皆不能自存故也。

自信

人于一事，既见其理之所以然而信之，虽则事变万状，苟其所以然之理如故，则吾之所信亦如故，是谓自信。在昔旷世大儒，所以发明真理者，固由其学识宏远，要亦其自信之笃，不为权力所移，不为俗论所动，故历久而其理大明耳。

自决

凡人当判决事理之时，而俯仰随人，不敢自主，此亦无独立心之现象也。夫智见所不及，非不可咨询于师友，惟临事迟疑，随人作计，则鄙劣之尤焉。

要之，无独立心之人，恒不知自重。既不自重，则亦不知重人，此其所以损品位而伤德义者大矣。苟合全国之人而悉无独立心，乃冀其国家之独立而巩固，得乎？

义勇

勇敢而协于义，谓之义勇。暴虎凭河，盗贼犹且能之，此血气之勇，何足选也。无适无莫，义之与比，毁誉不足以淆之，死生不足以胁之，则义勇之谓也。

国民之义务

义勇之中，以贡于国家者为最大。人之处斯国也，其生命，其财产，其名誉，能不为人所侵毁。而仰事俯畜，各适其适者，无一非国家之赐，且亦非仅吾一人之关系，实承之于祖先，而又将传之于子孙，至无穷者也。故国家之急难，视一人之急难，不啻倍蓰而已。于是时也，吾即舍吾之生命财产，及其一切以殉之，苟利国家，非所惜也，是国民之义务也。使其人学识虽高，名位虽崇，而国家有事之时，首鼠两端，不敢有为，则大节既亏，万事瓦裂，腾笑当时，遗羞后世，深可惧也。是以平日必持炼意志，养成见义勇为之习惯，则能尽国民之责任，而无负于国家矣。

然使义与非义，非其知识所能别，则虽有尚义之志，而所行辄与之相畔，是则学问不足，而知识未进也。故人不可以不修学。

【译文】

勇敢，是让人经得起磨难。不管是人生还是学业，没有什么东西是可以轻易得到的。处在艰难的境地，不屈服不沮丧，一定要达到目标才停止，这就是勇敢的效力。

所谓勇敢，并非指体力。如果以体力来论断，那么牛马的勇敢就超过人了。人的勇敢，必定包含道德与智慧这种最本质的因素，并且总是在人们完成自己的人生使命、彰显人世真理的时候才会表现出来。曾子说："如果自我反省之后能够理直气壮，无愧于良心道理，即使面对千军万马，我也会勇往直前，决不退缩。"这就是勇敢的本义。

从历史上来看，过去社会文明的进步，得力于勇敢者的例子有很多，因为那些需要改进的事物，或者被有权势的人所把持，或者被流行的习俗所同化，若不排除万难大力坚持，就不能有所作为。所以，当需要有人开拓局面时，不是不屈服权势的道德家，就是不谄媚于小人的爱国者；不是不迎合世俗的思想家，就是不沉溺于私欲的事业家。这些人大都坚强果断，毫不畏惧，只要他们所坚持的是好的、是正确的，那么不管遇到什么样的艰难，也决不为之气馁。我们难道看不到古希腊哲人苏格拉底的精神吗？他所坚持的哲理，即使全世界的人都不认可，他也不会在意，被披上异端邪道的名声也在所不惜，以至于被迫服毒而死也不改变其节操，故而，他的伟大事迹能够延续至今。还有意大利的学者布鲁诺和伽利略。布鲁诺曾痛斥当时流传的伪学，因此而被烧死。在执行的时候，他从容地对法官说："尽管你们现在判我死刑，但是我知道，你们的心里比我还要害怕。"伽利略主张日心说，当时的教会对他公然违反天主教的教义非常气愤，于是抓他入狱，但伽利略并未屈服。这些都是历代学者们所赞美传颂的事倒。像这些人不仅学识过人，而且百折不挠地献身于自己的思想。的确有很多人，虽然死在狱中，但其名声却广为流传，百世不衰，哪能跟那些改变志向、失去节操，忽视理义、随于流俗的人相提并论呢？

人的一生，有顺境就不可能没有逆境。在逆境之中，无论是进还是退，往往都处于两难的境地，若不以非凡的勇气来对待，便无法转祸为福，化险为夷。而且勇敢并非只有在遭遇逆境时才会显现出来，即便是在平和安宁的时候也会显露无疑，比如安于本分，专心工作，不被外界违法的事情所诱惑，这都是勇敢的表现。

有些人染上不良的品行而招致灾祸，这都是源于不够果断。知道应该做而不敢做；知道不能不做还是不敢去做，被名利诱惑而丧失了判别是非的能力，都是不果断的害处。至于炫耀才华，掩盖其真实的德行，去欺骗世人、以势压人，这都是因为缺乏安于本分的勇敢而误入歧途啊。

勇敢之中，最显著的品质就是独立。独立，就是不依赖他人，而完成自己的职责。人之所以能够站立在地面上是凭借着自己的一双脚，而要想立足于社会也是如此。从内心出发来思虑问题，凭借自己的意志来行动，依靠自己的能力来生存，只有这样才算独立，也唯有这样，才称得上是一个人。独立并不是离开群体而独自生存的意思。人类的生存方式是由个人集合而生，由此而建立家族、社会和国家。所以，不能不互相扶持、互相帮助，共同谋求团体的幸福。但在相互合作的关系中，从个人的角度来讲，尽自己对团体的责任并不会失去自己的独立性。独立也不是违反常情、标新立异。不问事情的是非利害，或把反对他人当做快乐，这就是愚钝无知了。这与那些不问是非利害，一切都按照他人的意思去做的人有什么不同呢？唯有心无成见，以自己的良知来衡量事物。只要蕴含着公理与正义，那么即便是农民樵夫的话也要虚心采纳，相反，就算是贵族王公的命令、圣贤伟人的言论，也要大胆地拒绝，这才是真正的独立。

独立的要领有三个，一是自存，二是自信，三是自决。

生存是一切事情的根本。人如果无法独立生存，那么其他的事就都不必说了。若自己的能力不足，只能靠他人的庇护来维持生活，则肯定会卑躬屈膝，没了骨气；若到了把他人的一呼一吸、一颦一笑当做自己的忧喜的地步，则别人相信的就不敢怀疑，别人喜欢的就不敢违背，那就真是多余无用的累赘了。这都是不能自存的缘故啊！

当人面对一件事情时，必须要先知道它的道理，而后才会相信它，虽然事物千变万化，但如果其中的道理并没有变，那么我所相信的也还是一样，这就是自信。过去的那些旷世学者们之所以能够发现真理，固然是因其学识渊博，但也与他们专心一意且非常自信有关，不为权势而改变，不为世俗的论判而动摇，所以他们所宣扬的真理，纵然历时久远却仍旧能够大放光明。

不管是什么人，只要在判断决定事情的时候，一切都依照别人的意见，而不敢自作主张，那就是没有独立心的体现。知识见识不够，不是不能向老师或者朋友请教，但如果事到临头仍旧迟疑不决，还一味地依赖别人为其出谋划策，那就太浅陋无能了。

总而言之，没有独立性的人，就不知道要自重。既然不知道自重，也就不会知道去尊重他人，这是损害他们道德品质的极大原因。如果国人都没有独立性，却希望国家独立和稳固，这可能吗？

符合正义准则的勇敢，称为义勇。空手搏虎、徒步渡河，这种依靠蛮力，鲁莽冒险的事，盗贼也能做到，这是体力上的勇敢，算不上什么。待人处事应不分亲疏，没有偏向，而唯一的准则就是"义"，而有"义"的人，诋毁和赞誉都无法扰乱他，生和死也都不能威胁他，这才是真正的义勇！

义勇的行为中，以对国家有贡献为最大。人因为能生活在自己的国家里，其生命、财产、名誉才不会被别人侵夺毁坏。所以侍奉父母，养活妻儿，做自己所适宜做的事情等，没有一样不是国家的恩赐。而且国家也并非只跟我们个人有关系，实在是我们从祖先继承过来，将来又要传给子孙，无限绵延的。所以，国家的危难，比个人的危难重要数倍。必要时，就要舍弃自己的生命、财产及其他一切，只要有利于国家就在所不惜，这是国民的义务。如果某个人的学识很好，名位很高，但在国家有事时，却犹豫不决，不敢有所作为，那么，只要气节方面有所亏欠，个人的其他方面也就破碎崩盘了，不但当时受人讥笑，到后世还会被人羞辱，真的很可怕啊。所以平日一定要锻炼意志，培养义勇的精神，如此才能尽到国民的责任，而无负于国家。

不过，如果分不清正义与非正义，那么虽然崇尚正义，但所做的事情却会违背正义，这就是知识有限、学问不够的原因了。所以人不可以不学习。

第七节　修学

身体壮佼，仪容伟岸，可以为贤乎？未也。居室崇闳，被服锦绣，可以为美乎？未也。人而无知识，则不能有为，虽矜饰其表，而鄙陋龌龊之状，宁可掩乎？

知识与道德之关系

知识与道德，有至密之关系。道德之名尚矣，要其归，则不外避恶而行善。苟无知识以辨善恶，则何以知恶之不当为，而善之当行乎？知善之当行而行之，知恶之不当为而不为，是之谓真道德。世之不忠不孝、无礼无义、纵情而亡身者，其人非必皆恶逆悖戾也，多由于知识不足，而不能辨别善恶故耳。

寻常道德，有寻常知识之人，即能行之。其高尚者，非知识高尚之人，不能行也。是以自昔立身行道，为百世师者，必在旷世超俗之人，如孔子是已。

知识人事之本

知识者，人事之基本也。人事之种类至繁，而无一不有赖于知识。近世人文大开，风气日新，无论何等事业，其有待于知识也益殷。是以人无贵贱，未有可以不就学者。且知识所以高尚吾人之品格也，知识深远，则言行自然温雅而动人歆慕。盖是非之理，既已了然，则其发于言行者，自无所凝滞，所谓诚于中形于外也。彼知识不足者，目能睹日月，而不能见理义之光；有物质界之感触，而无精神界之欣合，有近忧而无远虑。胸襟之隘如是，其言行又乌能免于卑陋欤？

知识与国家之关系

知识之启发也，必由修学。修学者，务博而精者也。自人文进化，而国家之贫富强弱，与其国民学问之深浅为比例。彼欧美诸国，所以日辟百里、虎视一世者，实由其国中硕学专家，以理学工学之知识，开殖产兴业之端，锲而不已，成此实效。是故文明国所恃以竞争者，非武力而智力也。方今海外各国，交际频繁，智力之竞争，日益激烈。为国民者，乌可不勇猛精进，旁求知识，以造就为国家有用之材乎？

耐 久

修学之道有二：曰耐久；曰爱时。锦绣所以饰身也，学术所以饰心也。锦绣之美，有时而敝；学术之益，终身享之，后世诵之，其可贵也如此。

物愈贵得愈

凡物愈贵，则得之愈难，曾学术之贵，而可以浅涉得之乎？是故修学者，不可以不耐久。

古今硕学之耐久

凡少年修学者，其始鲜或不勤，未几而惰气乘之，有不暇自省其功候之如何，而咨嗟于学业之难成者。岂知古今硕学，大抵抱非常之才，而又能精进不已，始克抵于大成，况在寻常之人，能不劳而获乎？而不能耐久者，乃欲以穷年莫殚之功，责效于旬日，见其未效，则中道而废，如弃敝屣然。如是，则虽薄技微能，为庸众所可跂者，亦且百涉而无一就，况于专门学艺，其理义之精深，范围之博大，非专心致志，不厌不倦，必不能窥其涯涘，而乃卤莽灭裂，欲一蹴而几之，不亦妄乎？

爱 时

庄生有言：吾生也有涯，而知也无涯。夫以有涯之生，修无涯之学，固常苦不及矣。自非惜分寸光阴，不使稍縻于无益，鲜有能达其志者。故学者尤不可以不爱时。

少壮之时，于修学为宜，以其心气尚虚，成见不存也。及是时而勉之，所积之智，或其终身应用而有余。否则以有用之时间，养成放僻之习惯，虽中年悔悟，痛自策励，其所得盖亦仅矣。**朱子之言** 朱子有言曰：勿谓今日不学而有来日；勿谓今年不学而有来年，日月逝矣，岁不延吾，呜呼老矣，是谁之愆？其言深切著明，凡少年不可不三复也。

盗时之贼 时之不可不爱如此，是故人不特自爱其时，尤当为人爱时。尝有诣友终日，游谈不经，荒其职业，是谓盗时之贼，学者所宜戒也。

读书为有效 修学者，固在入塾就师，而尤以读书为有效。盖良师不易得，借令得之，而亲炙之时，自有际限，要不如书籍之惠我无穷也。

读书宜择有益者 人文渐开，则书籍渐富，历代学者之著述，汗牛充栋，固非一人之财力所能尽致，而亦非一人之日力所能遍读，故不可不择其有益于我者而读之。读无益之书，与不读等，修学者宜致意焉。

修普通学者以课程为本 凡修普通学者，宜以平日课程为本，而读书以助之。苟课程所受，研究未完，而漫焉多读杂书，虽则有所得，亦泛滥而无归宿。且课程以外之事，亦有先后之序，此则修专门学者，尤当注意。

修专门学者当择合程度之书 苟不自量其知识之程度，取高远之书而读之，以不知为知，沿讹袭谬，有损而无益，即有一知半解，沾沾自喜，而亦终身无会通之望矣。夫书无高卑，苟了彻其义，则虽至卑近者，亦自有无穷之兴味。否则徒震于高尚之名，而以不求甚解者读之，何益？行远自迩，登高自卑，读书之道，亦犹是也。未见之书，询于师友而抉择之，则自无不合程度之虑矣。

朋友之益 修学者得良师，得佳书，不患无进步矣。而又有资于朋友，休沐之日，同志相会，凡师训所未及者，书义之可疑者，各以所见，讨论而阐发之，其互相为益者甚大。有志于学者，其务择友哉。

非善疑不能得真信

学问之成立在信，而学问之进步则在疑。非善疑者，不能得真信也。读古人之书，闻师友之言，必内按诸心，求其所以然之故。

真知识

或不所得，则辗转推求，必逮心知其意，毫无疑义而后已，是之谓真知识。若乃人云亦云，而无独得之见解，则虽博闻多识，犹书箧耳，无所谓知识也。

怀疑之过

至若预存成见，凡他人之说，不求其所以然，而一切与之反对，则又怀疑之过，殆不知学问为何物者。盖疑义者，学问之作用，非学问之目的也。

【译文】

身体强壮漂亮，相貌魁梧高大就可以算作贤能了吗？不一定啊。居室高大宏伟，被褥衣履等所用之物精美鲜艳，就可以视为美丽了吗？不一定啊。人如果没有知识，就不能有所作为，外表虽然可以修饰，但是，内在品质的恶劣可以被掩饰吗？

知识与道德有着密切的关系。道德的名义很崇高，但总的来说，不外乎去恶扬善。如果不懂得辨别善恶，又怎么能知道哪些是恶行不应当做，而哪些是善事应该去做呢？知道善事是应该做的就去做，知道恶行是不应做的就不去做，这才是真正的道德。世上那些不忠不孝、无礼无义、放纵欲望而失去生命的人，并非一定都是大凶大恶的人，只不过大多都是由于知识不够，不能辨别善恶罢了。

寻常的道德，具有一般知识的人就能做到。但高尚的道德，若非具有高尚的知识，一般人很难做到。所以，古往今来，那些实践道德准则而成为后世榜样的人，必定都是超凡卓越之人，比如孔子。

知识，是人情事理的根本。人事的种类繁杂，但没有一样是不依赖知识的。近代人类文明极大地发展，社会风尚日新月异，无论什么样的事业都需要知识。所以，人不论贵贱都不能不学习。而且知识能使我们的人格变得高尚，知识越发渊博，言行自然就越发温文儒雅，让人敬佩与羡慕。如果已经明白了是非的道理，那么付之于行动自然就不会太疑难，这就是所谓的"诚于中，形于外"。而知识不足的人，虽然眼睛能够看到日月，却看不到公理与正义的光辉；有物质世界的感触，却无法与精神世界相融洽；有近忧，却没有远虑。见识这么狭隘，言行又怎能免于浅薄呢？

要想领悟知识，必定经历求学。而钻研学问的人，一定要博大和精微兼备才行。自人类文明发展以来，国家的贫富强弱都是和国民的学问深浅成正比的。那些欧美国家之所以能够侵略扩张，雄视一时，实在是因为国内那些知识渊博的专家，运用各种理工学科的知识，发展各种产业，经过锲而不舍的奋斗，才拥有这些令人羡慕的成果。所以，文明国家之间竞争的手段不是武力，而是智力。现在海外各国交往频繁，智力的竞争日益激烈，作为国民，哪能不勇猛精进地广泛追求知识，让自己成为对国家有用的人才呢？

钻研学问的关键有两个：一个是持久的耐心，一个是珍惜时间。

衣物是用来修饰身体的，学术是用来修饰内心的。衣物尽管美艳，时间长了也会破旧；但积累学识却能受用终身，流传后世，真是非常的可贵。凡是越贵重的物品，就越难得到，而知识是何等的宝贵，难道可以随便接触一下就得到吗？所以，钻研学问的人，不能没有持久的耐心。

钻研学问的年轻人，刚开始很少有不勤奋的，但一段时间后，懒惰的习气就来干扰了。有的人不去反省自己是否用功，反而感叹太难学，无法成就。他哪知道古今博学之人，大多拥有超常的天赋，却仍然不断地努力进取，才能获得大成就。他们都要如此，何况是天资平常的人，怎么能不付出就想要收获呢？不能长时间保持耐心的人，总想把整年都无法完成的事情用十几天就完成，且一旦短时间内看不到效果，就半途而废，像扔掉破旧的鞋子一样随便。这种人即使是那些很简单的、普通人都能学会的小技能，他就算学上一百样也不会有多大成就。何况那些更为专业的学问，其中含有博大精深的道理和知识，没有专心致志、永不疲倦的钻研，是无从知晓其边界的，粗疏草率地想一蹴而就，这不是很狂妄的想法吗？

庄子说过："我们的生命是有限度的，而知识是没有边界的。"以有限的生命去追求永无止境的知识，肯定会常常觉得苦得不得了。如果不珍惜时间，把精力浪费在没用的地方，那就很难达成自己的理想了。所以，想要努力学习的人更加不能不珍惜时间。

年少的时候比较合适学习，因为思想和心态还没成熟，不存在太多成见。在这个时期努力学习，所积累的知识一生都受用不尽。否则，如果在这个重要的时期养成散漫的习惯，那么即使到中年时悔悟了，痛加苦心努力学习，所得到的也不会很多。朱子曾说："不要以为今天不学习还有明天；也不要以为今年不学习还有明年，岁月流逝，时间不会为你停下脚步，等到老了才感叹不已，又能怪谁呢？"他的话真挚恳切、浅显明了，值得所有的年轻人再三体会。

时间是这样的可贵，所以人们不仅要珍惜自己的时间，还应当珍惜他人的时间。曾经有人整天造访朋友，四处游玩闲谈，荒废自己的学业、事业，这种人就是偷时间的贼，这是学者应该自我警戒的。

钻研学问，当然要进学校受教于老师，但自己读书有时更为有效。因为好的老师不容易遇到，就算碰到，他的教导也有一定的局限性，远比不上书籍让我们受益无穷。

随着人类文化的逐渐发展，书籍也日渐丰富起来，历代学者著作之多，可谓汗牛充栋，当然不是仅凭个人财力就能够全部囊括的，也不是凭借一己之能就可以读遍的。所以，不能不选择那些对我有帮助的作品来读。读无益的书跟没读书是一样的，这一点钻研学问的人应该认真注意。

学习普通知识，应该以学校的平日课程为主，以自己读书为辅。如果课程上的知识还没有消化，就胡乱阅读杂书，虽然也会有所收获，但还是会因过多过杂而达不到好的收效。而且课程以外的阅读，也应有先后之分，这是学习专业知识的人应当注意的。如果错误地估计自己的程度，而一味地阅读高深的书籍，不懂装懂，这样一错再错的结果必定有害而无益的，学到一知半解就沾沾自喜，是一辈子也不可能真正把学问做到融会贯通的程度的。书籍没有高低卑贱之分，如果真正了解了它的意思，那么即使是粗俗浅近的书也有无穷的趣味；否则，如果只因震撼于某些书籍的好名声，而不仔细阅读、真正理解它的本意，又有什么用处呢？走远路必须要从最近的一步开始，登高也得从最下面的地方开始，读书也是同样的道理。没有读过的书，可以询问老师或朋友来加以选择，这样就不用担心不符合自己的程度了。

钻研学问的人只要有好的老师，好的书，就不怕不会进步了。但是，还需要朋友的帮助，休闲的时候，叫上几位志同道合的朋友一起聚会，凡是老师没有教到的，看了书仍有疑问的，便可以各抒己见，通过讨论阐述出来，这样相互帮助就会受益更大。立志求学的人一定要认真选择朋友啊！

　　学问是建立在相信的基础上的，但进步的关键却在于质疑。不懂怀疑的人，无法真正地相信。读到古人的书，听到师友的话，不能立刻就信，而要在心里仔细琢磨，寻找其中的原因。如果没有想到，就要不断地推理探求，一定要到毫无疑义时才能停止，这才是学到了真正的知识。若是人云亦云，缺乏主见，那么虽然记住很多，却也只像是一个放书的箱子罢了，称不上是知识。而如果事先存有自己的想法，凡是别人说的，不管其对错都一概反对，又犯了过分怀疑的错误，根本就不知道学问是什么了。因为，怀疑是学问的需要，却不是学问的目的！

第八节　修德

德　性
　　人之所以异于禽兽者，以其有德性耳。当为而为之之谓德，为诸德之源；而使吾人以行德为乐者之谓德性。体力也，知能也，皆实行道德者之所资。然使不率之以德性，则犹有精兵而不以良将将之，于是刚强之体力，适以资横暴；卓越之知能，或以助奸恶，岂不惜欤？

　　德性之基本，一言以蔽之曰：循良知。一举一动，循良知所指，而不挟一毫私意于其间，则庶乎无大过，而可以为有德之人矣。今略举德性之概要如左（原书稿为竖排）：

信　义
　　德性之中，最普及于行为者，曰信义。信义者，实事求是，而不以利害生死之关系枉其道也。社会百事，无不由信义而成立。苟蔑弃信义之人，遍于国中，则一国之名教风纪，扫地尽矣。孔子曰：言忠信，行笃敬，虽蛮貊之邦行矣。言信义之可尚也。人苟以信义接人，毫无自私自利之见，而推赤心于腹中，虽暴戾之徒，不敢忤焉。否则不顾理义，务挟诈术以遇人，则虽温厚笃实者，亦往往报我以无礼。西方之谚曰：正直者，上乘之机略。此之谓也。世尝有牢笼人心之伪君子，率不过取售一时，及一旦败露，则人亦不与之齿矣。

妄　语

入信义之门，在不妄语而无爽约。少年癖嗜新奇，往往背事理真相，而构造虚伪之言，冀以耸人耳目。行之既久，则虽非戏谑谈笑之时，而不知不觉，动参妄语，其言遂不能取信于他人。盖其言真伪相半，是否之间，甚难判别，诚不如不信之为愈也。故妄语不可以不戒。

爽　约

凡失信于发言之时者为妄语，而失信于发言以后为爽约。二者皆丧失信用之道也。有约而不践，则与之约者，必致靡费时间，贻误事机，而大受其累。故其事苟至再至三，则人将相戒不敢与共事矣。

意外之爽约

如是，则虽置身人世，而枯寂无聊，直与独栖沙漠无异，非自苦之尤乎？顾世亦有本无爽约之心，而迫于意外之事，使之不得不如是者。如与友人有游散之约，而猝遇父兄罹疾，此其轻重缓急之间，不言可喻，苟舍父兄之急，而局局于小信，则反为悖德，诚不能弃此而就彼。

通信以解约

然后起之事，苟非促促无须臾暇者，亦当通信于所约之友，而告以其故，斯则虽不践言，未为罪也。又有既经要约，旋悟其事之非理，而不便遂行者，亦以解约为是。

立约宜慎

此其爽约之罪，乃原因于始事之不慎。故立约之初，必确见其事理之不谬，而自审材力之所能及，而后决定焉。《中庸》曰：言顾行，行顾言。此之谓也。

言为心声，而人之处世，要不能称心而谈，无所顾忌。苟不问何地何时，与夫相对者之为何人，而辄以己意喋喋言之，则不免取厌于人。且或炫己之长，揭人之短，则于己既为失德，于人亦适以招怨。至乃讦人阴私，称人旧恶，使听者无地自容，则言出而祸随者，比比见之。人亦何苦逞一时之快，而自取其咎乎？

交际之道，莫要于恭俭。恭俭者，不放肆，不僭滥之谓也。人间积不相能之故，恒起于一时之恶感，应对酬酢之间，往往有以傲慢之容色，轻薄之辞气，而激成凶隙者。在施者未必有意以此侮人，而要其平日不恭不俭之习惯，有以致之。欲矫其弊，必循恭俭，事尊长，交朋友，所不待言。而于始相见者，尤当注意。即其人过失昭著而不受尽言，亦不宜以意气相临，第和色以谕之，婉言以导之，赤心以感动之，如是而不从者鲜矣。不然，则倨傲偃蹇，君子以为不可与言，而小人以为鄙己，蓄怨积愤，鲜不藉端而开衅者，是不可以不慎也。

不观事父母者乎，婉容愉色以奉朝夕，虽食不重肉，衣不重帛，父母乐之；或其色不愉，容不婉，虽锦衣玉食，未足以悦父母也。交际之道亦然，苟容貌辞令，不失恭俭之旨，则其他虽简，而人不以为忤，否则即铺张扬厉，亦无效耳。

名位愈高，则不恭不俭之态易萌，而及其开罪于人也，得祸亦尤烈。故恭俭者，即所以长保其声名富贵之道也。

恭俭与卑屈异。卑屈之可鄙，与恭俭之可尚，适相反焉。盖独立自主之心，为人生所须臾不可离者。屈志枉道以迎合人，附合雷同，阉然媚世，是皆卑屈，非恭俭也。

谦逊者，恭俭之一端，而要其人格之所系，则未有可以受屈于人者。宜让而让，宜守而守，则恭俭者所有事也。

礼仪，所以表恭俭也。而恭俭则不仅在声色笑貌之间，诚意积于中，而德辉发于外，不可以伪为也。且礼仪与国俗及时世为推移，其意虽同，而其迹或大异，是亦不可不知也。

恭俭之要，在能容人。人心不同，苟以异己而辄排之，则非合群之道矣。且人非圣人，谁能无过？过而不改，乃成罪恶。逆耳之言，尤当平心而察之，是亦恭俭之效也。

慎　言

恭　俭

恭俭所以
保声名富
贵

卑　屈

谦　逊

礼　仪

【译文】

人之所以和禽兽不同，是因为他有德性。应当做而去做就称作德，这是所有德行的根源；而让我们以实践道德为乐趣的，就是德性。体力、智能都是实践道德的资本，但如果没有德性来统率，就会像有精兵却不用良将来率领一样，于是刚强的体力反而助长了暴行；卓越的智能反而用来协助奸恶，这不是很可惜吗？

德性的基本内容用一句话来概括就是：遵循良知。我们的一举一动若都遵循良知的要求，不挟带一丝一毫的私情，便不会有什么大的过错，而可以成为一个有道德的人了。现在略举德性的概要如下：

各种德性之中，最应该普及的就是信义。信义，就是实事求是，不因为生死利害的关系而违背正义。社会上的事情，皆因信义而成就。如果整个国家都充斥着轻蔑与厌恶信义的人，那么这个国家的道德风纪就会荡然无存。孔子说："说话忠诚老实，行为敦厚严肃，这样的人即使到了野蛮落后的地区也照样行得通。"这就是说信义应该崇尚。人如果以信义来待人接物，内心热情真诚，毫无自私自利的目的，那么，就算是暴戾的人也不敢冒犯。相反，如果不顾公理和正义，用欺骗的手段来对待他人，那么，纵然是温厚老实的人也往往会无礼地回应你。西方的谚语说："正直是最上乘的策略。"说的就是这个道理。世界上那些笼络人心的伪君子，只不过是一时得逞，一旦败露，则人人都会极端地鄙视他。

进入信义之门，在于不说假话和不违背约定。年轻人喜欢新奇的事物，往往会背离事情的真相，去捏造虚假的言论，希望让人听了感到不一般。这样久而久之，就算不是戏谑玩笑的时候，也会不知不觉地掺进去很多假话，如此一来，他的话就没人敢相信了。既然他的话真假参半，是非对错也很难判别，那还不如不相信比较保险啊。所以，不能不戒除说假话的习惯。

但凡在说话的时候就已经开始失信于人，就是妄语；而话说完以后失信于人的，就是爽约。两者都是失信的行为。有约定而不遵守，则会使与他相约的人浪费掉宝贵的时间，错失办事的时机，而受到损害。如果这样的事情一而再，再而三地发生，那么人们将会相互告诫不要和他一起做事了。这样一来，他虽然置身于人世间，却寂寞无聊，与独自栖身于无人的沙漠里一样，这不是自讨苦吃吗？但也有人本来无意爽约，却迫于意外的事情不得已才这样。比如约好了与友人一起游玩，却突然遭遇家人生病，这两件事的轻重缓急不言而喻。如果舍弃亲人的急病，而拘束于朋友间的某些不重要的约定，则反而是违背了道德，实在不能不有所取舍啊。但是，事发之后如果不是真的忙得没一点空闲时间，就应当联系之前相约的朋友，告诉他自己失约的原因，这样一来，虽然没能实践诺言，却也不算罪过。再比如，有的人本来已经与人约定好了某件事，但不久后发现事情有不合理的地方，无法去实行，碰到这样的情况，也要主动去解除约定才行。这种爽约，是因为刚开始做决定时不够小心。所以，在准备立约时一定要确定所约定的事情不违背事理，并且确信自己能够做得到之后，再做决定。《中庸》上说："说话时要顾虑到能不能做到，做事时也要顾虑到与自己所说的话是不是一致。"指的就是这样的情况。

语言是心灵的声音，而为人处世，很关键的一点就在于说话不能无所顾忌，肆意而谈。如果不问时间地点，不管面对什么人，都随兴喋喋不休，就难免会被人讨厌。或者喜欢炫耀自己的长处，揭露别人的短处，这样做对自己来说是失德的表现，也会招致他人的怨恨。又或者揭发他人的隐私，到处宣扬别人过去犯下的过失，让人无地自容，那么结果往往就会言出祸到，这样的事经常可以见到。人们何必为逞一时之快，而自找罪受呢？

人际交往的道理，没有比恭俭更重要的。恭俭，就是恭谨谦逊，不放肆，不过分。人与人之间不和睦的原因，大多源于一时的不满，交际应酬的时候，常常有人因为用傲慢的姿态或轻薄的语气来待人而招致他人的仇恨。这样做的人未必有意去侮辱别人，而是他平时没有养成恭谨谦逊的习惯，因此才导致这样的结果。要想矫正他的缺点，必须严格遵照恭俭的准则，并依此来侍奉长辈、结交朋友，这是不用详说的。对于刚刚认识的人则更应该注意，就算他的过失很明显，如果他不接受直言相劝，我们也不应该意气用事，而是要等他精神愉快的时候再告诉他，委婉地引导他，用诚心来感动他，这样做仍不改善的人就很少了。反之，就很容易发展为骄横傲慢，君子会认为无法与他对话，而小人则会认为是在鄙视自己因而积蓄怨恨，很少不借事挑衅的，这是不可以不注意的。

看看那些侍奉父母的人，他们哪个不是和颜悦色地早晚侍奉，虽然没有大鱼大肉，没有奢华的衣物，但父母仍旧很高兴；而如果他们不是这样来对待父母的，那么纵然是锦衣玉食，也无法取悦于双亲，使他们感到满足。交际的道理也是这样，如果表情言辞符合恭俭的要旨，那么其他方面就算简单一些，也不会使人觉得不舒服，否则，即使极力讲究排场，也不会有好的效果。

一个人的名声地位越高，就越容易出现不恭俭的态度，因而得罪他人，造成的灾难损害也会更加猛烈。所以，恭谨谦逊，正是保全其声名和富贵的方法！

恭俭与卑屈是不一样的，卑躬屈膝令人看不起，与应该崇尚的恭俭恰恰相反，因为独立自主的意志是人生片刻都不能没有的。曲意迁就，抑制意愿，违背正道地去迎合他人，附和他人，取悦世人，这都是卑屈，而不是恭俭。谦逊是恭俭的一个方面，关键在于一个人的人格，没有什么可屈从于他人的。应该礼让时就礼让，应该坚守时就坚守，这是恭俭的人应有的做法。

礼仪，是用来表现恭俭的。而恭俭不仅体现在言语、表情、肢体与外貌上，更重要的是，还要带有诚意，只有这样，道德的光辉才能在外表上体现出来，所以，不可以虚伪做作。另外，礼仪和风俗会随着时代的变化而变化，意思虽然相同，但是行为或许会大不一样，这也是不能不知道的。

恭俭的关键在于能够宽容他人。人的思想各不相同，如果因为见解有异就去排挤他人，那就不是与人交际的方法了。况且人非圣贤，谁又能不犯错呢？有错不改，结果变成罪恶了。所以，那些听起来让你不舒服的话，尤其要平心静气地思考，这也是恭俭的表现啊！

第九节　交友

朋友之关系

人情喜群居而恶离索，故内则有家室，而外则有朋友。朋友者，所以为人损痛苦而益欢乐者也。虽至快之事，苟不得同志者共赏之，则其趣有限；当抑郁无聊之际，得一良友慰其寂寞，而同其忧戚，则胸襟豁然，前后殆若两人。至于远游羁旅之时，兄弟戚族，不遑我顾，则所需于朋友者尤切焉。

朋友相规

朋友者，能救吾之过失者也。凡人不能无偏见，而意气用事，由往往不遑自返，斯时得直谅之友，忠告而善导之，则有憬然自悟其非者，其受益孰大焉。

朋友相助

朋友又能成人之善而济其患。人之营业，鲜有能以独力成之者，方今交通利便，学艺日新，通功易事之道愈密，欲兴一业，尤不能不合众志以成之。则所需于朋友之助力者，自因之而益广。至于猝遇疾病，或值变故，所以慰藉而保护之者，自亲戚家人而外，非朋友其谁望耶？

朋友之有益于我也如是。西哲以朋友为在外之我，洵至言哉。人而无友，则虽身在社会之中，而胸中之岑寂无聊，曾何异于独居沙漠耶？

择交宜慎

古人有言，不知其人，观其所与。朋友之关系如此，则择交不可以不慎也。凡朋友相识之始，或以乡贯职业，互有关系；或以德行才器，素相钦慕，本不必同出一途。而所以订交者，要不为一时得失之见，而以久要不渝为本旨。若乃任性滥交，不顾其后，无端而为胶漆，无端而为冰炭，则是以交谊为儿戏耳。若而人者，终其身不能得朋友之益矣。

信义

既订交矣，则不可以不守信义。信义者，朋友之第一本务也。苟无信义，则猜忌之见，无端而生，凶终隙末之事，率起于是。惟信义之交，则无自而离间之也。

规谏朋友之道

朋友有过，宜以诚意从容而言之，即不见从，或且以非理加我，则亦姑恕宥之，而徐俟其悔悟。世有历数友人过失，不少假借，或因而愤争者，是非所以全友谊也。

听朋友之规劝

而听言之时，则虽受切直之言，或非人所能堪，而亦当温容倾听，审思其理之所在，盖不问其言之得当与否，而其情要可感也。若乃自讳其过而忌直言，则又何异于讳疾而忌医耶？

经营实业必借朋友

夫朋友有成美之益，既如前述，则相为友者，不可以不实行其义。有如农工实业，非集巨资合群策不能成立者，宜各尽其能力之所及，协而图之。及其行也，互持契约，各守权限，无相诈也，无相诿也，则彼此各享其利矣。

讨论学问必借朋友

非特实业也，学问亦然。方今文化大开，各科学术，无不理论精微，范围博大，有非一人之精力所能周者。且分科至繁，而其间乃互有至密之关系。若专修一科，而不及其他，则孤陋而无藉，合各科而兼习焉，则又泛滥而无所归宿，是以能集同志之友，分门治之，互相讨论，各以其所长相补助，则学业始可抵于大成矣。

共患难

虽然，此皆共安乐之事也，可与共安乐，而不可与共患难，非朋友也。朋友之道，在扶困济危，虽自掷其财产名誉而不顾。否则如柳子厚所言，平日相征逐、相慕悦，誓不相背负；及一旦临小利害若毛发，辄去之若浼者。人生又何贵有朋友耶？

屈私从公

朋友如有悖逆之征，则宜尽力谏阻，不可以交谊而曲徇之。又如职司所在，公尔忘私，亦不得以朋友之请谒若关系，而有所假借。申友谊而屈公权，是国家之罪人也。朋友之交，私德也；国家之务，公德也。二者不能并存，则不能不屈私德以从公德。此则国民所当服膺者也。

【译文】

人们都愿意群居而讨厌孤身一人，所以在内有家室，在外有朋友。朋友，是为了让人们减少痛苦增加快乐而存在的。虽然有感到十分快乐的事情，但若不能和志同道合的人来一同分享，那么其中的乐趣也是有限的。当郁闷无聊的时候，如果能有一个好友来安慰寂寞，一同承担忧伤，那么心情就会豁然开朗，与之前判若两人。至于到远方游玩或者客居异乡的时候，兄弟亲人都无法顾及，那么，对朋友的需要程度就更加迫切了。

朋友是能纠正我们过失的人。所有人都可能会因为偏见而意气用事，且常常来不及迷途知返，如果能因为一个正直可靠的朋友及时诚恳地劝告，友善地引导，而恍然悔悟自己的过失，那么因此而得到的好处该有多大啊！

朋友还能成全我们的好事，救济我们脱离苦难。人们经营事业很少有单靠自己的力量就成功的。现在这个时代，人员往来交流便利，技术不断更新，分工合作的方法也越来越精密，想要创办一个事业，更加不能不集合众人之力来成就。那么，需要朋友的时候就要比以往更多了。至于突然遇到疾病，或者遭遇变故，可以安慰保护我们的人，除了亲戚家人之外，不依靠朋友还能依靠谁呢？

朋友给我们带来的好处是如此之多。西方的学者认为：朋友是外在的我。这句话很对啊。人如果没有朋友，那么虽然处在社会之中，心里也会寂寞无聊，跟独自居住在沙漠中又有什么不同呢？

古人说过，不了解一个人，就去观察他所结交的朋友。既然朋友的影响如此重要，那么再选择时就不能不慎重啊。与朋友相识的开始，或者是因为同乡与职业的关系；或者是因为平时相互间钦慕彼此的德行才能，本来就没有必要出于同一个缘由。而如何和朋友交往，关键是不因一时的得失而受影响，要把长久不变作为主旨。如果任性妄为、胡乱交友，不顾后果，无缘无故地像胶漆一样亲密，又无缘无故地像冰炭一样不和，那么就是把友谊当做儿戏。这样的人，一辈子都不可能从朋友身上得到益处！

既然建立了友情，就不可以不守信义。信义是朋友间交往的首要义务。

如果没有信义，就会无端产生猜忌，朋友变成仇人的事情，也会因此而发生。只有本着信义的交往，才不会使友谊被离间。

朋友有过错，应该诚心诚意、不急不躁地跟他说明，即便他不听从，或者不讲道理地对待我，我也要先原谅他，慢慢等待他的悔悟。有的人列举友人的过失，且极不宽容，甚至因而激愤相争，这并非是保全友谊啊。而我们在听朋友的劝告时，有些恳切率直的语言或许不是我们可以忍受的，却也应当温和从容地倾听，仔细思考他的道理所在，不理会他的言语是否得当，而应当为他的真情所感动。如果掩饰自己的过错，忌讳劝诫，那么跟隐瞒疾病不愿医治有什么差别呢？

像前面所说的，朋友有成人之美的好处，那么互为朋友，就不可以不实行做朋友的准则。比如农工实业，不集合巨资和众人的智慧，就无法建立，做朋友的，就应该发挥各自的能力，协助配合来谋划。开展经营后，互相拿着合约，遵守各自的权限，不相互欺诈，不相互推卸责任，彼此享受各自的利益。不只是实业，做学问也是这样。当今适逢文化大发展时期，各种学术，无不理论精微、范围博大，不是一个人的精力可以研究透彻的。而且学术的分科很细，不同科目之间的联系也非常密切。如果只专修一科而不顾及其他，就会变得浅薄而无所依托，而结合各科一起修习，又会因精力过于分散而缺乏方向，因此，集合志同道合的朋友，分别研究，互相讨论，以自己所长互相补充，这样才能够收获更大的成就。

虽然这些是大家都能感到安宁和快乐的事，但若可以一起享受安乐却不能一起共患难的人，也不是朋友。朋友，在于扶持穷困、救济危难，甚至抛弃自己的财产和名誉于不顾。否则就像柳宗元所说的那样：平日里在一起吃喝玩乐，互相仰慕喜爱，发誓不相违背，可一旦面临一丝一毫的利害关系，就赶紧逃开，如同怕受到玷污一样。都这样的话，人生又何必如此珍视朋友呢？

朋友如果有犯罪的行为，就应该尽力去直言劝阻他，不可以因为交情而罔顾顺从。又如果是自己的职责所在，就要公而忘私，不可以因朋友私下的请求而有所放松。为了发展友谊而使公共权力为之屈从，这么做就成了国家的罪人。朋友的交情是私德，而国家的职责是公德。如果两者不能并存，那么就不得不屈从私德来服从公德。这是每个公民都应当牢记在心的。

第十节　从师

　　凡人之所以为人者，在德与才。而成德达才，必有其道。经验，一也；读书，二也；从师受业，三也。经验为一切知识及德行之渊源，而为之者，不可不先有辨别事理之能力。书籍记远方及古昔之事迹，及各家学说，大有裨于学行，而非粗谙各科大旨，及能甄别普通事理之是非者，亦读之而茫然。

欲成才德必须从师

　　是以从师受业，实为先务。师也者，授吾以经验及读书之方法，而养成其自由抉择之能力者也。人之幼也，保育于父母。

师代父母任教育

　　及稍长，则苦于家庭教育之不完备，乃入学亲师。故师也者，代父母而任教育者也。弟子之于师，敬之爱之，而从顺之，感其恩勿谖，宜也。自师言之，天下至难之事，无过于教育。何则？童子未有甄别是非之能力，一言一动，无不赖其师之诱导，而养成其习惯，使其情绪思想，无不出于纯正者，师之责也。他日其人之智慧如何，能造福于社会及国家否，为师者不能不任其责。是以其职至劳，其虑至周，学者而念此也，能不感其恩而图所以报答之者乎？

信从师教

　　弟子之事师也，以信从为先务。师之所授，无一不本于造就弟子之念，是以见弟子之信从而勤勉也，则喜，非自喜也，喜弟子之可以造就耳。盖其教授之时，在师固不能自益其知识也。弟子念教育之事，非为师而为我，则自然笃信其师，而尤不敢不自勉矣。

　　弟子知识稍进，则不宜事事待命于师，而常务自修，自修则学问始有兴趣，而不至畏难，较之专恃听授者，进境尤速。

惟疑之处，不可武断，就师而质焉可也。

从师者事半功倍

弟子之于师，其受益也如此，苟无师，则虽经验百年，读书万卷，或未必果有成效。从师者，事半而功倍者也。师之功，必不可忘，而人乃以为区区修脯已足偿之，若购物于市然。然则人子受父母之恩，亦以服劳奉养为足偿之耶？为弟子者，虽毕业以后，而敬爱其师，无异于受业之日，则庶乎其可矣。

【译文】

人之所以成为人，是因为具有道德和才能。而想要成就道德和才能，必须要有方法。第一种，是经验；第二种，是读书；第三种，是跟随老师学习。经验是一切知识和德行的本源，但是，要自己去经历就不能不先拥有辨别事理的能力。书上记载的远方和古代的事情以及各家的学说，对学问和品行都大有裨益，但是，如果不是事先粗略地知道它们的大旨，并且能够区别普通事理的是非对错，读起来就会茫然不解。因此，跟随老师学习实在是最首要的事务。老师，是可以教授我们经验和读书的方法，并培养我们自由选择能力的人。

人在年幼的时候，受父母养育，到稍微长大些，苦于家庭教育的不完备，就上学亲近老师。所以老师是代替父母担负教育责任的人。学生对待老师，应该敬爱他、顺从他，感念他的恩情，永不忘记。而从老师这方面来说，天底下最难的事情莫过于教育了。为什么呢？因为孩子没有区别是非的能力，一言一行没有不依赖老师的诱导来养成习惯的，让学生的所有思想情绪都纯洁正当，这是老师的职责。以后学生们的知识怎样，能不能造福社会和国家，作为老师不能不承担起这个责任。所以他的职务极为劳累，他的思虑非常广泛，做学生的想到这一点，怎能不感恩图报呢？

学生服侍老师，要把信从当做首要的事务。老师所教的，无一不是本着造就学生的念头，所以看见学生们能信从并且勤奋努力就会很高兴，这不是为自己高兴，而是为学生可以被培育得很好而高兴。因为教授的时候，老师并不能增加他自己的知识。所以，学生要想到教育并不是为了老师，而是为了自己，那么自然就会深深地相信老师，而更加不敢不勤奋努力了。

学生的知识有些进步了，就不宜事事都听老师的指示了，而要经常自学，通过自学对学问产生兴趣，才不会害怕困难，才会比那些只听老师讲课的同学进步更快。只是有怀疑的地方，千万不可以武断，应该找老师询问才是。

学生从老师那里得到的好处这么多，如果没有老师，那么就算拥有一百年的经验，读了上万卷的书籍，也不一定会有好的效果；而跟随老师学习的人，却可以事半功倍。老师的功劳无法忘记，而有的人却像在市场上买东西一样，以为区区那点学费就足够偿还师恩了。那么是不是做子女的，也可以只在物质上奉养父母，就能够清偿父母的养育之恩了呢？作为学生，虽然毕业了，却还能像读书的时候那样敬爱自己的老师，那么做学生的职责才算是差不多完成了。

第二章　家族

第一节　总论

凡修德者，不可以不实行本务。本务者，人与人相接之道也。是故子弟之本务曰孝弟，夫妇之本务曰和睦。为社会之一人，则以信义为本务；为国家之一民，则以爱国为本务。能恪守种种之本务，而无或畔焉，是为全德。

修己之道，不能舍人与人相接之道而求之也。道德之效，在本诸社会国家之兴隆，以增进各人之幸福。故吾之幸福，非吾一人所得而专，必与积人而成之家族，若社会，若国家，相待而成立，则吾人于所以处家族社会及国家之本务，安得不视为先务乎？

有人于此，其家族不合，其社会之秩序甚乱，其国家之权力甚衰，若而人者，独可以得幸福乎？内无天伦之乐，外无自由之权，凡人生至要之事，若生命，若财产，若名誉，皆

人与人相
接之道

增进各人
之幸福为
幸福

岌岌不能自保，若而人者，尚可以为幸福乎？于是而言幸福，非狂则奸，必非吾人所愿为也。然则吾人欲先立家族社会国家之幸福，以成吾人之幸福，其道如何？无他，在人人各尽其所以处家族社会及国家之本务而已。是故接人之道，必非有妨于吾人之幸福，而适所以成之，则吾人修己之道，又安得外接人之本务而求之耶？

以家族社会国家之幸福为幸福

接人之本务有三别：一，所以处于家族者；二，所以处于社会者；三，所以处于国家者。是因其范围之大小而别之。家族者，父子兄弟夫妇之伦，同处于一家之中者也。社会者，不必有宗族之系，而惟以休戚相关之人集成之者也。国家者，有一定之土地及其人民，而以独立之主权统治之者也。吾人处于其间，在家则为父子，为兄弟，为夫妇，在社会则为公民，在国家则为国民，此数者，各有应尽之本务，并行而不悖，苟失其一，则其他亦受其影响，而不免有遗憾焉。

家族 社会 国家

虽然，其事实虽同时并举，而言之则不能无先后之别。请先言处家族之本务，而后及社会、国家。

家族者，社会、国家之基本也。无家族，则无社会，无国家。故家族者，道德之门径也。于家族之道德，苟有缺陷，则于社会、国家之道德，亦必无纯全之望，所谓求忠臣，必于孝子之门者此也。彼夫野蛮时代之社会，殆无所谓家族，即曰有之，亦复父子无亲，长幼无序，夫妇无别。以如是家族，而欲其成立纯全之社会及国家，必不可得。蔑伦背理，盖近于禽兽矣。吾人则不然，必先有一纯全之家族，父慈子孝，兄友弟悌，夫义妇和，一家之幸福，无或不足。

家族为社会国家之基本

由是而施之于社会，则为仁义，由是而施之于国家，则为忠爱。故家族之顺戾，即社会之祸福，国家之盛衰，所由生焉。

家族与社会国家之关系

**不爱家则
不能爱国**

　　家族者，国之小者也。家之所在，如国土然，其主人如国之有元首，其子女什从，犹国民焉，其家族之系统，则犹国之历史也。若夫不爱其家，不尽其职，则又安望其能爱国而尽国民之本务耶？

**家族之幸
福即国家
之幸福**

　　凡人生之幸福，必生于勤勉，而吾人之所以鼓舞其勤勉者，率在对于吾人所眷爱之家族，而有增进其幸福之希望。

　　彼夫非常之人，际非常之时，固有不顾身家以自献于公义者，要不可以责之于人人。吾人苟能亲密其家族之关系，而养成相友相助之观念，则即所以间接而增社会、国家之幸福者矣。

家族三伦

　　凡家族所由成立者，有三伦焉，一曰亲子；二曰夫妇；三曰兄弟姊妹。三者各有其本务，请循序而言之。

【译文】

　　一个修养道德的人，不能不履行自己的义务。义务，是人与人之间交往的底线。子弟的义务是孝悌，夫妻的义务是和睦；作为社会的一分子，个人的义务是信义；作为国家的一个国民，个人的义务则是爱国。能够严格遵守各种义务，而不去违背，只有这样，在道德上才可以说是完美无缺。自我修养的方法若舍弃人与人之间交往的准则，就不可能求得。道德的作用，在于让国家兴隆，以增进所有人的幸福。因此，个人的幸福，不是脱离外界一个人创造出来的，而必定是和家族、社会、国家相呼应才可能获得，因此，我们对于自己所处的家族、社会和国家的义务，怎么能不看做是最重要的事情呢？

　　如果有一个人，他所在的家族不和睦，他所在的社会秩序混乱，他所在的国家权威衰落，那么，这个人难道可以自己一个人得到幸福吗？在内没有天伦的乐趣，在外没有自由的权利，所有人生最重要的事情，如生命、财产、名誉，都危在旦夕，不能保全，这样的一个人，有可能得到幸福吗？在这种情况下谈幸福，不是疯子就是奸人，这当然不是我们所希望成为的角色。既然这样，那么我们想要先找到家族、社会和国家的幸福之路，以便成就自己个人的幸福，应该采用什么方法呢？没有别的，就是人人都尽到自己对于家族、社会和国家的义务就可以了。因此，人际交往不但不会妨碍个人的幸福，且恰恰是通往幸福的必由之路。如此说来，自我修养的方法，又怎么能在交际之外求得呢？

人际交往的义务分为三种类型。一是家族层面的交际；二是社会层面的交际；三是国家层面的交际。这是根据范围大小的不同来划分的。家族，由父子、兄弟、夫妻等关系所组成。社会，不一定有宗族的关联，而是由利益相关的人集合而成。国家，有相对固定的领土和国民，而以独立的主权来管理他们。我们身处其间，在家可能是父子、兄弟，或者夫妻；在社会，是公民；在国家，则是国民。这几种角色都各有其应尽的义务，且同时存在，不相矛盾，如果缺失了其中的一种，那么其他角色也会受到影响，从而造成令人遗憾的结果。

虽然这几种义务同时并存，但讲解时却总要有先有后。我先讲家族的义务，然后再讲社会和国家的义务。

家族是社会和国家的基础。没有家族，就没有社会和国家。所以，家族就是道德修养的基本途径。如果家族的道德有所欠缺，那么社会和国家的道德也就没有完全实现的可能，人们所说的：忠臣，一定要在孝子之家才能找到，就是这个道理。野蛮时代的人类没有家族，或者就算有，也是父子不亲、长幼无序、夫妻无别。以这样的状况，想要建立一个完整的社会和国家，是不可能的。蔑视伦理、背离规则，是近似于禽兽的行为。我们现在就不能这样了，一定要先有一个纯正完整的家族，包括父慈子孝、兄友弟恭、夫义妇和，具备一个家庭应有的各种幸福。然后，把家族幸福延伸到社会，就是仁爱与正义，再延伸到国家，就是忠诚与敬爱。因此，家族是好是坏，是善是恶，直接关系社会的祸福与否，而国家是兴盛还是衰弱，也将由此而引发。

家族，是一个国家的缩影。家族的位置，就像是国土一样，其中家长好比是国家的元首，他的子女家人，好比是一个国家的国民，而家族的谱系，就像是国家的历史。如果一个人不热爱家族，不能尽到自己在家族中的应尽职责，那么，怎么能指望他热爱祖国并尽到一个国民的义务呢？

人生的幸福，来自于勤勉的生活态度。人们之所以能够激发起勤勉生活的志气，主要在于勤勉可以增进自己家族的幸福。在遭遇特殊的紧急情况时，自然会有一些道德十分高尚的人，可以不顾自身性命和家族的利益，英勇地献身于公义。但是很显然，我们无法要求所有人都能够自觉做到这种程度。不过，一个人只要能让自己的家族关系日益亲密，让所有家人都养成互助互爱的观念，就可以间接地增进社会和国家的福利了。

家族得以成立的最重要的三种关系：一是亲子，二是夫妻，三是兄弟姐妹。三者各有各的义务，下面我就按顺序一个个来讲。

第二节　子女

凡人之所贵重者，莫身若焉。而无父母，则无身。然则人子于父母，当何如耶？

无父母则无身

父母之爱其子也，根于天性，其感情之深厚，无足以尚之者。子之初娠也，其母为之不敢顿足，不敢高语，选其饮食，节其举动，无时无地，不以有妨于胎儿之康健为虑。

保护胎儿之劬劳

及其生也，非受无限之劬劳以保护之，不能全其生。而父母曾不以是为烦，饥则忧其食之不饱，饱则又虑其太过；寒则恐其凉，暑则惧其暍，不惟此也，虽婴儿之一啼一笑，亦无不留意焉，而同其哀乐。及其稍长，能匍匐也，则望其能立；能立也，则又望其能行。及其六七岁而进学校也，则望其日有进境。时而罹疾，则呼医求药，日夕不遑，而不顾其身之因而衰弱。其子远游，或日暮而不归，则倚门而望之，

保护婴儿之劬劳

惟祝其身之无恙。

及其子之毕业于普通教育，而能营独立之事业也，则尤关切于其成败，其业之隆，父母与喜；其业之衰，父母与忧焉，盖终其身无不为子而劬劳者。呜呼！父母之恩，世岂有足以比例之者哉！

**父母终身
为子劬劳**

世人于一饭之恩，且图报焉，父母之恩如此，将何以报之乎？

**惟人类能
孝亲**

事父母之道，一言以蔽之，则曰孝。亲之爱子，虽禽兽犹或能之，而子之孝亲，则独见之于人类。故孝者，即人之所以为人者也。

盖历久而后能长成者，惟人为最。其他动物，往往生不及一年，而能独立自营，其沐恩也不久，故子之于亲，其本务亦随之而轻。人类则否，其受亲之养护也最久，所以劳其亲之身心者亦最大。然则对于其亲之本务，亦因而重大焉，是自然之理也。

**人类之长
成最难**

且夫孝者，所以致一家之幸福者也。一家犹一国焉，家有父母，如国有元首，元首统治一国，而人民不能从顺，则其国必因而衰弱；父母统治一家，而子女不尽孝养，则一家必因而乖戾。一家之中，亲子兄弟，日相阋而不已，则由如是之家族，而集合以为社会，为国家，又安望其协和而致治乎？

古人有言，孝者百行之本。孝道不尽，则其余殆不足观。盖人道莫大于孝，亦莫先于孝。以之事长则顺，以之交友则信。苟于凡事皆推孝亲之心以行之，则道德即由是而完。《论语》曰：其为人也孝弟，而好犯上者鲜矣。君子务本，本立而道生，孝弟也者，其为人之本与。此之谓也。

**孝者百行
之本**

然则吾人将何以行孝乎？孝道多端，而其要有四：曰顺；曰爱；曰敬；曰报德。

顺者，谨遵父母之训诲及命令也。然非不能已而从之也，必有诚恳欢欣之意以将之。盖人子之信其父母也至笃，则于其所训也，曰：是必适于德义；于其所戒也，曰：是必出于慈爱，以为吾遵父母之命，其必可以增进吾身之幸福无疑也。曾何所谓勉强者。彼夫父母之于子也，即遇其子之不顺，亦不能恝然置之，尚当多为指导之术，以尽父母之道，然则人子安可不以顺为本务者。世有悲其亲不慈者，率由于事亲之不得其道，其咎盖多在于子焉。

顺命

子之幼也，于顺命之道，无可有异辞者，盖其经验既寡，知识不充，决不能循己意以行事。当是时也，于父母之训诲若命令，当悉去成见，而婉容愉色以听之，毋或有抗言，毋或形不满之色。及渐长，则自具辨识事理之能力，然于父母之言，亦必虚心而听之。其父母阅历既久，经验较多，不必问其学识之如何，而其言之切于实际，自有非青年所能及者。苟非有利害之关系，则虽父母之言，不足以易吾意，而吾亦不可以抗争。其或关系利害而不能不争也，则亦当和气怡色而善为之辞，徐达其所以不敢苟同于父母之意见，则始能无忤于父母矣。

年幼时须顺命

人子年渐长，智德渐备，处世之道，经验渐多，则父母之干涉之也渐宽，是亦父母见其子之成长而能任事，则渐容其自由之意志也。然顺之迹，不能无变通。而顺之意，则为人子所须臾不可离者。凡事必时质父母之意见，而求所以达之。自恃其才，悍然违父母之志而不顾者，必非孝子也。至于其子远离父母之侧，而临事无遑请命，抑或居官吏兵士之职，而不能以私情参预公义，斯则事势之不得已者也。

年长亦须顺命

人子顺亲之道如此，然亦有不可不变通者。今使亲有乱命，则人子不惟不当妄从，且当图所以谏阻之，知其不可为，以父母之命而勉从之者，非特自罹于罪，且因而陷亲于不义，不孝之大者也。

乱命不可从

若乃父母不幸而有失德之举，不密图补救，而辄暴露之，则亦非人子之道。孔子曰：父为子隐，子为父隐。是其义也。

父为子隐、
子为父隐

　　爱与敬，孝之经纬也。亲子之情，发于天性，非外界舆论，及法律之所强。是故亲之为其子，子之为其亲，去私克己，劳而无怨，超乎利害得失之表，此其情之所以为最贵也。

亲子之情
发于天性

　　本是情而发见者，曰爱曰敬，非爱则驯至于乖离；非敬则渐流于狎爱。爱而不敬，禽兽犹或能之，敬而不爱，亲疏之别何在？二者失其一，不可以为孝也。

爱与敬不
可缺一

　　能顺能爱能敬，孝亲之道毕乎？曰：未也。孝子之所最尽心者，图所以报父母之德是也。

　　受人之恩，不敢忘焉，而必图所以报之，是人类之美德也。

一生最大
之恩在于
父母

而吾人一生最大之恩，实在父母。生之育之饮食之教诲之，不特吾人之生命及身体，受之于父母，即吾人所以得生存于世界之术业，其基本亦无不为父母所畀者，吾人乌能不日日铭感其恩，而图所以报答之乎？人苟不容心于此，则虽谓其等于禽兽可也。

　　人之老也，余生无几，虽路人见之，犹起恻隐之心，况

不报亲恩
无异禽兽

为子者，日见其父母老耄衰弱，而能无动于中乎？

　　昔也，父母之所以爱抚我者何其挚；今也，我之所以慰藉我父母者，又乌得而苟且乎？

子成长而
父母衰苶

　　且父母者，随其子之成长而日即于衰老者也。子女增一日之成长，则父母增一日之衰老，及其子女有独立之业，而有孝养父母之能力，则父母之余年，固已无已矣。犹不及时而尽其孝养之诚，忽忽数年，父母已弃我而长逝，我能无抱终天之恨哉？

父母余年
无几宜及
时孝养

　　吾人所以报父母之德者有二道，一曰养其体；二曰养其志。

养　体

　　养体者，所以图父母之安乐也。尽我力所能及，为父母调其饮食，娱其耳目，安其寝处，其他寻常日用之所需，无或缺焉而后可。夫人子既及成年，而尚缺口体之奉于其父母，

固已不免于不孝，若乃丰衣足食，自恣其奉，而不顾父母之养，则不孝之尤矣。

侍奉父母事宜躬亲

父母既老，则肢体不能如意，行止坐卧，势不能不待助于他人，人子苟可以自任者，务不假手于婢仆而自任之，盖同此扶持抑搔之事，而出于其子，则父母之心尤为快足也。父母有疾，苟非必不得已，则必亲侍汤药。回思幼稚之年，父母之所以鞠育我者，劬劳如何，即尽吾力以为孝养，亦安能报其深恩之十一欤？为人子者，不可以不知此也。

养　志

人子既能养父母之体矣，尤不可不养其志。父母之志，在安其心而无贻以忧。人子虽备极口体之养，苟其品性行为，常足以伤父母之心，则父母又何自而安乐乎？口体之养，虽不肖之子，苟有财力，尚能供之。至欲安父母之心而无贻以忧，则所谓一发言一举足而不敢忘父母，非孝子不能也。养体，末也；养志，本也；为人子者，其务养志哉。

保　身

养志之道，一曰卫生。父母之爱子也，常祝其子之康强。苟其子孱弱而多疾，则父母重忧之。故卫生者，非独自修之要，而亦孝亲之一端也。若乃冒无谓之险，逞一朝之忿，以危其身，亦非孝子之所为。有人于此，虽赠我以至薄之物，我亦必郑重而用之，不辜负其美意也。我身者，父母之遗体，父母一生之劬劳，施于吾身者为多，然则保全之而摄卫之，宁非人子之本务乎？孔子曰：身体发肤，受之父母，不敢毁伤，孝之始也。此之谓也。

立　名

虽然，徒保其身而已，尚未足以养父母之志。父母者，既欲其子之康强，又乐其子之荣誉者也。苟其子庸劣无状，不能尽其对于国家、社会之本务，甚或陷于非僻，以贻羞于其父母，则父母方愧愤之不遑，又何以得其欢心耶？孔子曰：事亲者，居上不骄，为下不乱，在丑不争。居上而骄则亡；为下而乱则刑；在丑而争则兵。不去此三者，虽日用三牲之养，犹不孝也。正谓此也。是故孝者，不限于家族之中，非于其外有立身行道之实，则不可以言孝。谋国不忠，莅官不敬，交友不信，皆不孝之一。

国之良民即家之孝子 至若国家有事，不顾其身而赴之，则虽杀其身而父母荣之，国之良民，即家之孝子。父母固以其子之荣誉为荣誉，而不愿其苟生以取辱者也。此养志之所以重于养体也。

翼赞父母之行为，而共其忧乐，此亦养志者之所有事也。故不问其事物之为何，苟父母之所爱敬，则己亦爱敬之；父母之所嗜好，则己亦嗜好之。

继志述事 凡此皆亲在之时之孝行也。而孝之为道，虽亲没以后，亦与有事焉。父母没，葬之以礼，祭之以礼；父母之遗言，没身不忘，且善继其志，善述其事，以无负父母。

显扬父母之名 更进而内则尽力于家族之昌荣；外则尽力于社会、国家之业务，使当世称为名士伟人，以显扬其父母之名于不朽，必如是而孝道始完焉。

【译文】

平常人最为珍惜的，莫过于自己的身体了。而如果没有父母，就没有自己的身体。既然这样，那么子女对于父母，应该如何对待呢？

父母对子女的爱，源于本性，这种感情的深厚程度，没有什么可以超越。子女刚孕育时，母亲就会为此而不敢用力蹂脚，不敢高声说话，饮食精挑细选，一举一动都自我节制，可以说是无时无地不为胎儿的健康考虑。等到婴儿出生，如果不全心全意地辛勤照顾，就不能保全他的性命。但是，父母却从未把这当成是一种负担，肚子饿了就会担心孩子能不能吃饱饭，肚子饱了又担心孩子会不会吃得太多；天气冷了就担心孩子会着凉，天气热了又担心孩子中暑。不仅如此，婴儿的一哭一笑，父母没有不细心留意且和他一起悲伤或快乐的。等到孩子稍稍长大，能在地上爬了，就开始期望他能够学会站立；等到能站立了，又期望他能够独立行走。到孩子六七岁开始入校的时候，则又盼着他在学习上能够每天都有所长进。孩子偶尔生病，父母就会急着四处求医问药，一天到晚都无法安宁，却顾不上自己的身体因此而慢慢衰弱。子女太阳落山了还没有回家，或者到远方游历，父母常常就会靠在门边向外守望，一心祈祷孩子能够身体健康、平安回家。等到了孩子完成学业，开始要学着进入社会养活自己时，父母就更加关心孩子事业的成败，若是成功的，父母便都会跟着高兴，若是衰败了，父母也会跟着担忧。总之，做父母的，没有不为子女而辛劳终生的。唉！父母对于子女的恩情，世界上哪有可以相比较的啊！

普通人对于一顿饭的恩情，都会想着怎么去报答，父母的恩情如此高尚，又该怎样来报答呢？

侍奉父母的方法，用一个字来概括，就是孝。父母爱护子女，就算是禽兽都能做到，而子女孝敬父母，却只有人类才能做到。所以，孝是人之为人的根本道理。这是因为，所有的动物之中，从出生到成年所需要的时间，以人类为最长。其他动物往往出生不到一年，就可以独立生存，沐浴父母恩泽的时间也不长，所以子女对于父母的义务也就比较轻。人类就大不一样了，受父母的养护时间最长，所以父母在身心上的付出也最多，而子女对于父母的义务，也因此变得非常重大，这是理所当然的。

更何况，孝是一个家庭通往幸福的必经之路。家庭好比是国家，家庭有家长，好比国家有元首，元首管理一个国家，如果人民都不懂得服从，那么这个国家必然衰败。父母管理一个家庭，如果子女不懂得孝敬父母，那么这个家庭必然失常。在一个家庭里，亲子、兄弟之间每天都争执不休，由这种家庭而组成的社会和国家，我们怎么能指望会出现同心协力共创安定太平的局面呢？

古人曾经说过，孝是各种德行的基础。不遵守孝道，那么其他的品行就都失去意义了。这是因为人的行为规范以孝为最大，也最为重要。用孝来侍奉长辈，就会懂得服从；用孝来对待朋友，就会懂得诚信。如果所有事情都以孝敬父母的心态来处理，那么道德的目标就一定可以实现了。《论语》说："一个人孝敬父母、顺从兄长，却喜欢冒犯长辈和上级，这种人是很少见的。君子要专心致力于根本的事务，根本建立了，做事做人的原则也就产生了。而孝敬父母、顺从兄长，这就是做人的根本啊！"这句话说的就是这个意思。

但是，人们应该怎样来履行孝道呢？孝道的表现有很多种，但最主要的有四种，也就是顺从、喜爱、尊敬和报德。

顺从，是指谨遵父母的教导和指示。但是，不能内心不认可而强迫自己表面顺从，一定要用诚恳和喜悦的态度来奉行。这是因为，为人子女的，都非常相信自己的父母，因此，对于他们的教导，相信一定符合道德和正义的要求；对于他们的告诫，也相信一定是出于对自己的仁慈和爱护，因此，才会毫无疑问地觉得遵守父母的命令，便可以增进自己的幸福。这其中怎么会有一丝的勉强呢？反过来，父母对于自己的子女，就算孩子不够顺从，也不能漫不经心地对待他们，而是应该尽力为他们的人生多做引导，以便尽到父母的职责。既然这样，为人子女的怎么可以不以顺从为自己的义务呢？世上那些痛心自己的父母不够慈爱的人，大多是由于自己侍奉父母的方法不对，这个责任大多在子女的身上。

子女年少时，对于顺从父母的道理，是不会有不同见解的，这是因为他们的社会经验不足且欠缺知识，还不能按照自己的意愿来做事。这个时候，对于父母的教诲或指示，一定要消除自己的偏见，和颜悦色地听从父母的意见，不能有对抗的话语，也不能有不满的表情。等到逐渐长大，当然慢慢就会具有辨别事理的能力，但对于父母的叮咛，也还是应该虚心地听从。父母的生活阅历丰富，社会经验充足，不管他的学问是高是低，他的见解和现实的切合程度，自然是年轻人所达不到的。如果不是有大的利害关系，那么就算父母的意见不符合自己的观点，也不应该去抗争。如果利害关系重大，不得不反对，也应该和颜悦色地好言相劝，委婉地表达出自己的观点，这样才能不触怒父母的感情。

随着子女的年龄逐渐增长，他的知识和品德也将逐渐完备，处世的经验也渐渐多了起来，那么父母的干涉也就会逐渐变少，这是因为父母看到子女逐渐成长，慢慢可以承担责任，因此逐渐放宽对他的限制。这时候，子女顺从父母的表现方式，就不能没有变化了，但顺从的心意却一刻也不应当忘记。凡事要常常询问父母的看法，以便和父母的沟通能够顺畅通达。仗着自己的才能，而公然违背父母意志的人，一定不是孝子。至于因为远离父母的身边，遇事来不及请教父母的意见，或者身居官员或军人等公职，不能让私情来影响公务的，则是形势所限，不得已而必须这样去做。

虽然说子女顺从父母是理所当然的，却也有需要变通的时候。一旦父母的命令是错误的，那么为人子女的不仅不能盲目顺从，而且还应该想办法谏言劝止。如果明知不能这么做，却因为是父母的命令而勉强听从，这不但可能导致自己犯错，还会使父母陷于不义的地步，这是最大的不孝。如果父母不幸有败坏道德的举动，不赶紧想怎么补救，却随便将它公开揭露出来，这也不是为人子女的做法。孔子说："父亲替儿子遮掩，儿子替父亲遮掩。"说的就是这个道理。

爱和敬，是孝道的两条准则。亲子之间的感情，源自人类的天性，不是外界和法律强制规定的。因此，父母为了子女、子女为了父母而去除私心，克制自己，任劳任怨，这是超脱外在利害得失的表现，也是这种感情可贵的地方。这种源于内心情感的表现，应该说是爱和敬并重的。没有爱就会引发矛盾；而没有敬重就会失去分寸。爱而不敬，与禽兽相似；而如果有敬无爱，又怎么能有亲疏的区别呢？这两者只要缺少了一个，都不能称之为"孝"。

而能顺从，能爱，能敬重，孝道就算完备了吗？答案是：还没有。孝子之所以尽心行孝的原因，在于要报答父母的恩德。

接受了他人的恩惠，一般人都不会遗忘，会想着要有所报答，这是人类共同的美德。而人一生最大的恩德，就是来自于父母亲。生养、哺育、饮食、教诲等，不只我们的生命和身体是得自于父母，即便是我们赖以生存的学业和技艺，也基本上都是父母给予的，我们怎么能不天天从内心感谢父母的恩情，并想着要报答他们呢？如果一个人心里没有这种想法，那么只能说他是禽兽了。

人类走向衰老之后，剩下的生命就没有多少了，就算是陌生的路人见了，都会寄予同情，何况是子女，眼看父母一天比一天变得更加衰弱，怎么能无动于衷呢？以前，父母爱护抚养我的时候是多么的真挚；现在，我能够抚慰年老的父母了，又怎么能随便敷衍了事呢？更何况，父母是随着子女的成长而日渐衰老的。子女长大一天，父母就衰老一天，等到子女有独立的事业，具备孝顺敬养的能力时，父母剩下的时间，也就必定不多了。如果不及时诚心孝养，几年之后，父母就可能会离我而去，我能不抱憾终生吗？

我们所能报答父母恩德的办法有两种，一是奉养他们的身体，二是奉养他们的精神。

奉养他们的身体，就是希望父母能够度过一个安宁快乐的晚年。竭尽我力所能及的一切，为父母调养饮食，使其身心都感到快乐，让他的居所安稳平静，妥善备置他的日常用品，直到毫无缺憾为止。如果已经长大成人，却还不能在饮食起居上给父母以奉养，当然是不孝的；而如果生活宽裕，却只管放纵自己享乐，而不顾奉养双亲，那就真的是极为不孝了。

父母亲既然已经衰老了，身体当然就会不太灵便，行立坐卧都不得不需要他人的帮助，为人子女如果自己可以承担，就不要借助佣人帮忙。因为像搀扶挠痒这种事情，如果是子女亲自来做，父母的心里会感到特别的满足和快乐。父母生病，如果不是实在没办法，也应该自己亲自服侍他们喝汤吃药。回忆小时候父母养育我们的无尽辛劳，现在，我们就算竭尽全力来孝养他们，又怎么能报答得了他们深厚恩情的十分之一？为人子女的不能不知道这点。

既然能奉养父母的身体，那么更应当奉养他们的精神。奉养父母的精神，主要在于要让他们安心生活，没有担忧。如果饮食起居的奉养上非常完备，但品性行为常常让父母伤心，那么父母又怎么能安宁快乐呢？物质方面的奉养，就算是不孝的子女，只要财力允许，都可以供奉。但是，如果想要使父母的心神安宁，让他们不至于因为各种忧虑而担心，就一定要每句话、每件事都丝毫不忘父母的需要，这就只有真正的孝子才可能做到了。奉养身体，只是枝叶；奉养精神，才是根本；为人子女，奉养自己的父母，关键在于奉养他们的精神啊。

奉养父母精神的方法，首先是要保全自己的性命。父母爱护子女，常常希望自己的子女可以健康强壮。如果子女体弱多病，那么做父母的一定会感到非常担忧。因此，保全自己的性命不只是自我修养的关键部分，也是孝的要素。如果冒着没意义的危险，为逞一时之快，而殃及自己的性命，这也不是孝子应有的作为。虽然有人送给我一些没有什么价值的礼物，但我也必定会郑重地对待它，不愿辜负朋友的一番好意。同样，我的身体，可以说是父母生命的馈赠，父母一生的辛劳，大部分都用在了我们的身上，既然这样，保全自己的性命，难道不是为人子女的义务吗？孔子说："我们的身体，包括毛发和皮肤，都来自于父母，万万不能随便损伤，这是孝道的初衷。"说的就是这个意思。

不过，单单保全自己的性命，还不能算是完成了对父母精神的奉养。父母既希望子女身体健康，又期盼子女的好名声可以闻达四方。如果子女平庸顽劣，行为不检点，没有尽到对国家和社会的责任，或甚至到了邪恶失德的地步，以至于让父母蒙羞受辱，那么，父母羞愧愤慨还来不及呢，又怎么可能安宁快乐呢？孔子说："侍奉父母的人，身居高位时不骄傲自大；处于下位时不违法、不为非作歹；处在人群中，不与人争执计较。身居高位的，要是因此而骄傲自大，必定会招惹祸端导致身亡；身居下位的，要是悖乱违法、为非作歹，必定会受到法律的制裁；处在人群中，要是与人争执计较，难免就会引起冲突。这三种不良行为若不去除，即使每天用三牲供养父母，仍然不能算是一个孝子。"说的正是这种情况。因此，孝道，不仅仅局限于家族之中，如果为人处世不合于道德规范，那么也没有资格说孝。治理国家却不够忠心，掌握权力却不知敬畏，结交友人却没有诚信，这都是不孝的行为。但若是为了国家的利益，不顾自身安危而奋勇当先，那么就算是失去生命，父母也会为他感到光荣。国家的良民，就是家庭的孝子。父母当然会将子女的美名当成自己的荣耀，而不愿意子女苟且偷生，使自己蒙受耻辱，脸上无光。这就是奉养精神之所以比奉养身体更为重要的道理。

协助年老父母的日常活动，和他们一起分享喜悦和忧愁，这也是奉养其精神应该做的事情。因此，不管是什么事物，只要是父母所喜爱和敬佩的，也就是自己所喜爱和敬佩的；父母的嗜好，也就是自己的嗜好。

上面所说的都是父母在世时的孝行。但是，就算双亲都不在了，也还有一些孝道的责任必须完成。父母逝世后，要根据礼制来安葬他们，并适时的祭祀他们；父母的遗言一辈子都不能忘记，还要很好地完成他们未了的心愿，并向后人传诵他们的事迹，只有这样才是不辜负父母的恩情。如果有能力，还要再进一步，对内，尽力使家族繁荣昌盛，对外，应努力尽到对社会和国家的责任，让世人都赞誉自己是当代的名士伟人，以显耀父母的不朽名声，只有这样，孝道才能说是真正完备了。

第三节　父母

父母之道　　子于父母，固有当尽之本务矣，而父母之对于其子也，则亦有其道在。人子虽未可以此责善于父母。而凡为人子者，大抵皆有为父母之时，不知其道，则亦有贻害于家族、社会、国家而不自觉其非者。精于言孝，而忽于言父母之道，此亦一偏之见也。

父母之道虽多端，而一言以蔽之曰慈。子孝而父母慈，则亲子交尽其道矣。

溺爱非慈　　慈者，非溺爱之谓，谓图其子终身之幸福也。子之所嗜，不问其邪正是非而辄应之，使其逞一时之快，而或贻百年之患，则不慈莫大于是。故父母之于子，必考察夫得失利害之所在，不能任自然之爱情而径行之。

养子教子　　养子教子，父母第一之本务也。世岂有贵于人之生命者，生子而不能育之，或使陷于困乏中，是父母之失其职也。善为父母之　　养其子，以至其成立而能营独立之生计，则父母育子之职尽本务　　矣。

养子之道　　父母既有养子之责，则其子身体之康强与否，亦父母之责也。卫生之理，非稚子所能知。其始生也，蠢然一小动物耳，起居无力，言语不辨，且不知求助于人，使非有时时保护之者，殆无可以生存之理。而保护之责，不在他人，而在生是子之父母，固不待烦言也。

既能养子，则又不可以不教之。人之生也，智德未具，其所具者，可以吸受智德之能力耳。故幼稚之年，无所谓善，无所谓智，如草木之萌蘖然，可以循人意而矫揉之，必经教育而始成有定之品性。当其子之幼稚，而任教训指导之责者，舍父母而谁？此家庭教育之所以为要也。

教子之道

家庭者，人生最初之学校也。一生之品性，所谓百变不离其宗者，大抵胚胎于家庭之中。习惯固能成性，朋友亦能染人，然较之家庭，则其感化之力远不及者。社会、国家之事业，繁矣，而成此事业之人物，孰非起于家庭中呱呱之小儿乎？虽伟人杰士，震惊一世之意见及行为，其托始于家庭中幼年所受之思想者，盖必不鲜。是以有为之士，非出于善良之家庭者，世不多有。善良之家庭，其社会、国家所以隆盛之本欤？

家庭为人生最初之学校

幼儿受于家庭之教训，虽薄物细故，往往终其生而不忘。故幼儿之于长者，如枝干之于根本然。

一日之气候，多定于崇朝，一生之事业，多决于婴孩，甚矣。家庭教育之不可忽也。

善良之家庭为社会国家隆盛之本

家庭教育之道，先在善良其家庭。盖幼儿初离襁褓，渐有知觉，如去暗室而见白日然。官体之所感触，事事物物，无不新奇而可喜，其时经验既乏，未能以自由之意志，择其行为也。则一切取外物而摹仿之，自然之势也。当是时也，使其家庭中事事物物，凡萦绕幼儿之旁者，不免有腐败之迹，则此儿清洁之心地，遂纳以终身不磨之瑕玷。

一生事业决于婴孩

不然，其家庭之中，悉为敬爱正直诸德之所充，则幼儿之心地，又何自而被玷乎？有家庭教育之责者，不可不先正其模范也。

家庭之模范

为父母者，虽各有其特点之职分，而尚有普通之职分，行止坐卧，无可以须臾离者，家庭教育是也。或择其业务，或定其居所，及其他言语饮食衣服器用，凡日用行常之间，无不考之于家庭教育之利害而择之。昔孟母教子，三迁而后定居，此百世之师范也。

**家庭教育
之利害**

父母又当乘时机而为训诲之事，子有疑问，则必以真理答之，不可以荒诞无稽之言塞其责；其子既有辨别善恶是非之知识，则父母当监视而以时劝惩之，以坚其好善恶恶之性质。

宽严适中

无失之过严，亦无过宽，约束与放任，适得其中而已。凡母多偏于慈，而父多偏于严。子之所以受教者偏，则其性质亦随之而偏。

为子择业

故欲养成中正之品性者，必使受宽严得中之教育也。其子渐长，则父母当相其子之材器，为之慎择职业，而时有以指导之。年少气锐者，每不遑熟虑以后之利害，而定目前之趋向，故于子女独立之始，知能方发，阅历未深，实为危险之期，为父母者，不可不慎监其所行之得失，而以时劝戒之。

【译文】

子女对于父母有义务，而父母对于子女，也一样有必须遵守的准则。为人子女的虽然不能以这个标准来要求父母，但是，所有为人子女的，大多数以后都有为人父母的时候，如果不懂得其中的道理，就会危害家族、社会和国家却不自知。孝的道理说得头头是道，却忽视为人父母的职责，这当然是一种偏见。

为人父母的道理虽然含有很多方面，但用一个词来简单概括，就是"慈爱"。子女孝顺，父母慈爱，那么亲子就算互相尽到自己的责任了。

慈爱，并不是溺爱的意思，而是要考虑子女终身的幸福。子女的嗜好，不管好坏对错就应承他，放任他一时的快乐，却使其遗患终生，这是极不慈爱的行为。因此，父母对于子女，一定要从长远的角度来考察其行为的利害得失所在，不能放任他的嗜好而任其肆意妄为。

抚养和教育子女是父母的首要义务。世界上哪有比人的生命还要珍贵的事物呢？生而不育，或者使子女陷于贫乏与困顿之中，都是父母失职的表现。好好养育子女，直到他长大成人，能够独立营生，这才算完成了养育子女的责任。

　　既然有养育子女的责任，那么子女的身体是否健康强壮，也同样是父母的职责了。保全自己性命的道理，不是弱小的幼童能知道的。婴儿刚出生时，就像是一只笨拙的小动物，没有行动的能力，不能辨别父母言语的含义，也不懂得求助别人，如果没有人时刻照顾他们，就没有存活的可能。而这个护卫的职责，不在别人，就在于他的亲生父母，这是不需要更多解释的。

　　既然有能力抚养子女，那么就不能不好好教育他们。人刚出生的时候，知识和道德都还不具备，所具有的只是吸收并接受智德教育的能力而已。所以，幼年之时，谈不上善良，也谈不上智慧，好像草木萌芽时可以根据人的意愿去矫正形状一样，幼儿也需要经过教育才能形成恒定的品性。而孩子年幼时，承担其教育训导责任的，除了他的父母还能有谁？这是家庭教育之所以重要的原因。

　　家庭是人生的第一所学校。人一生都很难改变的性格，基本上是来源于家庭的影响。习惯能够造就性格，朋友也能感染一个人的品性，但是和家庭相比，它们的感化力就差多了。社会和国家的事务纷繁复杂，而成就这些事业的人物，有哪个不是出自于家庭里呱呱乱叫的孩子呢？那些杰出的伟人，其震惊世界的思想和行为，来源于小时候在家庭里所受到的教育的，一定不少。因此，社会上那些有所作为的人，只有极少数不是出自于善良的家庭。如此说来，善良的家庭，难道不正是社会和国家繁荣兴盛的基础吗？

　　幼儿在家庭里受到的教育，虽然都只是一些小的事情，但往往一辈子都忘不了。因此，幼儿对于成年人，就好比是树根对于枝干一样。一天的气候，常常取决于早晨；一生的事业，常常决定于年幼的时候，这种例子太多了。由此，家庭教育实在是不可以忽视啊。

　　家庭教育的方法，首先在于让自己的家庭变得纯真温厚起来。这是因为幼儿在离开襁褓之后，逐渐有了知觉，就好像一个人突然离开黑暗的屋子而见到阳光一样。五官和身体所接触到的所有事物，没有一样不是新奇而有趣的，但由于缺乏经验，不能以自己的自由意志来选择行为。因此，一切行为都要模仿外界的事物，这是自然的。这个时候，家庭里的各种事物，如果围绕在幼儿四周的，有肮脏丑恶的东西，那么，这个孩子原本纯洁的心，就会被感染，终致一生都难以改变这种缺憾。与此相反，如果家里充满了尊敬、热爱、正直等高尚品德的氛围，那么幼儿的心地，又怎么可能被玷污呢？身负家庭教育责任的家长，不能不先树立良好的榜样啊。

父亲和母亲虽然有各自的特点和职责，但有些普遍的责任，却是不管行立坐卧都不能忘记的，这就是对子女的家庭教育。选择工作，确定居住之地，以及说话、饮食、衣服、器用等，所有日常生活中的事物，都要以子女家庭教育的利弊来小心选择。古时候，孟母为了教育孟子，三次搬家后才定居下来，这实在是后世为人父母者的典范。父母还要善于抓住时机教导子女，子女有疑问，一定要以科学的真理来回答他，不能以荒诞不经的无聊答案来敷衍了事。子女一旦有了判断是非对错的能力，父母就应该转变思维，在一旁用心监督，并对其对错给予恰当的奖励与惩罚，来巩固他们喜爱善良、厌恶丑恶的品性。管教不必过于严厉，也不可过于宽松，说到底就是在约束与放任之间寻求一个恰当的平衡。一般来说，母亲常常过于慈爱，而父亲常常过于严苛。如果子女受的教育有所偏颇，就会造成他性格上的偏差。所以，想要让孩子养成正直的品性，一定要让孩子受到宽严适中的教育。孩子逐渐长大后，父母应该了解他的才智，谨慎地帮他选择职业，并随时加以指导。由于年轻气盛，孩子往往考虑不到长远的利害关系，而草率地定下了发展方向，等到应该独立的时候，才逐渐理智起来，而他的社会阅历却尚不足备，这实在是一个危险的阶段，做父母的，不能不谨慎地监督他的所作所为，以便随时加以鼓励或劝诫。

第四节　夫妇

夫妇为人伦之始

国之本在家，家之本在夫妇。夫妇和，小之为一家之幸福，大之致一国之富强。古人所谓人伦之始，风化之原者，此也。

夫妇者，本非骨肉之亲，而配合以后，苦乐与共，休戚相关，遂为终身不可离之伴侣。而人生幸福，实在于夫妇好合之间。然则夫爱其妇，妇顺其夫，而互维其亲密之情义者，分也。夫妇之道苦，则一家之道德失其本，所谓孝弟忠信者，亦无复可望，而一国之道德，亦由是而颓废矣。

爱　情

爱者，夫妇之第一义也。各舍其私利，而互致其情，互成其美，此则夫妇之所以为夫妇，而亦人生最贵之感情也。有此感情，则虽在困苦颠沛之中，而以同情者之互相慰藉，乃别生一种之快乐。否则感情既薄，厌忌嫉妒之念，乘隙而生，其名夫妇，而其实乃如路人，虽日处华胪之中，曾何有人生幸福之真趣耶？

婚姻之礼

夫妇之道，其关系如是其重也，则当夫妇配合之始，婚姻之礼，乌可以不慎乎！是为男女一生祸福之所系，一与之齐，终身不改焉。其或不得已而离婚，则为人生之大不幸，而彼此精神界，遂留一终身不灭之创痍。人生可伤之事，孰大于是。

婚姻之始，必本诸纯粹之爱情。以财产容色为准者，决无以持永久之幸福。盖财产之聚散无常，而容色则与年俱衰。以是为准，其爱情可知矣。纯粹之爱情，非境遇所能移也。

何谓纯粹之爱情，曰生于品性。男子之择妇也，必取其婉淑而贞正者；女子之择夫也，必取其明达而笃实者。如是则必能相信相爱，而构成良善之家庭矣。

爱情非境遇所能移

既成家族，则夫妇不可以不分业。男女之性质，本有差别：男子体力较强，而心性亦较为刚毅；女子则体力较弱，而心性亦毗于温柔。

夫妇分业

故为夫者，当尽力以护其妻，无妨其卫生，无使过悴于执业，而其妻日用之所需，不可以不供给之。男子无养其妻之资力，则不宜结婚。既婚而困其妻于饥寒之中，则失为夫者之本务矣。

夫之本务

女子之知识才能，大抵逊于男子，又以专司家务，而社会间之阅历，亦较男子为浅。故妻子之于夫，苟非受不道之驱使，不可以不顺从。而贞固不渝，忧乐与共，则皆为妻者之本务也。夫倡妇随，为人伦自然之道德，夫为一家之主，而妻其辅佐也，主辅相得，而家政始理。为夫者，必勤业于外，以赡其家族；为妻者，务整理内事，以辅其夫之所不及，是各因其性质之所近而分任之者。

妻之本务

男女平权之理，即在其中，世之持平权说者，乃欲使男女均立于同等之地位，而执同等之职权，则不可通者也。男女性质之差别，第观于其身体结构之不同，已可概见：男子骨骼伟大，堪任力役，而女子则否；男子长于思想，而女子锐于知觉；男子多智力，而女子富感情；男子务进取，而女子喜保守。

男女性质不同

是以男子之本务，为保护，为进取，为劳动；而女子之本务，为辅佐，为谦让，为巽顺，是刚柔相剂之理也。

刚柔相济

生子以后，则夫妇即父母，当尽教育之职，以绵其家族之世系，而为社会、国家造成有为之人物。子女虽多，不可有所偏爱且必预计其他日对于社会、国家之本务，而施以相应之教育。以子女为父母所自有，而任意虐遇之，或骄纵之者，是社会、国家之罪人，而失父母之道者也。

【译文】

国家的基础在于家庭，而家庭的基础在于夫妻。夫妻和睦，往小里说，是一个家庭的幸福，往大里说，可以让国家变得富强起来。古人所说的人与人之间关系的起点，道德风化的开始，就是指夫妻之间的关系。

夫妻本来并没有骨肉相连的亲缘关系，但在一起生活之后，同甘共苦，彼此间的幸福和祸患又都共同承受，于是变成一辈子都不离不弃的伴侣。而人生的幸福，就在于夫妻之间的情投意合。既然这样，那么丈夫爱惜妻子，妻子顺从丈夫，从而互相维持亲密的情谊，就是理所当然的事情了。如果夫妻关系不和谐，那么家庭的道德就失去了维系的基础，其他所谓孝顺父母、尊敬兄长、忠于国家、取信于朋友等道德的标准，就更加没有希望实现了，而一个国家的道德水准，也就由此而消沉了。

互相喜爱，是夫妻间最重要的情谊。抛弃一己私利，互相表达爱意，成全对方的愿望，这是夫妻的意义所在，也是人生极为宝贵的感情。有了这份感情，即便处于困苦和磨难之中，只要与爱人有感情共鸣，相互抚慰，也会别有一番快乐。否则，当感情转淡，厌恶嫉妒的念头就会出现，表面上是夫妻，实则形同路人，这样一来，就算天天享受锦衣玉食，又怎么能得到幸福人生的真正乐趣呢？

夫妻之间的关系如此重要，那么在双方婚配开始，举行婚礼之前的阶段，怎么可以不谨慎对待呢！这关系着男女的一生是幸福还是痛苦，因为一旦共同生活，就终生都难以改变了。即便不得已而离婚，那也是人生的一大不幸，而且彼此也会留下永难抚平的精神创伤。人生可悲的事情，没有比这个更大的了。

婚姻的开始，必定来自于纯粹的爱情。以财产和容貌为选择标准的婚姻，不可能得到长久的幸福。这是因为财产的聚散变化不定，而容貌则会随着年龄的增长而逐渐衰老。以这两个标准来衡量爱情，其实质可想而知。纯粹的爱情，是不会随着境遇的变迁而改变的。

什么是纯粹的爱情呢？它源于品性。男子选妻，一定要选择品性温顺善良、坚贞端庄的；女子择夫，则一定要选择明白事理、忠厚老实的。这样的夫妻才能互信互爱，共同组成一个幸福美满的家庭。

既然共同组成了一个家庭，那么夫妻就不能不分工合作。男人和女人的天性本来就有一定的差别：男人在体力上比较强，而且性格也比较刚强坚毅；而女人的体力相对比较弱，而且性格也比较温顺体贴。因此，做丈夫的，应该尽力保护自己的妻子，不要让她的生命受到伤害，不要让她的身体过度劳累，并且给她提供一定的日用开销。一个男人，如果没有养护妻子的能力，就不应该结婚。既然选择结婚，却又让妻子处于饥寒之中，那么他在丈夫这个岗位上就可以说是失职了。女人的知识和才能，常常比男人略逊一筹，再加上专门掌管家务，导致社会经验也比男人要浅薄一些。因此，妻子对于丈夫，除了违背道义的命令之外，不能不顺从丈夫的意愿。而守持正道、坚定不移，与丈夫同甘共苦，则是做妻子的义务。妻子顺从丈夫，家庭关系和谐融洽，这是人伦道德的天然准则。丈夫主持大局，妻子辅助丈夫，两人相辅相成，家政才能理顺。做丈夫的，一定要在外面勤奋工作来养家糊口；做妻子的，一定要整理好内务，帮助丈夫处理力所不及的事情，这是根据各自品性的特点而做的责任划分。

男女平等的道理，也隐含在里面。有些人主张两性权利对等，要求让男女处于完全相同的地位，并掌握相同的责任和权力，这在道理上就说不通了。男女品性的差别，只要观察他们身体结构的差异就可以大概知道：男人的骨骼粗大，适合承担体力劳动，而女人则不适合；男人善于思考，而女人感觉敏锐；男人以智力优越见长，而女人以感情丰富著称；男人勇于进取，而女人相对保守。因此男人的义务，在于保护，在于进取，在于劳作；而女人的义务，在于辅助，在于谦让，在于顺从，这是刚强与柔顺相互弥补的道理。

生育孩子之后，夫妻就变成了父母，应该尽到教育子女的责任，以延续家族世系的血脉，并为社会和国家塑造有用的人才。如果生养的子女较多，则要小心一定不能在主观上有所偏爱，而且要从长远的角度来考虑他们长大以后，对于社会和国家应尽的义务，而尽量给予相应的教育。如果把子女当成自己的私有财产，而肆意地虐待他们，或放任他们，那可就成了社会和国家的罪人，也没有尽到自己为人父母的责任。

第五节　兄弟姊妹

兄弟姊妹之情

有夫妇而后有亲子，有亲子而后有兄弟姊妹。兄弟姊妹者，不惟骨肉关系，自有亲睦之情，而自其幼时提挈于父母之左右。食则同案，学则并几，游则同方，互相扶翼，若左右手然，又足以养其亲睦之习惯。故兄弟姊妹之爱情，自有非他人所能及者。

兄弟姊妹之爱情，亦如父母夫妇之爱情然，本乎天性，而非有利害得失之计较，杂于其中。是实人生之至宝，虽珠玉不足以易之，不可以忽视而放弃者也。是以我之兄弟姊妹，虽偶有不情之举，我必当宽容之，而不遽加以责备，常有因彼我责善，而伤手足之感情者，是亦不可不慎也。

兄弟姊妹之情不以异业异居而改

盖父母者，自其子女视之，所能朝夕与共者，半生耳。而兄弟姊妹则不然，年龄之差，远逊于亲子，休戚之关，终身以之。故兄弟姊妹者，一生之间，当无时而不以父母膝下之情状为标准者也。长成以后，虽渐离父母，而异其业，异其居，犹必时相过从，祸福相同，忧乐与共，如一家然。即所居悬隔，而岁时必互通音问，同胞之情，虽千里之河山，不能阻之。远适异地，而时得见　爱者之音书，实人生之至乐。回溯畴昔相依之状、预计他日再见之期，友爱之情，有油然不能自已者矣。

弟妹之道

兄姊之年，长于弟妹，则其智识经验，自较胜于幼者，是以为弟妹者，当视其兄姊为两亲之次，遵其教训指导而无敢违。

兄姊之道

虽在他人，幼之于长，必尽谦让之礼，况于兄姊耶？为兄姊者，于其弟妹，亦当助父母提撕劝戒之责，毋得挟其年长，而以暴慢恣睢之行施之。

兄弟姊妹不和则伤父母之心

浸假兄姊凌其弟妹，或弟妹慢其兄姊，是不啻背于伦理，而彼此交受其害，且因而伤父母之心，以破一家之平和，而酿社会、国家之隐患。

家族不和国家亦受其害

家之于国，如细胞之于有机体，家族不合，则一国之人心，必不能一致，人心离畔，则虽有亿兆之众，亦何以富强其国家乎？

兄弟贵于财产

昔西哲苏格拉底，见有兄弟不睦者而戒之曰："兄弟贵于财产。何则？财产无感觉，而兄弟有同情，财产赖吾人之保护，而兄弟则保护吾人者也。凡人独居，则必思群，何独疏于其兄弟乎？且兄弟非同其父母者耶？"不见彼禽兽同育于一区者，不尚互相亲爱耶？而兄弟顾不互相亲爱耶？其言深切著明，有兄弟者，可以鉴焉。

兄姊举动不可不慎

兄弟姊妹，日相接近，其相感之力甚大。人之交友也，习于善则善，习于恶则恶。兄弟姊妹之亲善，虽至密之朋友。不能及焉，其习染之力何如耶？凡子弟不从父母之命，或以粗野侮慢之语对其长者，率由于兄弟姊妹间，素有不良之模范。

故年长之兄姊，其一举一动，悉为弟妹所属目而摹仿，不可以不慎也。

兄弟对姊妹之本务

兄弟之于姊妹，当任保护之责，盖妇女之体质既纤弱，而精神亦毗于柔婉，势不能不倚于男子。如昏夜不敢独行；即受谗诬，亦不能如男子之慷慨争辨，以申其权利之类是也。故姊妹未嫁者，助其父母而扶持保护之，此兄弟之本务也。

而为姊妹者，亦当尽力以求有益于其兄弟。少壮之男子，尚气好事，往往有凌人冒险，以小不忍而酿巨患者，谏止之

姉妹对兄弟之本务

父母既没兄弟姉妹相待之道

力，以姉妹之言为最优。盖女子之情醇笃，而其言尤为蕴藉，其所以杀壮年之客气者，较男子之抗争为有效也。

兄弟姉妹能互相扶翼，如是，则可以同休戚而永续其深厚之爱情矣。不幸而父母早逝，则为兄姉者，当立于父母之地位，而抚养其弟妹。当是时也，弟妹之亲其兄姉，当如父母，盖可知也。

【译文】

先有夫妻，然后才有亲子关系；先有亲子关系，然后才有兄弟姐妹。兄弟姐妹之间，不只是有骨肉同胞的关系，还在于有一种亲厚和睦的感情。在同一张餐桌上吃饭，在同一张书桌上学习，常常去同一个地方游玩，而且不管什么事情都会互相帮忙，好比左手和右手一样，能够很容易地培养出深厚的感情。所以，兄弟姐妹之间的亲情，自然是旁人所给予不了的。

兄弟姐妹之间的亲情，和父母的夫妻之情一样，都源自人类的天性，而不会有利害得失的计较。这是人生在世最为珍贵的情感，就算珠宝玉石也不可能换得到，没有人可以忽视并且放弃它。因此，我的兄弟姐妹，即便偶尔有违背情理的作为，我也会宽容他，而不会急着责备他。我们常常看到，因为一味地苛责对方要改恶从善，却伤害了手足之情的例子。这是应该特别谨慎的地方。

从子女的角度来看，和父母朝夕相处的时间，大概也就半辈子而已。但是兄弟姐妹之间，因为年龄的差别比亲子之间小很多，共同承担的苦乐与祸福，是伴随终身的事情。所以兄弟姐妹之间的感情，一辈子都要牢记：以在父母膝下时的手足深情为准绳。长大成人以后，虽然各自离开父母，职业和住址都不一样，依然会常来常往，分享各自的忧乐，还像是在家时一样。就算居住之地相隔极为遥远，一年四季也必定要互通音信，联络感情，同胞情谊，虽然山河远隔，也无法阻隔。出门在外，而时常能闻见深爱之人的音信，这真是人生最大的乐趣。回忆从前相依相伴之时，盘算来日再见重逢的日子，友爱之情，定会禁不住油然而生。

兄长和姐姐，年长于弟妹，他们的见识和经验，比年少的弟弟妹妹要丰富。所以做弟弟和妹妹的，应该把兄长和姐姐当做是父母的化身，遵循他们的教导不要违背。一般情况下，年少者对于别的年长者，都应该知道要谦让，何况是自己的兄长和姐姐呢？做兄长和姐姐的，对于弟弟妹妹，也应该协助自己的父母尽到提携的责任，不能凭借自己年长，就肆意欺压弟弟和妹妹。兄长和姐姐欺凌弟弟妹妹，或者弟弟妹妹轻慢兄长和姐姐，这都无异于违背伦理，而使双方都因此受到伤害，同时也伤了父母的心，破坏了家庭的和睦，甚至造成社会和国家的潜在隐患。家庭对于国家来说，好比是细胞对于有机体一样。家庭不和睦，那么国家的民心必然就不能一致；民心离散，那么就算有亿兆的人民，又怎么能让国家富强起来呢？

西方著名的哲人苏格拉底，看到兄弟不和睦的人，便告诫他们说："兄弟比财产更加宝贵。为什么呢？财产没有知觉，而兄弟间有感情；财产需要我们的保护，而兄弟却能保护我们。一个独居的人，必定会想念伙伴；怎么反倒会与自己的兄弟疏远呢？难道兄弟不是同样的父母所养育的吗？一起哺育长大的禽兽之间，都会有友爱之情，难道兄弟却不能相亲相爱？"他的话感情深切，言简意赅，每个有兄弟的人，都值得借鉴。

因为能够天天亲近，所以兄弟姐妹之间互相感化的力量很强。人们结交朋友，往往会被其同化，亲近良友会变得善良，亲近品行恶劣的人会变得邪恶。兄弟姐妹的亲近，即便是最亲密的朋友也不能相比，他们之间的同化力得有多大？凡是子女弟妹不遵从父母的教导，或粗野傲慢地对待年长者的，通常都是受兄弟姐妹之中的不良榜样所影响。所以说，年长的兄长和姐姐，他们的一举一动，都会受到年幼的弟弟妹妹的关注和模仿，不能不谨慎啊。

兄弟对于姐妹，应该起到保护的职责；这是因为女性的体质生来纤弱，气质也比较柔婉，所以不得不依靠于男人。比如黑夜时不敢独自行走；受到别人的诬陷，也不能像男人一样争辩，以维护自身的权利等。所以，对于还没有出嫁的姐妹，一定要帮助父母去扶持和保护，这是做兄弟的应尽的责任。而作为姐妹的，也应该尽力为兄弟做有益的事情。少壮的男子，血气方刚，喜欢意气用事，常常会想要压倒别人而去冒险争斗，因为小事不忍耐而酿成大祸。而想要劝诫阻止他们，姐妹的话是最有效的。这是因为女性的感情敦厚诚笃，她们说话时常常比较宽和、包容。所以，让她们来消减兄弟心中的邪气，会比别的男子去硬性阻止要更加有效。兄弟姐妹互相扶持帮助，这样一来，就可以共同分享人生中的苦乐祸福，并永远保持相互之间的深厚情谊了。

如果不幸父母早逝，那么，做兄长和姐姐的，应该自觉地代替行使父母的职责，抚养弟弟和妹妹长大成人。这个时候，弟弟和妹妹对于兄长和姐姐的亲近爱戴，应该就像对待自己的父母一样，这是可想而知的。

第六节　族戚及主仆

家　族

家族之中，既由夫妇而有父子，由父子而有兄弟姊妹，于是由兄弟之所生，而推及于父若祖若曾祖之兄弟，及其所生之子若孙，是谓家族。

姻　戚

且也，兄弟有妇，姊妹有夫，其母家婿家，及父母以上凡兄弟之妇之母家，姊妹之婿家，皆为姻戚焉。

处族戚之道

既为族戚，则溯其原本，同出一家，较之无骨肉之亲，无葭莩之谊者，关系不同，交际之间，亦必视若家人，岁时不绝音问，吉凶相庆吊，穷乏相赈恤，此族戚之本务也。天下滔滔，群以利害得失为聚散之媒，而独于族戚间，尚互以真意相酬答，若一家焉，是亦人生之至乐也。

人之于邻里，虽素未相识，而一见如故。何也？其关系密

族戚之关系 也。至于族戚，何独不然。族戚者，非惟一代之关系，而实祖宗以来历代之关系，即不幸而至流离颠沛之时，或朋友不及相救，故旧不及相顾，当此之时，所能援手者，非族戚而谁？然则平日之宜相爱相扶也明矣。

主仆之关系 仆之于主，虽非有肺腑之亲，然平日追随既久，关系之密切，次于家人，是故忠实驯顺者，仆役之务也；恳切慈爱者，主人之务也。

仆役之本务 为仆役者，宜终始一心，以从主人之命，不顾主人之监视与否，而必尽其职，且不以勤苦而有怏怏之状。同一事也，怡然而为之，则主人必尤为快意也。若乃挟诈慢之心以执事，甚或讦主人之阴事，以暴露于邻保，是则不义之尤者矣。

主人之本务 夫人莫不有自由之身体，及自由之意志，不得已而被役于人，虽有所取偿，然亦至可悯矣。是以为主人者，宜长存哀矜之心，使役有度，毋任意斥责，若犬马然。至于仆役佣资，即其人沽售劳力之价值，至为重要，必如约而畀之。夫如是，主人善视其仆役，则仆役亦必知感而尽职矣。

仆役与子女之关系 仆役之良否，不特于一家之财政有关，且常与子女相驯。苟品性不良，则子女辄被其诱惑，往往有日陷于非僻而不觉者。故有仆役者，选择不可不慎，而监督尤不可不周。自昔有所谓义仆者，常于食力以外，别有一种高尚之感情，与其主家相关系焉。或终身不去，同于家人，或遇其穷厄，艰苦共尝而怨，或以身殉主自以为荣。有是心也，推之国家，可以为忠良之国民，虽本于其天性之笃厚，然非其主人信爱有素，则亦不足以致之。

【译文】

　　家族里面，由夫妻而衍生亲子关系，由亲子关系而衍生兄弟姐妹，然后又由兄弟的出生，可以推及祖父、曾祖父的兄弟，以及他们所生的子孙，这就是家族。而且，兄弟中又都各有妻子，姐妹中也各有丈夫，他们的母家、夫家，以及父母以上各兄弟的妻子的母家，各姐妹所嫁的婿家，都是姻戚。既然是族人的亲戚，那么寻宗问祖，论其本源，总是一家人，和没有亲缘关系、缺乏深厚交情的人就大不相同了，交往的时候，必然会亲如一家人，常常互通音信，碰到好事或坏事，也都会互相祝贺或吊唁，如有生活艰难的也必然要互相接济，这都是族戚之间遵行不悖的道理。人海茫茫，大多数人都把利害得失作为交往时亲近疏远的标准，只有族戚之间才能真心实意地互相报答，亲若一家，这也是人生在世的一大乐趣。

邻里之间，就算素不相识的人，也会一见如故。为什么？因为关系密切啊。更不用说家族和姻戚，不只是一代人的关系，而是祖上几代延续下来的亲密关系。若一旦遭遇不幸而导致生活颠沛流离时，朋友或许来不及帮助，旧交或许也未能顾及，这时候能够施予援手的，除了家族和姻戚之外，还能有谁？既然这样，那么族戚之间平时应该互助互爱的道理就不言自明了。

仆人对于主人，虽然没有血缘之亲，但由于平日追随身边的时间特别长，这种关系的密切程度仅次于家人，所以，忠诚、顺从，是仆人的本分；恳切、慈爱，是主人的义务。

做仆人的，应该始终如一，以遵从主人的意思为要务，不管主人是否监视他，都要严谨地履行自己的职责，并且不应该因为辛苦而萌生不满意的情绪。同样的事情，高高兴兴地去做，那么主人一定会感到称心如意。如果带着欺骗和怠慢的心态做事，甚至攻击主人，把他的秘密暴露在外人面前，那就是极为不道义的事情了。

每个人都拥有自由的身体和自由的意志。不得已而受雇服务于他人，虽然也能得到一些报酬，但也算是值得同情。因此，做主人的，应该心存哀怜之意，使唤有度，不能任意斥责，将他当成畜生一样。至于受佣者的酬劳——也就是他出售劳力的价值，是最为重要的事情，一定要按约定来给予。只要主人善待仆人，那么仆人必然也会感恩尽责。

仆人是否良善，不但对于家庭的财政很重要，而且对子女的成长也有很大影响。如果仆人的品行不端正，那么子女就很容易受其蛊惑，变得越来越邪恶而不自知。所以使用仆人的家庭，不能不慎重选择，而且，恰当的监督也是不可缺少的。

　　古代有一种义仆，除了一身力气之外，和主人之间常常还有一种高尚的感情。有的终身都不离开主人，亲如一家；有的在主人穷困背运时，仍然不离不弃，同舟共济；有的甚至愿意为主人去死，并为此而感到光荣。有这种精神的人，从国家的角度来看，一定是忠诚善良的国民。这虽然源于仆人本性的善良，但如果不是主人充分的信任和爱护，也是不可能达到的。

第三章 社会

第一节 总论

社　会

凡趋向相同利害与共之人，集而为群，苟其于国家无直接之关系，于法律无一定之限制者，皆谓之社会。是以社会之范围，广狭无定，小之或局于乡里，大之则亘于世界，如所谓北京之社会，中国之社会，东洋之社会，与夫劳工社会，学者社会之属，皆是义也。人生而有合群之性，虽其种族大别，国土不同者，皆得相依相扶，合而成一社会，此所以有人类社会之道德也。

国　家

然人类恒因土地相近种族相近者，建为特别之团体，有统一制裁之权，谓之国家，所以弥各种社会之缺憾，而使之互保其福利者也。故社会之范围，虽本无界限，而以受范于国家者为最多。盖世界各国，各有其社会之特性，而不能相融，是以言实践道德者，于人类社会，固有普通道德，而于各国社会，则又各有其特别之道德，是由于其风土人种习俗历史之差别而生者，而本书所论，则皆适宜于我国社会之道德也。

人之组织社会，与其组织家庭同，而一家族之于社会，则亦犹一人之于家族也。人之性，厌孤立而喜群居，是以家族之结合，终身以之。而吾人喜群之性，尚不以家族为限。向使局处家庭之间，与家族以外之人，情不相通，事无与共，则此一家者，无异在穷山荒野之中，而其家亦乌能成立乎？

盖人类之体魄及精神，其能力本不完具，非互相左右，则驯至不能生存。以体魄言之，吾人所以避风雨寒热之苦，御猛兽毒虫之害，而晏然保其生者，何一非社会之赐？

以精神言之，则人苟不得已而处于孤立之境，感情思想，一切不能达之于人，则必有非常之苦痛，甚有因是而病狂者。盖人之有待于社会，如是其大也。且如语言文字之属，凡所以保存吾人之情智而发达之者，亦必赖社会之组织而始存。然则一切事物之关系于社会，盖可知矣。

夫人食社会之赐如此，则人之所以报效于社会者当如何乎？曰：广公益，开世务，建立功业，不顾一己之利害，而图社会之幸福，则可谓能尽其社会一员之本务者矣。盖公尔忘私之心，于道德最为高尚，而社会之进步，实由于是。故观于一社会中志士仁人之多寡，而其社会进化之程度可知也。使人人持自利主义，而漠然于社会之利害，则其社会必日趋腐败，而人民必日就零落，卒至人人同被其害而无救，可不惧乎？

社会之上，又有统一而制裁之者，是为国家。国家者，由独立之主权，临于一定之土地、人民，而制定法律以统治之者也。

（侧栏）喜群之性不以家族为限　体魄与社会之关系　精神与社会关系　报效社会　国家与社会之关系

凡人既为社会之一员，而持社会之道德，则又为国家之一民，而当守国家之法律。盖道德者，本以补法律之力之所不及；而法律者，亦以辅道德之功之所未至，二者相须为用。苟悖于法律，则即为国家之罪人，而决不能援社会之道德以自护也。惟国家之本领，本不在社会，是以国家自法律范围以外，决不干涉社会之事业，而社会在不违法律之限，亦自有其道德之自由也。

道德与法律

人之在社会也，其本务虽不一而足，而约之以二纲，曰公义；曰公德。

公义者，不侵他人权利之谓也。我与人同居社会之中，人我之权利，非有迳庭，我既不欲有侵我之权利者，则我亦决勿侵人之权利。人与人互不相侵，而公义立矣。吾人之权利，莫重于生命财产名誉。

公 义

生命者一切权利之本位，一失而不可复，其非他人之所得而侵犯，所不待言。

生 命

财产虽身外之物，然人之欲立功名享福利者，恒不能徒手而得，必有借于财产。苟其得之以义，则即为其人之所当保守，而非他人所能干涉者也。

财 产

名誉者，无形之财产，由其人之积德累行而后得之，故对于他人之逸诬污蔑，亦有保护之权利。是三者一失其安全，则社会之秩序，既无自而维持。是以国家特设法律，为吾人保护此三大权利。而吾人亦必尊重他人之权利，而不敢或犯。固为谨守法律之义务，抑亦对于社会之道德，以维持其秩序者也。

名 誉

虽然，人仅仅不侵他人权利，则徒有消极之道德，而未足以尽对于社会之本务也。对于社会之本务，又有积极之道德，博爱是也。

博爱者，人生最贵之道德也。人之所以能为人者以此。苟其知有一身而不知有公家，知有一家而不知有社会，熟视其

博 爱

同胞之疾苦颠连，而无动于中，不一为之援手，则与禽兽奚择焉？世常有生而废疾者，或有无辜而罹缧绁之辱者，其他鳏寡孤独，失业无告之人，所在多有，且文化渐开，民智益进，社会之竞争日烈，则贫富之相去益远，而世之素无凭借、因而沉沦者，与日俱增，此亦理势之所必然者也。而此等沉沦之人，既已日趋苦境，又不敢背戾道德法律之束缚，以侵他人之权利，苟非有赈济之者，安得不束手就毙乎？夫既同为人类，同为社会之一员，不忍坐视其毙而不救，于是本博爱之心，而种种慈善之业起焉。

博爱可以尽公德乎？未也。赈穷济困，所以弥缺陷，而非所以求进步；所以济目前，而非所以图久远。夫吾人在社会中，决不以目前之福利为已足也，且目前之福利，本非社会成立之始之所有，实吾辈之祖先，累代经营而驯致之，吾人既已沐浴祖先之遗德矣，顾不能使所承于祖先之社会，益臻完美，以遗诸子孙，不亦放弃吾人之本务乎？

图公益开世务

是故人在社会，又当各循其地位，量其势力，而图公益，开世务，以益美善其社会。苟能以一人而造福于亿兆，以一生而遗泽于百世，则没世而功业不朽，虽古之圣贤，蔑以加矣。

夫人既不侵他人权利，又能见他人之穷困而救之，举社会之公益而行之，则人生对于社会之本务，始可谓之完成矣。吾请举孔子之言以为证，孔子曰："己所不欲，勿施于人。"又曰："己欲立而立人，己欲达而达人。"是二者，一则限制人，使不可为；一则劝导人，使为之。一为消极之道德；一为积极之道德。

公义公德不可偏废

一为公义；一为公德，二者不可偏废。我不欲人侵我之权利，则我亦慎勿侵人之权利，斯己所不欲勿施于人之义也。我而穷也，常望人之救之，我知某事之有益于社会，即有益于我，而力或弗能举也，则望人之举之，则吾必尽吾力所能及，以救穷人而图公益，斯即欲立而立人欲达而达人之义也。

二者，皆道德上之本务，而前者又兼为法律上之本务。人而
仅欲不为法律上之罪人，则前者足矣，如欲免于道德上之罪，
又不可不躬行后者之言也。

【译文】

兴趣和利益一致的人，会自动集合成一个群体，如果这个群体和国家没有直接的关联，而法律上对它也没有明确的限制，就都可以称之为社会。所以社会的范围，大小不定，小则局限于乡村，大则包括整个世界，比如所谓的北京社会、中国社会、东洋社会，以及劳工社会、学者社会等，都是这个意思。人类天生就有合群的本性，即便是种族大不相同，国土也各不相同，都可以互相依靠，聚合成为一个社会，这就是人类社会道德的由来。但是，人类常常因为土地与种族相接近，而组成特别的团体，并给予统一管制与惩处的权利，这就是所谓的国家。其目的是为了弥补各种社会的缺憾，使它们能够互相保护彼此的利益。所以，社会的范围虽然本来没有界限，但却以国家为界限的最多。因为世界各国都各有其社会特性，而不能相互融合，所以说，关于道德的实践，对人类社会来说有普通的道德，而对于各国而言，又各有其特别的道德观念，这是由于风土、种族、习俗、历史等方面的差别而产生的。本书所说的，都是适宜于我国社会的道德。

社会组织和家庭组织一样，而一个家庭对于社会来说，就像是一个人对于家族一样。人类的本性是厌恶孤立而喜欢群居的，所以会结合成家族，并终身仰赖它。而我们人类喜欢群居的本性，还不仅仅以家族为限。如果使这个本性局限于家庭之内，又与家族以外的人在情感上不相互交流，事业上不相处共事，那么这个家庭无异于处在荒山野岭之中，而这样的家庭怎么可能存在呢？

人类的身体和精神的能力，本来就不是非常完美，没有相互协助，就无法长久地生存下去。从体格上来说，我们能够躲避风雨冷热的侵袭，防御毒虫猛兽的危害，而安然保全自己的性命，哪一样不是社会所赐予的呢？就精神上来说，如果一个人被迫处于孤立的地方，思想感情全部不能与人交流，那么他一定会非常痛苦，甚至有可能会生病发狂。人类对社会的需要，是如

此之大，而且像语言文字等所有保存并发展人类的情感与知识的工具，也都是依赖于社会这个组织才会存在，如此，人类所创造的一切事物与社会的关系就可以知道了。

个人享用社会的恩赐是这么的多，那么应该如何去报答社会呢？应该广泛发展公益事业，开拓各种社会事务，建立功业，不顾自己的私利，去图谋社会的幸福，如此就可以说是尽到社会一员的义务了。公而忘私的心理，是最高尚的品德，而社会的进步，也实在是由于这个原因。所以，只要观察一个社会中仁人志士的多寡，其进步程度也就可以知道了。假使人人坚持自利主义，而对社会上的利害漠然处之，那么社会一定会一天天的腐败，而人民也一定会一天天的稀疏，终致人人都被自利主义所害而无法得救，能不害怕吗？

社会上还有统一管制惩处的组织，这就是国家。国家具有独立的主权，治理着一定的土地和人民，并且制定法律来统一治理。既然作为社会的一员，要遵循社会的道德，那么作为国家的一员，自然也应该遵守国家的法律。道德本来是用来弥补法律上的漏洞的，而法律也是用来辅助道德的缺陷的，两者相互支持。如果违犯法律，就是国家的罪人，而决不能引用社会道德来保护自己。国家的职能本来就不是针对社会的，所以，国家在法律的范围之外，决不应该干涉社会上的事业，而社会在不违反法律的情况下，也有其道德上的自由。

个人在社会上的义务虽然无法列举齐全，但是基本上可以概括为两类：一个是公义，另一个是公德。

公义，就是不侵犯他人权利的意思。我们和他人共同居住在社会之中，他人和我们的权利并没有什么差别，我不想有人侵犯我的权利，故而我也决不会去侵犯他人的权利。人与人互不相侵，那么公义就成立了。我们的权利，最重要的莫过于生命、财产和名誉。生命是一切权利的主体，一旦失去就无法再得到，不能让别人夺走或侵犯，这是自然的。财产虽然是身外之物，但是人们如果想要建功立业、享受福利，总不能空手得到吧，一定会借重于财产。如果财产是正当所得，那么就是所有者应该合法拥有和掌握的，别人不可以干涉。名誉是一种无形的财产，是所有者通过长时间不断努力积累德行才得到的，所以对于别人的污蔑，也有自我保护的权利。这三者的安全如果没有保障，社会的秩序就无法维持，所以国家特地设立法律为我们保护这三大权利，而我们也要尊重他人的权利，不要有丝毫的侵犯，这样做既小心遵守了法律的义务，也维护了社会道德的秩序。

即使这样，人们仅仅做到了不去侵犯他人的权利，有了消极道德，但这还不算完全履行了对社会的义务。也就是说，个人对社会的义务还包括积极道德，这就是博爱。

博爱是人生最有价值的道德，这也是人之为人的一个标志。如果一个人的心里只知道有自己而不知道有国家，只知道有家庭而不知道有社会，经常看着同胞的穷困疾苦而无动于衷，不去施予援手，那与禽兽有什么分别？世上常有生出来就残废的，或有无辜遭受牢狱羞辱的，还有，没有劳动能力而又没有亲属供养的人，失业无助的人，到处都有。而且文化渐渐开明，人民的知识日益进步，社会的竞争日渐激烈，贫富的差距慢慢加大，而那些因为没有依靠而陷入困境的人，也正一天天地增多，这是大势所趋，实属必然。这些陷入困境的人，一天比一天痛苦，又不敢违背道德与法律的束缚而去侵犯他人的权利，如果没有人来救济他们，不是坐着等死吗？同为人类，同是社会的一员，不愿忍心坐视别人死去而不去拯救，于是人们本着博爱的心，兴起了种种慈善事业。

博爱就可以算是尽到公德了吗？未必。救济穷困，是用来弥补缺憾，而不是用来求得进步的；是用来救济一时的紧急情况，而不是用来图谋长远的发展的。我们处在社会上，决不能以为目前的福利就已经足够了，而是要知道，目前的福利不是一开始就有的，而是经由我们的祖先一代代经营建设才逐渐达到的。我们这些人既然已经沐浴在祖先遗留的恩德中，如果不使我们继承于祖先的社会日益臻于完美，并遗留给我们的子孙，那不就是放弃了我们应尽的义务吗？所以人在社会上，还应当根据自己的地位，估量自己的能力，去图谋社会公益，开拓社会事务，来使社会更加完美。如果能以一个人的能力去造福亿万人民，以一辈子的作为来福泽百世，那么，他过世之后，所创造的功业一定会成为不朽，即便是古代的圣贤，也不可能比他更好了。

一个人活在世上，既要不侵犯他人的权利，又要能看见他人的穷困而去施救，去推动社会的公益事业，那么这一生对于社会应尽的义务，才可以说是完成了。我这里拿孔子的话来作为证明，孔子说："自己不想要的东西，不要强加给别人。"又说："自己立身修德，也帮助别人立身修德。自己成就事业，也帮助别人成就事业。"这两句话，一句用来限制人，要人不可去做；一句是劝导人，要人努力去做。一个是消极道德，一个是积极道德。一个是公义，一个是公德，两者都不可以偏废。我不想别人侵犯我的权利，那么我就要小心不要去侵犯别人的权利，这就是"己所不欲，勿施于人"的意思。如果我穷困了，我也会希望别人来救济我；我知道某件事有益于社会，也就是有益于我，而如果自己的力量还不能做到，就会希望有人能够做到。懂得了其中的道理，我就一定会尽我所能地去救济穷人，去谋划公益的事业。这就是"己欲立而立人，己欲达而达人"的意思，二者都是道德上应尽的义务，而前者又兼为法律上应尽的义务。一个人如果只想避免成为法律上的罪人，那么做到前面那句就够了；但如果想要摆脱道德上的罪过，就不能不认真执行后面的这一句了。

第二节　生命

人之生命，为其一切权利义务之基本。无端而杀之，或伤之，是即举其一切之权利义务而悉破坏之，罪莫大焉。是以杀人者死，古今中外之法律，无不著之。

生命为一切权利义务之基本

人与人不可以相杀伤。设有横暴之徒，加害于我者，我岂能坐受其害？势必尽吾力以为抵制，虽亦用横暴之术而杀之伤之，亦为正当之防卫。正当之防卫，不特不背于严禁杀伤之法律，而适所以保全之也。盖彼之欲杀伤我也，正所以破坏法律，我苟束手听命，以至自丧其生命，则不特我自放弃其权利，而且坐视法律之破坏于彼，而不尽吾力以相救，

正当之防卫

亦我之罪也。是故以正当之防卫而至于杀伤人，文明国之法律，所不禁也。

以正当之防卫，而至于杀伤人，是出于不得已也。使我身既已保全矣，而或余怒未已，或挟仇必报，因而杀伤之，是则在正当防卫之外，而我之杀伤为有罪。盖一人之权利，即以其一人利害之关系为范围，过此以往，则制裁之任在于国家矣。犯国家法律者，其所加害，虽或止一人，而实负罪于全社会。一人即社会之一分子，一分子之危害，必有关于全体之平和，犹之人身虽仅伤其一处，而即有害于全体之健康也。

故刑罚之权，属于国家，而非私人之所得与。苟有于正当防卫之外，而杀伤人者，国家亦必以罪罪之，此不独一人之私怨也，即或借是以复父兄戚友之仇，亦为徇私情而忘公义，今世文明国之法律多禁之。

决斗者，野蛮之遗风也，国家既有法律以断邪正，判曲直，而我等乃以一己之私愤，决之于格斗，是直彼此相杀而已，岂法律之所许乎？且决斗者，非我杀人，即人杀我，使彼我均为放弃本务之人。而求其缘起，率在于区区之私情，且其一胜一败，亦非曲直之所在，而视乎其技术之巧拙，此岂可与法律之裁制同日而语哉？

法律亦有杀人之事，大辟是也。大辟之可废与否，学者所见，互有异同，今之议者，以为今世文化之程度，大辟之刑，殆未可以全废。盖刑法本非一定，在视文化之程度而渐改革之。故昔日所行之刑罚，有涉于残酷者，诚不可以不改，而悉废死刑之说，尚不能不有待也。

因一人之正当防卫而杀伤人，为国家法律所不禁，则以国家之正当防卫而至于杀伤人，亦必为国际公法之所许，盖不待言，征战之役是也。兵凶战危，无古今中外，人人知之，而今之持社会主义者，言之尤为痛切，然坤舆之上，既

正当防卫为不得已

刑罚之权属于国家

决斗之野蛮

征战为国家正当防卫

尚有国界，各国以各图其国民之利益，而不免与他国相冲突，冲突既剧，不能取决于樽俎之间，而决之以干戈，则其国民之躬与兵役者，发枪挥刃，以杀伤敌人，非特道德法律，皆所不禁，而实出于国家之命令，且出公款以为之准备者也。

不与战役之人不可杀伤

惟敌人之不与战役，或战败而降服者，则虽在两国开战之际，亦不得辄加以危害，此著之国际公法者也。

【译文】

人的生命，是一切权利义务的基础。无故杀死或者伤害他人的性命，就是把他的一切权利和义务都破坏掉了，实在是罪过极大。所以，杀人偿命，古今中外的法律，没有不这样规定的。

人与人之间不可以相互杀害，如果有凶横残暴的人要加害我们，我们哪里能坐在那里等着被他们伤害呢？一定会尽我们的力量来抵抗，即使用凶暴的手段杀死或伤害了他们，也是正当防卫。正当防卫，不仅不违背严禁杀伤他人的法律，反而是用来维护这条法律的。因为对方想要杀害我，正是在破坏法律，如果我们顺从他的意愿而不去抵抗，以至于丧失自己的生命，那么我们不仅是放弃了自己的权利，而且也是坐视法律被对方破坏而不尽力挽回，这也是我们的罪过啊。这就是文明国家的法律不禁止正当防卫的原因。

正当防卫以至于杀伤别人是出于迫不得已。假使我们的生命已经保全了，只是因为怒气还没平息，或者因为怀着有仇必报的心理，因而杀伤他人，这就在正当防卫的范围之外了，这是有罪的。这是因为，一个人的权利是以他个人生命的利害关系作为界限的，超过这个范畴，制裁的权力就在于国家了。违反国家法律的人，他所加害的人或许只有一个，但实际上对全社会来说都是有罪的。每个人都是社会的一分子，他的危害，都会关系到整个社会的平静和谐，这就像人的身体一样，哪怕只伤及了一个很小的部位，对全身的健康来说都会受到影响。所以刑罚的权力是属于国家的，而不是私人可以拥有的。如果有人在正当防卫以外杀伤他人，国家也一定会用刑罚来惩处他，这不仅仅是个人恩怨的问题，如果借着正当防卫的理由而去报父兄或亲友的私仇，也是为了个人私情而抛弃了社会的公义，现代文明国家的法律大多都禁止这么做。

决斗是古代遗留下来的野蛮风俗。既然法律已经可以判断是非曲直，而我们却仍然因为私人怨恨而用野蛮搏斗的方式来解决问题，这是让彼此互相杀害而已，哪里会是法律所允许的呢？而且，决斗不是我去杀人就是别人来杀我，使双方都成为放弃社会责任的人。况且这么做的原因，却只是区区的私人恩怨。如果最终双方一胜一败，也不是因为是非对错的原因，而是取决于他们格斗技巧的好坏，这怎么能和法律的公正制裁相提并论呢？

法律也会杀人，死刑就是。死刑可不可以废除，学者的看法各不相同，当前的看法是认为以现在的文明程度，死刑还不可以全部废除。因为刑法本来就不是固定不变的，而要根据人民的文明程度来渐渐改革。所以，过去所实行的刑罚，其中有一些有过于残酷的，实在不能不改革，但全部废除死刑的说法，还不得不等待将来的进步。

因为个人的正当防卫而杀伤人，这是国家法律没有禁止的，那么，为了国家权利而正当防卫以至于杀人的，也一定会为国际公法所允许，这是肯定的——那就是战争。战争的凶暴危险是古今中外每个人都知道的，而且现在信奉社会主义的人，反对战争的言论更加沉痛深切。但是，地球上既然还有国家间的疆界，那么各国在图谋各自国民的利益时就不免会与其他国家发生矛盾冲突，冲突加剧而且经过谈判仍旧解决不了时，就只能用战争来解决了。如此，那些国家的国民就要亲自参加战争了，挥刀开枪来杀伤敌人，这不仅在道德法律上并不禁止，而且是出于国家的命令，由国家出公款来做准备。只是不参与战争的人和战败投降的人，即便是在两国开战时期，也不能随便加以伤害，这是写在国际公法上的。

第三节　财产

夫生命之可重，既如上章所言矣。然人固不独好生而已，必其生存之日，动作悉能自由，而非为他人之傀儡，则其生始为可乐，于是财产之权起焉。盖财产者，人所辛苦经营所得之，于此无权，则一生勤力，皆为虚掷，而于己毫不相关，生亦何为？且人无财产权，则生计必有时不给，而生命亦终于不保。故财产之可重，次于生命，而盗窃之罪，次于杀伤，亦古今中外之所同也。

财产之重次于生命

财产之可重如此，然而财产果何自而始乎？其理有二：曰先占；曰劳力。

有物于此，本无所属，则我可以取而有之。何则？无主之物，我占之，而初非有妨于他人之权利也，是谓先占。

先　占

先占者，劳力之一端也。田于野，渔于水，或发见无人之地而占之，是皆属于先占之权者，虽其事难易不同，而无一不需乎劳力。故先占之权，亦以劳力为基本，而劳力即为一切财产权所由生焉。

先占以劳力为基本

凡不待劳力而得者，虽其物为人生所必需，而不得谓之财产。如空气弥纶大地，任人呼吸，用之而不竭，故不可以为财产。至于山禽野兽，本非有畜牧之者，故不属于何人，然有人焉捕而获之，则得据以为财产，以其为劳力之效也。其他若耕而得粟，制造而得器，其须劳力，便不待言，而一切财产之权，皆循此例矣。

财产权

财产者，所以供吾人生活之资，而俾得尽力于公私之本务者也。而吾人之处置其财产，且由是而获赢利，皆得自由，是之谓财产权。财产权之确定与否，即国之文野所由分也。

盖此权不立，则横敛暴夺之事，公行于社会，非特无以保秩序而进幸福，且足以阻人民勤勉之心，而社会终于堕落也。财产权之规定，虽恃乎法律，而要非人人各守权限，不妄侵他人之所有，则亦无自而确立，此所以又有道德之制裁也。

财产蓄积之权　人既得占有财产之权，则又有权以蓄积之而遗赠之，此自然之理也。蓄积财产，不特为己计，且为子孙计，此亦人情敦厚之一端也。苟无蓄积，则非特无以应意外之需，所关于己身及子孙者甚大，且使人人如此，则社会之事业，将不得有力者以举行之，而进步亦无望矣。

财产遗赠之权　遗赠之权，亦不过实行其占有之权。盖人以己之财产遗赠他人，无论其在生前，在死后，要不外乎处置财产之自由，而家产世袭之制，其理亦同。盖人苟不为子孙计，则其所经营积蓄者，及身而止，无事多求，而人顾毕生勤勉，丰取啬用，若不知止足者，无非为子孙计耳。使其所蓄不得遗之子孙，则又谁乐为勤俭者？此即遗财产之权之所由起，而其他散济戚友捐助社会之事，可以例推矣。

财产权之所由得，或以先占，或以劳力，或以他人之所遗赠，虽各不同，而要其权之不可侵则一也。是故我之财产，不愿为他人所侵，则他人之财产，我亦不得而侵之，此即对于财产之本务也。

关于财产之本务有四，一曰，关于他人财产直接之本务；二曰，关于贷借之本务；三曰，关于寄托之本务；四曰，关于市易之本务。

诱取财物　盗窃之不义，虽三尺童子亦知之，而法律且厉禁之矣。然以道德衡之，则非必有穿窬劫掠之迹，而后为盗窃也。以虚伪之术，诱取财物，其间或非法律所及问，而揆诸道德，其罪亦同于盗窃。

又有貌为廉洁，而阴占厚利者，则较之盗窃之辈，迫于饥寒而为之者，其罪尤大矣。

人之所得，不必与其所需者，时时相应，于是有借贷之法，有无相通，洵人生之美事也。而有财之人，本无必应假贷之义务，故假贷于人而得其允诺，则不但有偿还之责任，而亦当感谢其恩意。且财者，生利之具，以财贷人，则并其贷借期内可生之利而让之，故不但有要求偿还之权，而又可以要求适当之酬报。而贷财于人者，既凭借所贷，而享若干之利益，则割其一部分以酬报于贷我者，亦当尽之本务也。惟利益之多寡，随时会而有赢缩，故要求酬报者，不能无限。

世多有乘人困迫，而胁之以过当之息者，此则道德界之罪人矣。至于朋友亲戚，本有通财之义。有负债者，其于感激报酬，自不得不引为义务，而以财贷之者，要不宜计较锱铢，以流于利交之陋习也。

凡贷财于人者，于所约偿还之期，必不可以不守。也或有仅以偿还及报酬为负债者之本务，而不顾其期限者，此谬见也。例如学生假师友之书，期至不还，甚或转假于他人，则驯致不足以取信，而有书者且以贷借于人相戒，岂非人己两妨者耶？

受人之属而为之保守财物者，其当慎重，视己之财物为尤甚，苟非得其人之预约，及默许，则不得擅用之。自天灾时变非人力所能挽救外，苟有损害，皆保守者之责，必其所归者，一如其所授，而后保守之责为无忝。至于保守者之所费，与其当得之酬报，则亦物主当尽之本务也。

人类之进化，由于分职通功，而分职通功之所以行，及基本于市易。故市易者，大有造于社会者也。然使为市易者，于货物之精粗，价值之低昂，或任意居奇，或乘机作伪，以为是本非法律所规定也，而以商贾之道德绳之，则其事已谬。且目前虽占小利而顿失其他日之信用，则所失正多。西谚曰：正直者，上乘之策略。洵至言也。

人于财产，有直接之关系，自非服膺道义恪守本务之人，

正直

鲜不为其所诱惑，而不知不觉，躬犯非义之举。盗窃之罪，律有明文，而清议亦复綦严，犯者尚少。至于贷借寄托市易之属，往往有违信背义，以占取一时之利者，斯则今之社会，不可不更求进步者也。夫财物之当与人者，宜不待其求而与之，而不可取者，虽见赠亦不得受，一则所以重人之财产，而不敢侵，一则所以守己之本务，而无所歉。人人如是，则社会之福利，宁有量欤？

【译文】

生命的重要性，在上一章已经说明。但是，人当然不仅仅只是爱惜生命而已，一定要在活着的时候，能够行动自由，不受别人操纵，这样的生存才有快乐可言，这是财产权产生的原因。财产是人辛苦经营所得来的，如果不能拥有对它的权利，那么人一生的努力都是白费，辛苦得来的一切却和自己毫不相关，活着还有什么意义呢？而且人没有财产权，那么生活必然就无法满足，最后连生命都不能保全。所以，财产的重要性仅次于生命，而盗窃罪也仅次于杀伤人的罪，这是古今中外都相同的。

财产是这么的重要，那么财产究竟是怎样产生的呢？它的来源有两个：一个是先占，一个是劳力。

如果这里有一件物品，本来没有归属，那么，我就可以拿走并拥有它。为什么？这是因为，我占有了无主物品的这个行为，并没有妨碍到他人的权利，这就是先占。

先占是劳动获得的一种，在土地上耕种，在水里捕鱼，或者发现没有人的土地而去占有，这都属于先占的权利，虽然这些事情的难易程度有所不同，却没有不需要劳动的，所以先占的权力也是以劳动为基础的，而劳动就是一切财产权产生的原因。

那些不用劳动就能得到的物品，就算是人们生存所必需的，也不能算是财产。比如大地之上弥漫的空气，任人呼吸，用之不竭，所以不可以当做财产。至于像山禽野兽，并没有畜养或放牧的人，不属于任何人，但是，如果有人捕获它们，就可以将它们占据为自己的财产，因为这是劳动的结果。其他像耕种而得的谷物，通过制造得到的物品，都必须通过劳动才能获取，这是不用说就知道的。因而所有的财产权，都是遵循这个原理而产生的。

财产提供给我们生活的资料，使我们可以尽力完成公私两方面的义务。而我们想怎样使用自己的财产，包括由此而获利，都是自由的，这就是所谓的财产权。财产权是否明确，是一个国家文明与野蛮的分界。这是因为，如果财产权不确立，那么横征暴敛、暴力掠夺的事件就会肆意盛行，这么一来，不仅无法安定社会秩序进而达到幸福，而且也必然会打击人民勤勉生活的心理，最终使社会衰落下去。

财产权的规定虽然有赖于法律，但如果不是人人都遵守各自的权限，不随意侵犯他人的财产，就不能确定下来，因此财产权的保护也需要道德的约束。

人既然有得到和拥有财产的权利，那么就有权去积蓄和遗留、赠与自己的财产，这是很自然的道理。积蓄财产不仅是为自己打算，也是为子孙打算，这是人性宽厚的一种表现。如果没有积蓄，不仅无法应付意外的需要，也极大地关系到自己和子孙的生活，如果人人都这样，那么社会事业也就没有强有力的人可以办理，而社会的进步也就没有希望了。遗留或赠与财产的权利，也不过是实行他拥有的权利而已。这是因为，人用自己的财产遗留、赠与他人，无论在他生前还是死后，都不外乎是自由处置财产的一种表现，而家产的世袭制度，也是这个道理。因为，人如果不为自己的子孙算计，那么他所经营积蓄的财产，够他自己一生的使用也就足够了，何必再去过多地追求。而人一生勤勤勉勉，大量的积蓄却舍不得使用，表面上好像不知满足，其实无非是想为子孙作长远的打算而已。如果个人所积蓄的财产不能遗留给子孙，那么谁会喜欢勤俭呢？这就是人有遗留财产权利的原因，而其他如接济亲友、捐助社会的事情，也是同样的道理。

财产权的来源，或者因为先占有，或者因为劳动，或者因为他人的遗留或馈赠。虽然各不相同，但他们的权利不容侵犯却是一样的。所以，我的财产不愿被他人所侵犯，那么他人的财产我也不会去侵犯，这就是人对于财产的应尽义务。

关于财产，应尽的义务有四个，第一是关于对待他人财产的直接义务，第二是关于借贷关系的义务，第三是关于寄托财产的义务，第四是关于商业买卖的义务。

抢劫和偷窃不符合道义，这是不懂事的小孩子都知道的，而且法律也已经严厉禁止了。但是，用道德来衡量，就并非一定要有偷窃抢劫的事实才可以称作盗窃了。如用虚假的手段骗取他人的财物，这中间可能有法律管制不到的地方，但用道德来衡量，这种罪行还是等同于盗窃。还有貌似廉洁而私底下侵占丰厚利益的，这种人比起那些迫于饥寒而盗窃的人，他们的罪恶更大！

人得到的东西，不一定与他所需要的总是保持一致，于是产生了借贷这种方法，人与人之间互相接济，这实在是人生的美事！但是，有财产的人本来没有借贷给他人的义务，所以，向他人借贷并得到允许后，不但有偿还的责任，还应该感谢他人的恩情。而且财产会衍生产生利益，把财物借给别人，也就把借贷期内的衍生利益一起让给别人了，所以不但有要求偿还的权利，还可以要求适当的报酬。而向别人借用财物的人，既然凭借所借的财物，去享有一些利益，那么割舍其中一部分来酬谢借贷者，也是应尽的义务。只是利益的多少，随时会有所增减，所以，要求回报的人不能毫无限制。世界上常有趁着别人穷困急迫的时候，而要求过高的利息才肯借予的，这是道德上的罪人！至于亲戚朋友，本来就有通用财物的道义。负债者对于借贷者的感激和适当给予报酬当然是一种义务，而借贷者却不应该斤斤计较，以扩散唯利是图的社交坏风气。

凡是向他人借贷财物的人，对于约定的偿还日期，一定不可以不遵守。有的人只将偿还财物和报酬当做是欠债者的责任，而不重视偿还的期限，这是荒谬的见解。比如学生向老师或朋友借书，时间到了还不还，甚至转借给了别人，那么就会逐渐不能取信于人，而有书的人就会相互告诫不要把书借出去，这不是别人和自己都同时伤害了吗？

受人嘱托而为别人保管财物的人，应该慎重对待，要将托管之物看得比自己的财物还重要，如果事先没有得到他人的允许或者默许，就不能擅自使用。除了人力无法挽救的自然灾害和社会剧变之外，一旦有所损害，都应该算是保管人的责任。归还的时候，一定要像当初交给自己的时候一样，原样归还后，保管的责任才算完成。而付给保管人恰当的保管费和报酬，这也是物主的义务。

人类的进化是由于分工合作而完成的，而分工合作之所以能够实行，则是因为根植于商业交易。因此，商业交易大大地造福于人类社会！但是，在商业交易中，如果不管货物的粗细贵贱，而任意囤积，或者故意作假，以为不是法律所禁止的就可以为所欲为，用商业道德来衡量的话，就会发现这些做法是错误的。而且虽然眼前占有小利，却失去了以后的信用，那么所失去的一定会更多。西方谚语说："正直，是最上乘的策略。"实在是至理名言。

人和财产有着非常直接的关系，如果不是信服道义、恪守责任的人，很少有人能不被其诱惑，不知不觉地做出不道义的行为。盗窃罪在法律上是有明文规定的，而社会舆论对此也约束极严，触犯的人还比较少。而依托商业交易进行财物借贷的，则常常有违背信义去占有一时私利的人，这是当今社会不得不加强进步的方面。确实归属于某人的财物，应该不用等他出口请求就给他，而不应该得到的财物，虽然有人赠予也不能接受。一是必须尊重他人的财产，而不能侵犯，二是应该恪守自己的责任，而不让自己亏欠别人。如果人人都这样做，那么社会福利的远大，哪里是可以限量的呢？

第四节　名誉

人类者，不徒有肉体之嗜欲也，而又有精神之嗜欲。是故饱暖也，富贵也，皆人之所欲也，苟所得仅此而已，则人又有所不足，是何也？曰：无名誉。

精神之嗜欲

爱重名誉

豹死留皮，人死留名，言名誉之不朽也。人既有爱重名誉之心，则不但宝之于生前，而且欲传之于死后，此即人所以异于禽兽。

杀身成名

而名誉之可贵，乃举人人生前所享之福利，而无足以尚之，是以古今忠孝节义之士，往往有杀身以成其名者，其价值之高为何如也。

名誉难得

夫社会之中，所以互重生命财产而不敢相侵者，何也？曰：此他人正当之权利也。而名誉之所由得，或以天才，或以积瘁，其得之之难，过于财产，而人之所爱护也，或过于生命。苟有人焉，无端而毁损之，其与盗人财物、害人生命何异？是以生命财产名誉三者，文明国之法律，皆严重保护之。惟名誉为无形者，法律之制裁，时或有所不及，而爱重保护之本务，乃不得不偏重于道德焉。

名誉之敌有二：曰谗诬；曰诽谤。二者，皆道德界之大罪也。

谗诬甚于盗窃

谗诬者，虚造事迹，以污蔑他人名誉之谓也。其可恶盖甚于盗窃，被盗者，失其财物而已；被谗诬者，或并其终身之权利而胥失之。流言一作，虽毫无根据，而妒贤嫉才之徒，率喧传之，举世靡然，将使公平挚实之人，亦为其所惑，而不暇详求，则其人遂为众恶之的，而无以自立于世界。古今有为之才，被谗诬之害，以至名败身死者，往往而有，可不畏乎？

诽谤者，乘他人言行之不检，而轻加以恶评者也。其害虽不如谗诬之甚，而其违公义也同。吾人既同此社会，利害苦乐，靡不相关，成人之美而救其过，人人所当勉也。见人之短，不以恳挚之意相为规劝，而徒讥评之以为快，又或乘人不幸之时，而以幸灾乐祸之态，归咎于其人，此皆君子所不为也。

且如警察官吏，本以抉发隐恶为职，而其权亦有界限，若

诽谤为君子所不为

乃不在其职，而务讦人隐私，以为谈笑之资，其理何在？至于假托公益，而为诽谤，以逞其娼嫉之心者，其为悖戾，更不待言矣。

谗诬诽谤之施于死者

世之为谗诬诽谤者，不特施之于生者，而或且施之于死者，其情更为可恶。盖生者尚有辨白昭雪之能力，而死者则并此而无之也。原谗诬诽谤之所由起，或以嫉妒，或以猜疑，或以轻率。夫羡人盛名，吾奋而思齐焉可也，不此之务，而忌之毁之，损人而不利己，非大愚不出此。至于人心之不同如其面，因人一言一行，而辄推之于其心术，而又往往以不肖之心测之，是徒自表其心地之龌龊耳。其或本无成见，而嫉恶太严，遇有不协于心之事，辄以恶评加之，不知人事蕃变，非备悉其始末，灼见其情伪，而平心以判之，鲜或得当，不察而率断焉，因而过甚其词，则动多谬误，或由是而贻害于社会者，往往有之。且轻率之断定，又有由平日憎疾其人而起者。憎疾其人，而辄以恶意断定其行事，则虽名为断定，而实同于谗谤，其流毒尤甚。

断定之宜慎

故吾人于论事之时，务周详审慎，以无蹈轻率之弊，而于所憎之人，尤不可不慎之又慎也。

去社会之公敌

夫人必有是非之心，且坐视邪曲之事，默而不言，亦或为人情所难堪，惟是有意讦发，或为过情之毁，则于意何居。古人称守口如瓶，其言虽未必当，而亦非无见。若乃奸宄之行，有害于社会，则又不能不尽力攻斥，以去社会之公敌，是亦吾人对于社会之本务，而不可与损人名誉之事，同年而语者也。

【译文】

人类不仅有身体上的需要，还有精神上的需要。所以，像温饱、富贵，虽然都是人的需要，但如果所得到的仅仅只是这些，那么人的内心还是会感到不满足，这是什么原因呢？答案是：没有名誉。

豹死留皮，人死留名，说的就是名誉的不朽。人既然有喜爱和看重名誉的心理，那么，不但在活的时候会像对待宝物一样地爱惜名誉，而且也会想要能够流传到死去以后，这是人和禽兽之所以不同的地方。名誉的可贵，就算把人生前所享有的福利拿来比较，都不可能超越，所以古往今来忠孝节义之人，常常有一死成名的，可见它的价值高到怎样的程度！

在社会的运转之中，彼此尊重生命财产而不敢互相侵犯的原因是什么呢？应该说，这是他人的正当权利。而名誉的获得，或者是因为天分过人，或者是因为不断努力，其过程比得到财产还要困难，这也是人们对名誉的爱护超过生命的原因。如果有人无故损毁别人的名誉，这与盗窃财物，害人生命有什么不同呢？所以，生命、财产和名誉这三项，文明国家的法律都会尽力保护。只是名誉是无形的，法律上的管制，有时可能很难顾全，因此爱护重视名誉的责任，仍然不得不依靠道德的约束。

名誉的敌人有两个：一个是诬陷，另一个是诽谤。这两个都是道德领域的重大罪过。

诬陷，就是伪造事迹来污蔑他人的名誉。它甚至比盗窃还可恶，被盗的人只是失去财物而已，被诬陷的人却可能因此失去终身的权利。流言一旦传开，虽然毫无根据，但嫉妒贤才的人，却会鼓噪流传，使全社会都望风而动，令公正诚实的人也为之迷惑，而没有时间去仔细调查，导致这个人成为众人讨厌的对象，而无法在这个世界上生存。从古至今，有作为的人才，被诬陷所迫害，以至于名声败坏，甚至失去生命的事情，常常发生，怎么能不畏惧呢？

诽谤，是指看到他人的言行不够谨慎，就轻易放大，给予恶意评价的行为。它的危害虽然不如诬陷那么大，但却一样违背公义。我们既然同处在这个社会，好坏苦乐没有不相关联的，那么成全他人的好事，挽救他人的过失，就是人人所应该尽力去做的。看到别人的不足，不诚恳真挚地进行规劝，而一味地怪罪他们，这不是君子的作为。当然，警察和官吏的职责本来就是发现恶行，但他们的权力也是有界限的。特别是如果已经不在原来职位上了，却还专门揭发别人的隐私，以作为谈笑的资本，这样做有什么道理呢？至于假托公益的名义，而去诽谤他人，来发泄自己的嫉妒心理，这种行为的不合情理就更不用说了。

那些四处诬陷诽谤的人，不仅针对生者实行，甚至连死者也不放过，这种情况更加可恶。因为活着的人还有辩白驳斥、恢复名誉的机会，而死者却连反驳都不能。追寻诬陷诽谤的由来，或者是因为嫉妒，或者是出于猜疑，或者是由于轻率断定。既然羡慕别人的好名声，那么我们就应该努力奋斗，以便追赶甚至超越他才对，不懂得这样做，却只知道嫉妒和诽谤，这种损人而不利己的行为，只有非常愚蠢的人才能做得出来。人的心就像人的脸一样各不相同，看到别人的一言一行，就去推理他们的心理，还往往以不好的一面来猜测，这只是表现出了这个人内心的丑恶而已。也有可能是本来没有成见，但因为太过于憎恨恶行，导致遇到一点不合意的事情，就动不动给以不好的评论，不懂得人事变幻莫测，如果不是完全了解事情的始末，明白事情的情理和真伪，最后再态度公正地判断，是不可能比较恰当的处理的。不做详细调查就轻易地评断，很容易就会导致用词过度，犯下更多的过错，因而危害社会。而且轻率地断定一个人，又常常是由于平常就讨厌他的为人所引发的。讨厌他人就以恶意断定他的行为处事，这样虽可称为断定，却跟诬陷诽谤是一样的，它的流毒更大。所以，我们讨论事情的时候，一定要认真谨慎，才不会犯轻率的毛病，尤其是对于平常就讨厌的人，更加需要特别的谨慎。

是人都会懂得是非对错，对于邪恶的行为袖手旁观、沉默不语，或许是因为担心别人在感情上难以接受，因为有意的揭发，可能会变成超越实情的诽谤，这就有违本意了。古人说守口如瓶，这种观点虽然不一定完全正确，但也不是没有见识。不过，如果发现违法乱纪、危害社会的行为，那么就不能不尽力去攻击和斥责，以便除去此类社会的公敌了，这也是我们对社会应尽的义务，而不能与损坏他人名誉的行为相提并论。

第五节　博爱及公益

博爱者，人生至高之道德，而与正义有正负之别者也。行正义者，能使人免于为恶；而导人以善，则非博爱者不能。

正　义

有人于此，不干国法，不悖公义，于人间生命财产名誉之本务，悉无所歉，可谓能行正义矣。然道有饿莩而不知恤，门有孤儿而不知救，遂得为善人乎？

博爱者，施而不望报，利物而不暇己谋者也。凡动物之中，能历久而绵其种者，率恃有同类相恤之天性，人为万物之灵，苟仅斤斤于施报之间，而不恤其类，不亦自丧其天性，而有愧于禽兽乎？

博爱之道

人之于人，不能无亲疏之别，而博爱之道，亦即以是为序。不爱其亲，安能爱人之亲；不爱其国人，安能爱异国之人，如曰有之，非矫则悖，智者所不信也。孟子曰："老吾老以及人之老，幼吾幼以及人之幼。"又曰："亲亲而仁民，仁民而爱物。"此博爱之道也。

人类之幸福

人人有博爱之心，则观于其家，而父子亲，兄弟睦，夫妇和；观于其社会，无攘夺，无忿争，贫富不相蔑，贵贱不相凌，老幼废疾，皆有所养，蔼然有恩，秩然有序，熙熙嗥嗥，如登春台，岂非人类之幸福乎！

拯救与补助

博爱者，以己所欲，施之于人。是故见人之疾病则拯之，见人之危难则救之，见人之困穷则补助之。何则？人苟自立于疾病危难困穷之境，则未有不望人之拯救之而补助之者也。

赤子临井，人未有见之而不动其恻隐之心者。人类相爱之天性，固如是也。见人之危难而不之救，必非人情。日汩于利己之计较，以养成凉薄之习，则或忍而为此耳。夫人苟不能挺身以赴人之急，则又安望其能殉社会、殉国家乎？华盛顿尝投身奔湍，以救濒死之孺子，其异日能牺牲其身，以为十三州之同胞，脱英国之轭，而建独立之国者，要亦由有此心耳。夫处死生一发之间，而能临机立断，固由其爱情之挚，而亦必有毅力以达之，此则有赖于平日涵养之功者也。

华盛顿

救人疾病，虽不必有挺身赴难之危险，而于传染之病，为之看护，则直与殉之以身无异，非有至高之道德心者，不能为之。苟其人之地位，与国家社会有重大之关系，又或有侍奉父母之责，而轻以身试，亦为非宜，此则所当衡其轻重者也。

看护传染病当衡轻重

济人以财，不必较其数之多寡，而其情至为可嘉，受之者尤不可不感佩之。盖损己所余以周人之不足，是诚能推己及人，而发于其友爱族类之本心者也。慈善之所以可贵，即在于此。若乃本无博爱之心，而徒仿一二慈善之迹，以博虚名，则所施虽多，而其价值，乃不如少许之出于至诚者。

推己及人

且其伪善沽名，适以害德，而受施之人，亦安能历久不忘耶？

伪善沽名

博爱者之慈善，惟虑其力之不周，而人之感我与否，初非所计。即使人不感我，其是非固属于其人，而于我之行善，曾何伤焉？若乃怒人之忘德，而遽辍其慈善，是吾之慈善，专为市恩而设，岂博爱者之所为乎？惟受人之恩而忘之者，其为不德，尤易见耳。

市恩

博爱者，非徒曰吾行慈善而已。其所以行之者，亦不可以无法。盖爱人以德，当为图永久之福利，而非使逞快一时，若不审其相需之故，而漫焉施之，受者或随得随费，不知节制，则吾之所施，于人奚益？也固有习于荒怠之人，不务自

依赖心

立，而以仰给于人为得计，吾苟堕其术中，则适以助长其倚赖心，而使永无自振之一日。爱之而适以害之，是不可不致意焉。

人与人之关系

夫如是，则博爱之为美德，诚彰彰矣。然非扩而充之，以开世务，兴公益，则吾人对于社会之本务，犹不能无遗憾。何则？吾人处于社会，则与社会中之人人，皆有关系，而社会中人人与公益之关系，虽不必如疾病患难者待救之孔亟，而要其为相需则一也，吾但见疾病患难之待救，而不顾人人所需之公益，毋乃持其偏而忘其全，得其小而遗其大者乎？

随分应器各图公益

夫人才力不同，职务尤异，合全社会之人，而求其立同一之功业，势必不能。然而随分应器，各图公益，则何不可有之。农工商贾，任利用厚生之务；学士大夫，存移风易俗之心，苟其有裨于社会，则其事虽殊，其效一也。人生有涯，局局身家之间，而于世无补，暨其没也，贫富智愚，同归于尽。惟夫建立功业，有裨于社会，则身没而功业不与之俱尽。始不为虚生人世，而一生所受于社会之福利，亦庶几无忝矣。所谓公益者，非必以目前之功利为准也。如文学美术，其成效常若无迹象之可寻，然所以拓国民之智识，而高尚其品性者，必由于是。是以天才英绝之士，宜超然功利以外，而一以发扬国华为志，不蹈前人陈迹，不拾外人糟粕，抒其性灵，以摩荡社会，如明星之粲于长夜，美花之映于座隅，则无形之中，社会实受其赐。有如一国富强，甲于天下，而其文艺学术，一无可以表见，则千载而后，谁复知其名者？而古昔既墟之国，以文学美术之力，垂名百世，迄今不朽者，往往而有，此岂可忽视者欤？

不惟此也，即社会至显之事，亦不宜安近功而忘远虑，常宜规模远大，以遗饷后人，否则社会之进步，不可得而期也。是故有为之士，所规画者，其事固或非一手一足之烈，而其利亦能历久而不渝，此则人生最大之博爱也。

量力捐财，以助公益，此人之所能为，而后世子孙，与享其利，较之饮食征逐之费，一晌而尽者，其价值何如乎？例如修河渠，缮堤防，筑港埠，开道路，拓荒芜，设医院，建学校皆是。而其中以建学校为最有益于社会之文明。又如私设图书馆，纵人观览，其效亦同。其他若设育婴堂，养老院等，亦为博爱事业之高尚者，社会文明之程度，即于此等公益之盛衰而测之矣。

博爱事业

图公益者，又有极宜注意之事，即慎勿以公益之名，兴无用之事是也。好事之流，往往为美名所眩，不审其利害何若，仓卒举事，动辄蹉跌，则又去而之他。若是者，不特自损，且足为利己者所借口，而以沮丧向善者之心，此不可不慎之于始者也。

又有借公益以沽名者，则其迹虽有时与实行公益者无异，而其心迥别，或且不免有倒行逆施之事。何则？其目的在名。

籍公益以沽名者

则苟可以得名也，而他非所计，虽其事似益而实损，犹将为之。实行公益者则不然，其目的在公益。苟其有益于社会也，虽或受无识者之谤议，而亦不为之阻。此则两者心术之不同，而其成绩亦大相悬殊矣。

实行公益者

人既知公益之当兴，则社会公共之事物，不可不郑重而爱护之。凡人于公共之物，关系较疏，则有漫不经意者，损伤破毁，视为常事，此亦公德浅薄之一端也。夫人既知他人之财物不可以侵，而不悟社会公共之物，更为贵重者，何欤？且人既知毁人之物，无论大小，皆有赔偿之责，今公然毁损社会公共之物，而不任其赔偿者，何欤？如学堂诸生，每有抹壁唾地之事，而公共花卉，道路荫木，经行者或无端而攀折之，至于青年子弟，诣神庙佛寺，又或倒灯复氅，自以为快，此皆无赖之事，而有悖于公德者也。

爱护公共之物

欧美各国，人人崇重公共事物，习以为俗，损伤破毁之事，始不可见，公园椅榻之属，间以公共爱护之言，书于其

背，此诚一种之美风，而我国人所当奉为圭臬者也。国民公德
之程度，视其对于公共事物如何，一木一石之微，于社会利害，
虽若无大关系，而足以表见国民公德之浅深，则其关系，亦不
可谓小矣。

欧美之人崇重公共事物

【译文】

博爱是人生最高的道德，与正义刚好是正、反对应的两面。行使正义，能使人免于作恶；而引导人行善，没有博爱就不行。

如果有人不触犯国家的法律，不违背公共道德，对于世间的生命、财产和名誉的责任，也全都没有欠缺，就可以说已经合乎正义的要求了。但是，路旁有饿死的人却不知道同情，门边有孤儿却不知道救济，这样的人，可以称得上是一个有道德的人吗？

博爱者，就是给予而不要求回报，救助别人而不谋求自己利益的人。动物世界里，凡是经历久远使种群不断延续下来的，都带有同类间互相同情的天性，人作为世上一切物种中最有灵性的，如果只是斤斤计较于给予和回报，而不体恤自己的同胞，那岂不是丧失了天性本能，愧对那些灵性的禽兽了吗？

人对于他人，不能没有亲疏的分别，而博爱的道理，也是以亲疏为先后顺序的。不爱自己的亲人，怎么能爱别人的亲人；不爱自己的国人，怎么能爱别国的人。如果说有这样的人，那他不是矫情就是胡说，理智的人是不会相信这种话的。孟子说："尊敬自家的长辈，进而也尊敬别人家的长辈；爱抚自家的儿女，进而也爱抚别人家的儿女。"又说："亲近亲人而仁爱百姓，仁爱百姓而爱惜万物。"这就是博爱的道理。

如果人人都有博爱之心，那么观察他们的家庭，就会发现父子亲密，兄弟和睦，夫妇和美；观察他们所处的社会，就会发现没有强占掠夺，没有愤怒相争，贫富之间不互相鄙视，贵贱之间也不互相欺凌，老、幼、病、残都有人照顾奉养，人与人之间都和善而有情谊，社会井然有序，每个人的心情都舒畅快乐，如同在春天里登台眺望美景一样，这难道不是人类的幸福吗！

博爱，是把自己所想要的事物也给予他人。因此，看到别人生病就给予拯救，看到别人危难就给予救助，看到别人穷困就给予补助。为什么呢？因为人如果自己处在疾病、危难、穷困的境地，没有不希望别人给予扶助的啊！

看到孩子靠近危险的水井，任何人都会产生同情心。人类相爱的天性，一定都是这样的。看到人有危难而不施救，一定不合乎人情。只有每天沉迷于计较个人利益，养成冷淡薄情习性的人，或许才会忍心不去做。如果一个人不能挺身而出，救济别人所急迫的事情，那么又怎么能指望他为社会、为国家做出牺牲呢？华盛顿曾经跳入河里，救起差点溺死的小孩，他以后能牺牲自己，为了北美十三州的同胞脱离英国控制，而建立独立的国家，终究也是因为有这种认识啊！处在生死一发之间，而能当机立断，当然有他爱护同胞之情的真挚，也一定要有毅力才能达到，这就有赖于平日修养的成就了。

救护他人的疾病，虽然不会有挺身赴难的危险，但是看护传染病人，就差不多与献身一样了，如果没有极高的道德心，是不会这样做的。如果看护人的身份地位对国家和社会来说相当重要，或者身负侍奉父母的重大职责，那么，随便用自己的身体去冒险，就是不合适的了，因此一定要理性地衡量轻重。

接济他人财物，不管接济者给予的数量是多是少，他的心意已经非常值得赞许了，接受者尤其不可以不感激钦佩。这是因为，减损自己多余的财物，来周济别人的不足，是他发自友爱同胞的本心，真诚地为别人着想的结果。慈善之所以可贵，就在于此。如果本来没有博爱之心，而只是模仿一两种慈善的举动，来博取虚名，那么所施与的就算有很多，其价值还是不如诚心实意却只付出少许的。而且，假装慈善谋取名誉，只会损害道德，而接受施与的人，又怎么可能永记不忘呢？

博爱的人对于慈善活动，只担心自己的力量不够，而别人是否感激我，并不是他所关心的。即使别人不感激我，对与错也都是他自己的，对于我的善行又能有什么伤害呢？如果因为气愤别人忘记恩情，就不去行善，那说明我的慈善是专门为购买恩情而设，这哪里是博爱的人的作为呢？当然，接受他人的恩德却转眼就忘，这种行为的不道德，也是显而易见的。

　　博爱，不是说施行慈善那么简单。慈善的行为不能不讲究。因为，按照道德的标准去爱护和帮助他人，应当为他们图谋永久的福利，而不是让他们享受一时的快乐，如果不了解他人需要帮助的原因，随便就给予，接受的人很可能不知道节制，一拿到财物就马上消费掉，那么，我们所给予的，对于他能有什么好处呢？还有一些人，本来就懒惰成性，不努力依靠自己的劳动而生活，却天天变着花样让人给他施舍财物，我们如果中了他们的计，就刚好助长了他们的依赖心理，使其永远没有自我振作的一天。关爱他反倒伤害了他，这是不可以不注意的。

　　能做到这个程度，博爱作为一种美德，就很明显了。但是，如果不去扩大充实它，来发展社会事务，兴建公益事业，那么，我们对于社会的义务，还是不能没有遗憾啊。为什么呢？我们处于社会之中，与社会上的每个人都有关联，而社会上每一个人与公益事业的关系，虽不像生病遭灾的人那样急着等待施救，但他们互相间的需要终究是一样的，如果我只看见生病遭灾的人需要施救，而不顾人人所需的公益事业，不就成了主张片面而漏掉整体，得到小的而遗失大了的吗？

　　每个人的能力不同，职业更是不一样，统合全社会的人，要求他们建立同一种事业，肯定是不可能的。然而，按照各人的本性和才能，各自去图谋公益事业，这样一来，就没有什么办不成的了。农民、工人和商人担当富裕民众的任务，学者和官员则发挥移风易俗的作用，只要他们有益于社会，那么尽管这些事情各不一样，最终的效果却是一样的。人生短暂，如果把自己局限在个人和家庭的事务之间，而对社会没有补益，那么，等到他死去之后，不管是贫穷愚笨，还是富有聪明，所有的东西都将随之而去，什么都留不下来。相反，只要建立功业，有益于社会，那么，即使过世了，功业也不会跟着消失。只有这样，才不会在人世白活一回，也才不会愧对一生所受到的社会福利。所谓公益，并不一定是以眼前的功利为准。比如文学美术，它们的效果常常没有迹象可寻，但是开拓国民的知识，提高国民的品德，却一定要依靠它们。所以天才和精英应该超脱于功利之外，而以发扬光大国家的荣誉为志向，不随前人的脚步，不拾别人的糟粕，发挥自己的聪明才干，来改变和影响社会，就像长夜里璀璨的明星，座椅边明艳的花朵，无形之中，让整个社会都受到恩惠。如果一个国家富甲天下，但是文艺学术方面却没有一样是可以显扬的，那么千百年之后，谁还会知道它的名字呢？古代的那些文明国家，虽然已经变成了废墟，但因为文学和美术的作用，使名声一直流传到现在还不朽的，为数不少。因此，文学艺术的伟大作用怎么可以忽视呢？

不仅这样，就是社会上最为明显的事情，也不应该只顾眼前的利益而忘了作长远的考虑，而且谋划的范围应该尽量广大，以便遗留给后人，否则社会就不可能进步。所以有作为的人所规划的那些事，固然不一定能让每个人都获利，但其利益却能历经很久而不改变，这就是人生最大的博爱了。

量力捐献财物，来帮助公益事业，这是人们所能够做到的，而后世子孙一起来享受这些利益，对比那些用畸开销一下子就没有了，它的价值得高出多少呢？比如修理河渠，修补堤防，建筑港口，开辟道路，开垦荒地，建设医院，建立学校都是这样的。其中又以建立学校最有益于社会的文明进步。又比如私设图书馆让人自由阅览，效果一样非常好。其他比如设立幼儿园、养老院等，也属于博爱事业的高尚行为，一个社会的文明程度，可以从这些公益事业的盛衰而得知。

谋划公益事业，有一些特别需要注意的事情，就是千万不能用公益的名义去做没用的事。喜欢多事的人往往被名声所迷惑，不考虑清楚事情的利害关系，就匆忙行动，往往很快就失败了，然后放弃转而去做其他的事。如此作为，不仅损害自己，而且足以成为自私自利的人的借口，使那些向善的人灰心失望，所以在开始的时候就一定要谨慎。

还有的人借公益事业来猎取名誉，虽然他的行为有时与实行公益的人没有差别，但两者的内心差别却很大，甚至难免会违背公义。为什么呢？因为他的目的在于名声，只要可以得到名声，其他的就不在他的考虑范围内了，那些看起来好像有益，而实质上具有很大破坏性的事情，他也会去做。而真正实行公益的人就不一样了，其目的在于公益，只要有益于社会，就算受到没见识的人的非议，也不会因此而放弃。这就是说，两者的心思不同，那么他们的成就差别也会很大。

既然知道应当兴办公益，那么社会上的公共财物，就不能不认真爱护。

一般人与公共财物的关系会比较疏远，因此，有些疏忽大意的人，把损坏公物看做是很平常的事，这也是公德心浅薄的表现。既然知道他人的财物不可以侵犯，却不明白社会上的公共财物更为贵重，为什么呢？而且既然知道毁坏别人的财物，无论大小都有赔偿的责任，那么毁坏了公共财物，却不承担赔偿的责任，这是为什么呢？像学校里的诸位学生，经常有涂脏墙壁、随地吐痰的行为；对于公共花卉、道路树木，路过的人也常常会无缘无故去攀折；更不用说有些青年人，一到佛寺神庙，就弄倒油灯，还把这当做一种乐趣，这些都是无赖的行为，是违背社会公德的行为。欧美各国社会，人人都重视公德，已经习以为常而变成一种风俗了，损坏公物的事情，始终难得一见。公园的座椅等物，也经常在背后写上"爱护公共财物"之类的文字。这真是一种美好的风气，而我国人民应该将此引做自己的准则。社会公德的程度，要看国民如何对待公共事物，一木一石这些微小的物件，对于社会虽然没有多大的直接影响，但却足以表现国民公德心的深浅，因此也不能说是小事了。

第六节　礼让及威仪

礼让

凡事皆有公理，而社会行习之间，必不能事事以公理绳之。苟一切绳之以理，而寸步不以让人，则不胜冲突之弊，而人人无幸福之可言矣。且人常不免为感情所左右，自非豁达大度之人，于他人之言行，不慊吾意，则辄引似是而非之理以纠弹之，冲突之弊，多起于此。于是乎有礼让以为之调合，而彼此之感情，始不至于冲突焉。

人之有礼让，其犹车辖之脂乎，能使人交际圆滑，在温情和气之间，以完其交际之本意。欲保维社会之平和，而增进其幸福，殆不可一日无者也。

礼者，因人之亲疏等差，而以保其秩序者也。其要在不伤彼我之感情，而互表其相爱相敬之诚，或有以是为虚文者，谬也。

礼以保秩序

礼本于习惯

礼之本始，由人人有互相爱敬之诚，而自发于容貌。盖人情本不相远，而其生活之状态，大略相同，则其感情之发乎外而为拜揖送迎之仪节，亦自不得不同，因袭既久，成为惯例，此自然之理也。故一国之礼，本于先民千百年之习惯，不宜辄以私意删改之。盖崇重一国之习惯，即所以崇重一国之秩序也。

礼以爱敬为本

夫礼，既本乎感情而发为仪节，则其仪节，必为感情之所发见，而后谓之礼。否则意所不属，而徒拘牵于形式之间，是刍狗耳。仪节愈繁，而心情愈鄙，自非徇浮华好谄谀之人，又孰能受而不斥者。故礼以爱敬为本。

外国交际之礼宜致意

爱敬之情，人类所同也，而其仪节，则随其社会中生活之状态，而不能无异同。近时国际公私之交，大扩于古昔，交际之仪节，有不可以拘墟者，故中流以上之人，于外国交际之礼，亦不可不致意焉。

谦让

让之为用，与礼略同。使人互不相让，则日常言论，即生意见，亲旧交际，动辄龃龉。故敬爱他人者，不务立异，不炫所长，务以成人之美。盖自异自眩，何益于己，徒足以取厌启争耳。虚心平气，好察迩言，取其善而不翘其过，此则谦让之美德，而交际之要道也。

思想自由 信仰自由

排斥他人之思想与信仰，亦不让之一也。精神界之科学，尚非人智所能独断。人我所见不同，未必我果是而人果非，此文明国宪法，所以有思想自由、信仰自由之则也。苟当讨论学术之时，是非之间，不能异立，又或于履行实事之际，利害之点，所见相反，则诚不能不各以所见，互相驳诘，必得其是非之所在而后已。

然亦宜平心以求学理事理之关系，而不得参以好胜立异之私意。至于日常交际，则他人言说虽与己意不合，何所容其攻诘，如其为之，亦徒彼此忿争，各无所得已耳。温良谦恭，薄责于人，此不可不注意者。

至于宗教之信仰，自其人观之，一则为生活之标准，一则为道德之理想，吾人决不可以轻侮嘲弄之态，侵犯其自由也。由是观之，礼让者，皆所以持交际之秩序，而免其龃龉者也。然人固非特各人之交际而已，于社会全体，亦不可无仪节以相应，则所谓威仪也。

威仪者，对于社会之礼让也。人尝有于亲故之间，不失礼让，而对于社会，不免有粗野傲慢之失者，是亦不思故耳。同处一社会中，则其人虽有亲疏之别，而要必互有关系，苟人人自亲故以外，即复任意自肆，不顾取厌，则社会之爱力，为之减杀矣。有如垢衣被发，呼号道路，其人虽若自由，而使观者不胜其厌忌，可谓之不得罪于社会乎？凡社会事物，各有其习惯之典例，虽违者无禁，犯者无罚，而使见而不快，闻而不慊，则其为损于人生之幸福者为何如耶！古人有言，满堂饮酒，有一人向隅而泣，则举座为之不欢，言感情之相应也。乃或于置酒高会之时，白眼加人，夜郎自大，甚或骂座掷杯，凌侮侪辈，则岂非蛮野之遗风，而不知礼让为何物钦。欧美诸国士夫，于宴会中，不谈政治，不说宗教，以其易启争端，妨人欢笑，此亦美风也。

凡人见邀赴会，必预审其性质如何，而务不失其相应之仪表。如会葬之际，谈笑自如，是为幸人之灾，无礼已甚，凡类此者，皆不可不致意也。

温良谦恭
薄责于人

威　仪

感情相应

【译文】

凡事都有公理，但是社会的行为习惯，很难事事都做到以公理作为准则。如果一切都用公理来纠正，丝毫不肯让步，那么社会一定承受不起由此冲突所带来的弊端，而所有人也就毫无幸福可言了。而且人经常免不了被感情所控制，无法完全做到豁达大度，他人的言行如果不符合自己的意思，就总是用似是而非的理由去抨击，冲突的弊端大多因此而产生。因此，人们才需要通过礼让来调和，这样彼此的感情才不致发生严重的冲突。

人有礼让，就像车轴有润滑油，它能使人们的交际得体而委婉，在温顺和气之间达成人际交往的本意。要保持维护社会的平和，增进人的幸福，礼让的精神是一天都不能缺少的。

礼仪，是依据人的亲疏和等级差别，而用来维护社会秩序的。它的关键在于不伤害彼此的感情，互相表达相爱相敬的诚意。有的人以为这是没有意义的虚伪礼数，这是错误的。

礼仪的起源，就是把人与人之间互相敬爱的诚意，在言行举止上表达出来。因为在同一个社会里，人的思想感情差距并不是很大，而生活状态也大致相同，那么他们的感情表达出来，成为打躬作揖、迎来送往的礼节，当然也就一样，再后来沿用久了就成了社会惯例，这是自然的道理。所以，一个国家的礼仪，是根源于祖先千百年来的习惯，不应该随意删改。因为重视一个国家的习惯，就是重视一个国家的秩序啊！

礼仪既然是根源于感情而表达出来的礼节，那么这个礼节一定是真实感情的体现，这样才可以称做礼。否则心意表达不到，而只是束缚于形式，就跟草做的狗一样没用。如果礼节越烦琐，而心意却越淡薄，但凡不是追求浮华、喜欢诌媚的人，怎么能不心生排斥呢？所以，礼仪实在是以爱敬之心为根本的啊。

相互爱敬的情感，全人类都相同，而它表现出来的礼节，却因为不同社会的生活形态不同，而有所差异。近代以来，国际上的公共、私人交际，与古代相比大大的增加了，交际的礼节，人人都不可以孤陋寡闻，不增长见识。所以，中等阶层以上的人，对于国际通用的交际礼仪，实在不可以不注意。

谦让的作用与礼仪相似。如果所有人都互不相让，那么日常的言论就会产生很多不同的意见，亲戚和旧交之间的交往，动不动就会互相抵触。因此，尊敬别人的人，不一味追求标新立异，不到处炫耀自己的长处，而是专门成全别人的好事。标新立异和自我夸耀对自己有什么好处呢？只不过招来别人的讨厌，开启与别人的纷争而已。谦虚谨慎、心平气和，用心体察旁人的言辞，采纳他们好的地方，但不随意揭露他们的过错，这就是谦让的美德，也是人际交往最根本的道理。

排斥他人的思想与信仰，也是不谦让的一种表现。精神领域的科学，以人的知识目前还不能完全断定清楚。别人和我的看法不同，未必我就是对的而别人就是错的，这就是文明国家的宪法有思想自由、信仰自由的道理。如果是在讨论学术问题，那么对错之间当然不能共存，又或者在处理具体的事情时，所持的利害观点相反，当然也不能不为各自的见解去辩驳，而且必须得出正确的答案才能停止。但是，就算是这样，也应该平心求得学理和事理之间的关系，而不能加入争强好胜和标新立异的私心。至于在日常交际中，他人的言论虽然与自己的意见不合，何不包容他们呢？如果像别人一样攻击对手，也只不过是加剧彼此的愤怒相争罢了，各自都不能得到什么。人们在平常的人际交往之中，应该秉承温和、善良、恭敬、忍让的精神，降低标准来要求他人，这一点不能不随时注意。至于宗教信仰，就信徒个人看来有两个诉求：一个是生活的标准，另一个是道德的理想，我们决不能用轻蔑侮辱、嘲讽捉弄的姿态，来侵犯他们的自由。从这点看来，礼让，正是用来维持人际交往的秩序，而免除争执和冲突的。但是，人类当然并不是只有个人与个人之间的交际，对于社会整体而言，人也不能没有相应的礼节，这就是所谓的威仪。

威仪，是人对于社会的礼让。有的人在亲人朋友之间不失礼让，而对于社会，却不免犯有粗野傲慢的过失，这是不思考的结果。同处于一个社会之中，虽然不同的人会有亲疏的分别，但说到底所有人之间都有着一定的关联，如果每个人除了礼让亲友之外，与别人的交际都随意放肆，而不顾别人的厌恶，那么社会的友爱就会因此而减少。打个比方，如果有人穿着脏衣，披头散发，在道路上大喊大叫，这虽然是他的自由，但看到的人却对他十分憎恶，这难道不是得罪了整个社会吗？所有的社会事物，都各有它惯常的准则，虽然没有对违犯的人进行禁止和惩罚，却使看到的人不满，听到的人怨恨，这就是为什么这种行为会损害人们幸福的道理！古人说过，满大厅的人都在饮酒，有一个人却对着墙壁哭泣，那么其他人都会不高兴，这说明人类之间的感情会相互呼应。或者在盛大的宴会场合，有人盲目自大、轻蔑他人，甚至丢掷酒杯、谩骂同座、凌辱同辈，那么这岂不是野蛮人风气的残留，完全不知道礼让是何含义吗？欧美各国的知识分子，在宴会中不谈政治、不说宗教，就是因为这两个话题容易引发争端，妨碍大家的欢乐气氛，这也是一种美好的风气。

　　被人邀请参加聚会，一定要预先了解它的性质，以便不偏离相应的仪表礼节。如果在参加葬礼时却谈笑自如，就是在对他人的不幸遭遇幸灾乐祸，这是很没有礼貌的，像其他类似的场合，也都不能不注意。

第四章　国家

第一节　总论

国　家

国也者，非徒有土地有人民之谓，谓以独立全能之主权，而统治其居于同一土地之人民者也。又谓之国家者，则以视一国如一家之故。是故国家者，吾人感觉中有形之名，而国家者，吾人理想中无形之名也。

国为家之大者

国为一家之大者，国人犹家人也。于多数国人之中而有代表主权之元首，犹于若干家人之中而有代表其主权之家主也。家主有统治之权，以保护家人权利，而使之各尽其本务。国家亦然，元首率百官以统治人民，亦所以保护国民之权利，而使各尽其本务，以报效于国家也。使一家之人，不奉其家主之命，而弃其本务，则一家离散，而家族均被其祸。

一国之民，各顾其私，而不知奉公，则一国扰乱，而人民亦不能安其堵焉。

凡有权利，则必有与之相当之义务。而有义务，则亦必有

国民顾私之害

与之相当之权利，二者相因，不可偏废。我有行一事保一物之权利，则彼即有不得妨我一事夺我一物之义务，此国家与私人之所同也。

权利义务二者相因

是故国家既有保护人之义务，则必有可以行其义务之权利；而人民既有享受国家保护之权利，则其对于国家，必有当尽之义务，盖可知也。

享权利必尽义务

人之权利，本无等差，以其大纲言之，如生活之权利，职业之权利，财产之权利，思想之权利，非人人所同有乎！我有此权利，而人或侵之，则我得而抵抗之，若不得已，则借国家之权力以防遏之，是谓人人所有之权利，而国家所宜引为义务者也。

权利无差等

国家对于此事之权利，谓之公权，即国家所以成立之本。请详言之。

公权

权漫无制限，则流弊甚大。如二人意见不合，不必相妨也，而或且以权利被侵为口实。由此例推，则使人人得滥用其自卫权，而不受公权之限制，则无谓之争阋，将日增一日矣。

自卫权之限制

于是乎有国家之公权，以代各人之自卫权，而人人不必自危，亦不得自肆，公平正直，各得其所焉。夫国家既有为人防卫之权利，则即有防卫众人之义务，义务愈大，则权利亦愈大。故曰：国家之所以成立者，权力也。

国家以权力而成立

国家既以权力而成立，则欲安全其国家者，不可不巩固其国家之权力，而慎勿毁损之，此即人民对于国家之本务也。

巩固国家之权力

【译文】

国家，不是说只有领土和人民那么简单，而是要具备独立和完整的主权，以统治居住于这块土地上的人民。国家也可以说是将"国"比作"家"。

所以，国家虽然说在人们眼里是一个实体，其实却是人们理想中的一个概念。

国家是家庭的扩展，因此，国人其实也是家人。在众多国民之中会有一个代表国家主权的元首，就好像是若干家人里也会有一个家长来代表整个家庭。家长管理家庭，以便保护家人的权利，并让他们各自承担起自己的责任。国家也是这样，元首率领文武百官统治人民，也是为了保护国民的权利，并让他们尽到相应的社会责任，以报答国家的恩泽。如果一个家庭里的人，不尊重家长的指示，放弃了自己的责任，就会造成家庭的离散，并拖累整个家族。一个国家的人民，如果每个人都只知道自私自利，不懂得维护集体的利益，就会导致国家混乱，人民的身心也就无以安顿了。

每一种权利，都有相对应的义务。而所有的义务，也都必定有其相对应的权利，两者互为因果，缺一不可。如果我有做某事或保有某物的权利，那么他人就有不得妨碍我做这件事或侵夺我这件物品的义务，这对于国家和私人来说都是一样的。由此我们可以知道，国家既然有保护个人权利的义务，那么也就一定有实现这种义务的权利；而人民既然有享受国家保护的权利，那么他对于国家，也就一定有相应的义务，这是可想而知的。

人的权利，本质上应该是人人都平等的。其中最重要的，如生存权、工作权、财产权、思想权等，难道不是人人都一样享有的吗？我拥有这些权利，如果受到了来自他人的侵犯，便可以自觉地来反抗他，如果自己无法抵抗，就可以借助国家的权力来更有力地保障这些权利。也就是说，这些人人都拥有的自然权利，国家应该把它作为自己的义务来严格保障。国家承担这种义务时被赋予的权利，叫做公权，这也就是国家建立的最根本的目的。下面让我详细地说明这个问题。

如果权力没有受到限制，就会产生很多弊病。比如，两个人意见不同，这本来是很正常的事情，完全不必互相妨碍，但人们却常常将此作为权利被侵害的借口。如果每个人都这么滥用自卫权，互相侵害，而不受公权的限制，那么，这些没用的争端，就会一天比一天地多起来。

因此，人们允许国家使用公权，来代替个人行使自卫权，这样一来，就不必天天担心自己的权利会受到侵害，当然也就不能随意放肆地侵犯别人的权利了，如此，每个人都能各如己愿地生活。国家既然获得了保卫人民的权力，那么也就必须承担其保障人民利益的义务，义务越大，权力就越大。所以说：国家之所以成立的原因，关键就在于权力的使用。

既然国家是因为权力而成立的，那么想要保证国家的安全，就不得不巩固国家的权力，小心去维护它，不让它轻易被破坏，这是人民对于国家的责任。

第二节　法律

遵法律之本务

吾人对于国家之本务，以遵法律为第一义。何则？法律者，维持国家之大纲，吾人必由此而始能保有其权利者也。人之意志，恒不免为感情所动，为私欲所诱，以致有损人利己之举动。所以矫其偏私而纳诸中正，使人人得保其平等之权利者，法律也；无论公私之际，有以防强暴折奸邪，使不得不服从正义者，法律也；维持一国之独立，保全一国之利福者，亦法律也。

无法律则国家亡

是故国而无法律，或有之而国民不遵也，则盗贼横行，奸邪跋扈，国家之沦亡，可立而待。

国民恪守法律

否则法律修明，国民恪遵而勿失，则社会之秩序，由之而不紊，人民之事业，由之而无扰，人人得尽其心力，以从事于职业，而安享其效果，是皆法律之赐；而要非国民恪遵法律，不足以致此也。

法律虽不允当仍须遵守

顾世人知法律之当遵矣，而又谓法律不皆允当，不妨以意为从违，是徒启不遵法律之端者也。夫一国之法律，本不能悉中情理，或由议法之人，知识浅隘，或以政党之故，意见偏颇，亦有立法之初，适合社会情势，历久则社会之情势渐变，而法律如故，因不能无方凿圆枘之弊，此皆国家所不能免者也。既有此弊法，则政府固当速图改革，而人民亦得以其所见要求政府，使必改革而后已。

法弊尚胜于无法

惟其新法未定之期，则不能不暂据旧法，以维持目前之治安。何则？其法虽弊，尚胜于无法也，若无端抉而去之，则其弊可胜言乎？

法律之大别

法律之别颇多，而大别之为三，政法、刑法、民法是也。政法者，所以规定政府之体裁，及政府与人民之关系者也。刑法者，所以预防政府及人民权利之障害，及罚其违犯者也。民法者，所以规定人民与人民之关系，防将来之争端，而又判临时之曲直者也。

遵法律须敬官吏

官吏者，据法治事之人。国民既遵法律，则务勿挠执法者之权而且敬之。非敬其人，敬执法之权也。且法律者，国家之法律，官吏执法，有代表国家之任，吾人又以爱重国家之故而敬官吏也。官吏非有学术才能者不能任。学士能人，人知敬之，而官吏独不足敬乎？

官吏之长，是为元首。立宪之国，或戴君主，或举总统，而要其为官吏之长一也。既知官吏之当敬，而国民之当敬元首，无待烦言，此亦尊重法律之意也。

【译文】

人们对于国家的责任，最重要的是遵守法律。为什么？这是因为，法律是维持国家正常运转的最重要的环节，人们必须通过法律才能保障自己的权利。人的意志，会因被感情所影响，或被欲望所诱惑，而作出损人利己的事情来。这时候，将偏私利的部分变得公正，使所有人都能够获得平等权利的，是法律！不管是公务还是私事，防止强横凶暴和狡诈恶毒的行为，使之不得不服从正义的，还是法律！能维持一个国家的独立，保全整个国家利益的，仍然是法律！因此，如果一个国家没有法律，或者有法律而国民不遵守，那么就会导致恶人四处横行，国家的败亡也就指日可待了。而反过来，法律昌明，且国民都严格遵守的国家，社会的秩序一定非常和谐，人民的事业也必然会较少受到外界的不当干扰，人人对自己分内的工作尽心尽力，并安心享受与收入相称的生活，这都是法律给予的恩赐。如果不是国民严格守法，是不可能达到这种效果的。只是，一般人虽然知道应该遵守法律，但却又觉得有时候法律的规定不太合理，不妨根据自己的意思来变通取舍，这就开了破坏法律的坏头。一个国家的法律，原本就不可能全都合情合理，有可能议定法律的人见识浅薄，或者控制立法的政党的意见有所偏颇，也可能刚立法时符合情理，但时间长了情势改变而法律陈旧等。不管怎样，现有法律多少总会有一些不合理的地方，这是每个国家都不可避免的问题。发现有不合时宜的法规，政府固然应该抓紧改良，而人民也应该以自己的合理见解要求政府积极修正，直到彻底改善。但是，在新的法律还没有生效之前，人们还是应该暂时遵守旧的法律，以便维持社会的秩序。为什么呢？这是因为，法律再坏，也还是比没有要好，如果因为法律不够完善，就随随便便地抛弃它，那导致的弊端就更没法说了。

法律的分类很多，但主要分为三大类：政法、刑法和民法。政法，用来规定政府机构的编制、功能，以及政府与人民之间的关系。刑法，用来预防那些侵害政府和人民权益的事情，并惩罚相关的罪犯。民法，用来规定个人和个人之间的关系，预防人民之间可能发生的争端，并裁决常见民事纠纷的是非对错。

官员和公务员，是根据法律来办事的人。作为国民，既然要遵守法律，那就千万不要干扰执法人员行使权力，并且应该对这些人抱以尊敬的态度。这并不是说要尊重他们具体哪一个人，而是尊敬他们的执法权力。何况，法律是国家的法律，官员执法，代表的是国家的权威，正是因为我们爱国，所以才要尊敬这些官员。一般来说，官员和公务员都要具备系统而专门的学问才能胜任，对于有学问和有才能的人，人们都知道要去尊敬，难道唯独不去尊重这些官员和公务员吗？

在所有政府官员里，级别最高的是国家元首。实行民主宪政制度的国家，或者拥戴君主，或者选举总统，让他作为所有官员里级别最高的一位。既然知道官员和公务员应该尊敬，那么人民应该尊敬元首，就不需要再做更多解释了，这也是尊重法律的表现。

第三节　租税

国民当敬元首　　家无财产则不能保护其子女，惟国亦然。苟无财产，亦不能保护其人民。盖国家内备奸宄，外御敌国，不能不有水陆军，及其应用之舰垒器械及粮饷；国家执行法律，不能不有法院监狱；国家图全国人民之幸福，不能不修道路，开沟渠，设灯台，启公囿，立学堂，建医院，及经营一切公益之事。

凡此诸事，无不有任事之人。而任事者不能不给以禄俸。

纳税之本务　　然则国家应出之经费，其浩大可想也，而担任此费者，厥维享有国家各种利益之人民，此人民所以有纳租税之义务也。

国家应有经费

租税不可幸免　　人民之当纳租税，人人知之，而间有苟求幸免者，营业则匿其岁入，不以实报，运货则绕越关津，希图漏税，其他舞弊营私，大率类此。是上则亏损国家，而自荒其义务；下则卸其责任之一部，以分担于他人。故以国民之本务绳之，谓之无爱国心，而以私人之道德绳之，亦不免于欺罔之罪矣。

【译文】

　　一个家庭如果缺乏财产，就不能很好地保护家庭成员，国家也是同样的道理。如果国家没有财产，也就不能保护它的人民。这是因为：为了防备内奸、抵御外敌，国家不能不设置海陆空各种军队，以及储备所需的军械粮草等；为了执行法律，国家还要设置法院和监狱；为了全国人民的长远福利，国家还不能不修路挖沟，架设灯塔，兴建公园、学校、医院，以及经营其他一切公益事业。所有这些事情，都需要有人负责，而国家还不能不给这些人支付工资。这么一算，国家所需经费的开支，其数目的庞大是可想而知的，而承担这些费用的，当然就是享受国家公益事业好处的人民，人们理所当然应该承担向国家缴纳租税的义务。

　　人民应该给国家交税，这是所有人都知道的。当然，其中偶尔也会出现一些毫无原则，企图免交租税的人。他们隐瞒经营收入，不据实上报，运输时则绕过关卡，以便于偷漏关税，其他营私舞弊的伎俩，大体也都和上面说的差不多。这些人对上造成国家税收的亏欠，逃避了自己的义务；对下则是推卸了自己的责任，而让其他人来为他承担。如果以公民的义务来衡量，这种人可以说是没有爱国心；以个人的道德准则来衡量，也不得不说是犯了欺骗蒙蔽的罪过。

第四节　兵役

服兵役之本务

　　国家者，非一人之国家，全国人民所集合而成者也。国家有庆，全国之人共享之，则国家有急，全国之人亦必与救之。国家之有兵役，所以备不虞之急者也。是以国民之当服兵役，与纳租税同，非迫于法律不得已而为之，实国民之义务，不能自己者也。

国家与兵力之关系

国之有兵，犹家之有阍人焉。其有城堡战堡也，犹家之有门墙焉。家无门墙，无阍人，则盗贼接踵，家人不得高枕无忧。国而无城堡战舰，无守兵，则外侮四逼，国民亦何以聊生耶？且方今之世，交通利便，吾国之人，工商于海外者，实繁有徒，自非祖国海军，游弋重洋，则夫远游数万里外，与五方杂处之民，角什一之利者，亦安能不受凌侮哉？国家之兵力，所关于互市之利者，亦非鲜矣。

国民不可不服兵役

国家兵力之关系如此，亦夫人而知之矣。然人情畏劳而恶死，一旦别父母，弃妻子，舍其本业而从事于垒舰之中，平日起居服食，一为军纪所束缚，而不得自由，即有事变，则挺身弹刃之中，争死生于一瞬，故往往有却顾而不前者。不知全国之人，苟人人以服兵役为畏途，则转瞬国亡家破，求幸生而卒不可得。如人人委身于兵役，则不必果以战死，而国家强盛，人民全被其赐，此不待智者而可决，而人民又乌得不以服兵役为义务欤？

方今世界不可无兵

方今世界，各国无不以扩张军备为第一义，虽有万国公法以为列国交际之准，又屡开万国平和会于海牙，若各以启衅为戒者，而实则包藏祸心，恒思蹈瑕抵隙，以求一逞，名为平和，而实则乱世，一旦猝遇事变，如飓风忽作，波涛汹涌，其势有不可测者。然则有国家者，安得不预为之所耶？

【译文】

国家不是一个人的国家，而是由全国人民共同集合而成的一个组织。国家有福泽时，如果能和所有国民一起分享，那么，一旦国家有危难时，所有国民也都必然会共同来救护。国家之所以设置兵役，就是为了防备一时之需。因此，国民应该服兵役的道理和纳税一样，并不是因为法律的逼迫才去承担，而是国民应尽的义务，不只是自己一个人的事情。

一个国家有军队，就好比是一个家庭有人留守看家。城堡战舰，又好比是家里的门户围墙。一个家庭如果没有看家的人，没有门户围墙，强盗贼人就会一个接一个地来光顾，全家人都不能睡个安稳觉。而一个国家如果没有城堡战舰，没有守护国土的军人，外敌就会频繁地入侵，这么一来，国民的日子难道就能过得安稳？何况现在的世界，交通便利，我国的人民，在海外从事工商行业的，数目实在不少，如果祖国的海军不能远渡重洋，在海外充分展示它的军威，那么这些旅居几万里之外，和无数复杂的外族人竞争十分之一利润的人民，怎么能不受他人的欺负和侮辱呢？国家军力的强弱，对于海外贸易的好处，实在不小呢。

国家的军事力量如此重要，应该是人尽皆知的了。但是人性生来是害怕辛苦和厌恶死亡的，一旦离开家人，舍弃原来的事业而屈身于堡垒和舰艇之中，一举一动都要受到军纪的束缚，没有人身自由，况且若发生变故，又需要马上挺身于枪林弹雨之中，将生死置于一瞬之间。很多人往往会因此有所顾虑，而不能奋勇向前。这种人不知道，如果全国上下，所有人都把服兵役视为可怕的事情，那么国家的灭亡就是一眨眼的事情，到时候任何个人想要侥幸活命都很难。如果人人都心甘情愿地承担兵役的义务，一方面个人不一定会战死，另一方面，国家也会因此而强盛起来，所有的国民都因此得到好处。这个问题不用请教什么聪明人就能明白，而人民又怎么会不把服兵役看成是应尽的义务呢？

现在的世界，所有国家都把扩张军力当做最重要的一件事，虽然有国际法可以作为各国外交的准则，而且还多次在荷兰的海牙召开世界和平大会。然而，很多国家虽然看起来做事谨慎，不敢轻易挑起事端，但心里却都藏着坏念头，总想抓住别人的漏洞，以达成不可告人的目的。因此，虽然号称"和平"，实际上却是在扰乱世界的秩序，一旦突发事变，就会像龙卷风爆发一样，使得瞬间风云变色，波涛汹涌，这样一来，局势就完全失控了。我们这些有国家的人，怎么能不预先做好准备呢？

第五节　教育

教育子女
之本务

为父母者，以体育、德育、智育种种之法，教育其子女，有二因焉：一则使之壮而自立，无坠其先业；一则使之贤而有才，效用于国家。

教育与国家之关系

前者为寻常父母之本务，后者则对于国家之本务也。诚使教子女者，能使其体魄足以堪劳苦，勤职业，其知识足以判事理，其技能足以资生活，其德行足以为国家之良民，则非特善为其子女，而且对于国家，亦无歉于义务矣。夫人类循自然之理法，相集合而为社会，为国家，自非智德齐等，殆不足以相生相养，而保其生命，享其福利。然则有子女者，乌得怠其本务欤？

教育与国家之关系

一国之中，人民之贤愚勤惰，与其国运有至大之关系。故欲保持其国运者，不可不以国民教育，施于其子弟，苟或以姑息为爱，养成放纵之习；即不然，而仅以利己主义教育之，则皆不免贻国家以泮涣之戚，而全国之人，交受其弊，其子弟亦乌能幸免乎？盖各国风俗习惯历史政制，各不相同，则教育之法，不得不异。所谓国民教育者，原本祖国体制，又审察国民固有之性质，而参互以制定之。其制定之权，即在国家，所以免教育主义之冲突，而造就全国人民，使皆有国民之资格者也。

国民教育

是以专门之教育，虽不妨人人各从其所好，而普通教育，则不可不以国民教育为准，有子女者慎之。

【译文】

父母之所以用体育、德育、智育等种种办法来教育自己的子女，主要有两个原因：一是让子女茁壮成长，能自立于社会，不会埋没祖上的基业；二是让子女成为贤能的人，对国家有所贡献。前一个是普通父母都知道的有关个人的责任，后一个则是国民对国家的义务。如果所有教育孩子的父母，都能让自己的子女体魄强健，不怕劳苦，勤奋工作，明白事理，知识足够养活自己，德行配称优秀公民，那么，这不但对子女的一生很有好处，对国家的义务也不会有丝毫的亏欠了。人类遵循自然的法则，互相聚集到一起，形成社会和国家，如果不是智力和德行都大致接近，怎么能互相帮助，从而保全自己的生命，享受幸福的生活呢？既然这样，那么有子女的人，怎么敢放松自己的责任呢？

一个国家的人民是聪明还是愚笨，是勤奋还是懒惰，和国家命运的起伏有着非常大的关系。想要保持国运的兴隆，便不能不给孩子以恰当的公民教育。如果把纵容迁就当成爱，使其养成放纵的性格，或者只用利己主义来教育孩子，最后都免不了成为国家的隐患，而全国的人民都可能会因此受到损害，连他自己也无法幸免。每个国家的风俗习惯、历史沿革、政治体制都各有不同，因此教育的方法也会有相应的差异。公民教育，需要根据各自的国情，再考察国民性格的优劣，集合这两方面互相参照而制定。制定国民教育的权力，全在于国家，这样可以避免观点冲突，而使全国人民都能养成相对一致的素质。因此，虽然在专业教育上，人们都可以根据个人的兴趣爱好来自由选择，但普通教育却不能不以公民教育为标准，有子女需要教育的父母对此一定要慎重才行。

第六节　爱国

爱恋土地
为爱国之
滥觞

爱国心者，起于人民与国土之感情，犹家人之爱其居室田产也。行国之民，逐水草而徙，无定居之地，则无所谓爱国。及其土著也，画封疆，辟草莱，耕耘建筑，尽瘁于斯，而后有爱恋土地之心，是谓爱国之滥觞。至于土地渐廓，有城郭焉，有都邑焉，有政府百执事焉。自其法律典例之成立，风俗习惯之沿革，与夫语言文章之应用，皆画然自成为一国，而又与他国相交涉，于是乎爱国之心，始为人民之义务矣。

爱国心为
国运之元
气

人民爱国心之消长，为国运之消长所关。有国于此，其所以组织国家之具，虽莫不备，而国民之爱国心，独无以副之，则一国之元气，不可得而振兴也。彼其国土同，民族同，言语同，习惯同，风俗同，非不足以使人民有休戚相关之感情，而且政府同，法律同，文献传说同，亦非不足以使人民有协同从事之兴会，然苟非有爱国心以为之中坚，则其民可与共安乐，而不可与共患难。事变猝起，不能保其之死而靡他也。

故爱国之心，实为一国之命脉，有之，则一切国家之原质，皆可以陶冶于其炉锤之中；无之，则其余皆骈枝也。

爱国之心，虽人人所固有，而因其性质之不同，不能无强弱多寡之差，既已视为义务，则人人以此自勉，而后能以其爱情实现于行事，且亦能一致其趣向，而无所参差也。

人民之爱国心，恒随国运为盛衰。大抵一国当将盛之时，若垂亡之时，或际会大事之时，则国民之爱国心，恒较为发

爱国心与
国运之关
系

达。国之将兴也，人人自奋，思以其国力冠绝世界，其勇往之气，如日方升。昔罗马暴盛之时，名将辈出，士卒致死，因而并吞四邻，其已事也。国之将衰也，或其际会大事也，人人惧祖国之沦亡，激厉忠义，挺身赴难，以挽狂澜于既倒，其悲壮沉痛亦有足伟者，如亚尔那温克特里之于瑞士，哥修士孤之于波兰是也。

由是观之，爱国心者，本起于人民与国土相关之感情，而又为组织国家最要之原质，足以挽将衰之国运，而使之隆盛，实国民最大之义务，而不可不三致意者焉。

【译文】

爱国心，来自人民对国土的感情，好比是家人对于自家宅院和田产的感情。游牧时代的人民，跟着水草到处迁徙，没有固定的居住之地，当然也就无所谓爱不爱国。后来，世代居住一地的人类，开始学会划定疆界，开荒种地，建设房屋，全身心地投入到这块土地之中，因此产生了爱惜和依恋土地的心理，这就是爱国之心的起源。后来土地逐渐开拓扩张，人们开始建立城镇、都会，并成立政府，推举文武百官来管理共同的事务。从法律典章制度的设立，到风俗习惯的承袭和变革，以及语言文字的发明应用等方面，逐步形成了一个独特的国家，而这个国家又和别的国家互相交涉，于是，爱国心就演变成人民的义务了。

人民爱国心的强弱，和国运是否昌盛关系紧密。如果建立一个国家，所有的制度都已经具备，而国民却不符合国家的要求，那么这个国家的精神，是不可能得到振兴的。一样的国土，一样的民族，一样的语言，一样的风俗习惯，不是不能让人民有十分亲密的感情，而一样的政府，一样的法律，一样的文献传说，也不是不能让人们有互相协作的兴趣，但是，如果没有爱国心作为核心，那么这个国家的人民就只能一起享受安乐，而不能共同度过忧患。国家一旦突然发生重大的军政事件，这样的人民当然无法一心一意地保全自己的国家。因此，爱国心其实是一个国家的命脉，如果有，则所有其他的因素，都可以在此基础上锻炼出来；如果没有，那么其他的一切都是无用的东西。

爱国之心，虽然人人都有，但是因为各自情况不同，不会没有强弱多少的差别。既然已经将爱国心当做是一种义务了，那么所有的人都应该以此来勉励自己，将爱国心贯穿于所做的事情之上，并让爱国心和志向统一起来，不至于产生相互间的抵触。

人民的爱国心，永远会随着国运的盛衰而起伏。基本上，当一个国家即将兴盛之时，或者快要灭亡之时，又或者遭逢重大事件之时，国民的爱国主义精神就会被激发起来。国家即将兴盛之时，人人奋勇努力，希望本国的国力能远远超过其他的国家，他们一往无前的勇气，就像初升的太阳一样。以前罗马帝国极盛之时，名将一批一批地相继涌现，士兵个个不畏惧死亡，奋勇向前，把吞并周围的国家当成是自己分内的事情。国家衰亡或者遭逢重大事情的时候，因为担心国家会灭亡，所有人的内心都会激励起忠义的情感，纷纷挺身而出，以拯救国家于危难之中，那种悲壮沉痛的情景真是宏伟，如阿诺德·温克里德对于瑞士，科希丘什科对于波兰所做的贡献，就是体现了这种精神。

这样看来，爱国心就是源于人民和国土之间的深厚感情，同时也是国家存在最为重要的元素，它能挽救即将衰落的国运。让爱国心发达起来，是每个国民最为重要的责任。这是我不得不再三表达爱国心之重要性的原因。

第七节　国际及人类

国民当知
外交

大地之上，独立之国，凡数十。彼我之间，聘问往来，亦自有当尽之本务。此虽外交当局者之任，而为国民者，亦不可不通知其大体也。

以道德言之，一国犹一人也，惟大小不同耳。国有主权，犹人之有心性。其有法律，犹人之有意志也。其维安宁，求福利，保有财产名誉，亦犹人权之不可侵焉。

一国犹一人

国家既有不可侵之权利，则各国互相爱重，而莫或相侵，此为国际之本务。或其一国之权利，为他国所侵，则得而抗拒之，亦犹私人之有正当防卫之权焉。惟其施行之术，与私人不同。私人之自卫，特在法律不及保护之时，苟非迫不及待，则不可不待正于国权。国家则不然，各国并峙，未尝有最高之公权以控制之，虽有万国公法，而亦无强迫执行之力。故一国之权利，苟被侵害，则自卫之外，别无他策，而所以实行自卫之道者，战而已矣。

国家自卫之权

战之理，虽起于正当自卫之权，而其权不受控制，国家得自由发敛之，故常为野心者之所滥用。大凌小，强侮弱，虽以今日盛唱国际道德之时，犹不能免。惟列国各尽其防卫之术，处攻势者，未必有十全之胜算，则苟非必不得已之时，亦皆惮于先发。于是国际龃龉之端，间亦恃万国公法之成文以公断之，而得免于战祸焉。

战为不得已之事

然使两国之争端，不能取平于樽俎之间，则不得不以战役决之。开战以后，苟有可以求胜者，皆将无所忌而为之，必屈敌人而后已。惟敌人既屈，则目的已达，而战役亦于是毕焉。

开战之时，于敌国兵士，或杀伤之，或俘囚之，以杀其战斗力，本为战国应有之权利，惟其妇孺及平民之不携兵器者，既不与战役，即不得加以戮辱。敌国之城郭堡垒，固不免于破坏，而其他工程之无关战役者，亦不得妄有毁损。或占而有之，以为他日赔偿之保证，则可也。其在海战，可以捕敌国船舰，而其权惟属国家，若纵兵卤掠，则与盗贼奚择焉?

战时之道德

在昔人文未开之时，战胜者往往焚敌国都市，掠其金帛子女，是谓借战胜之余威，以逞私欲，其戾于国际之道德甚矣。

国际道德之进步

近世公法渐明，则战胜者之权利，亦已渐有范围，而不至复如昔日之横暴，则亦道德进步之一征也。

国家者，积人而成，使人人实践道德，而无或悖焉，则国家亦必无非理悖德之举可知也。方今国际道德，虽较进于往昔，而野蛮之遗风，时或不免，是亦由人类道德之未尽善，而不可不更求进步者也。

待遇人类之道

人类之聚处，虽区别为各家族，各社会，各国家，而离其各种区别之界限而言之，则彼此同为人类，故无论家族有亲疏、社会有差等，国家有与国、敌国之不同，而既已同为人类，则又自有其互相待遇之本务可知也。

人我同享其利

人类相待之本务如何？曰：无有害于人类全体之幸福，助其进步，使人我同享其利而已。夫笃于家族者，或不免漠然于社会，然而社会之本务，初不与家族之本务相妨。忠于社会者，或不免不经意于国家，然而国家之本务，乃适与社会之本务相成。然则爱国之士，屏斥世界主义者，其未知人类相待之本务，固未尝与国家之本务相冲突也。

红十字会

譬如两国开战，以互相杀伤为务者也。然而有红十字会者，不问其伤者为何国之人，悉噢咻而抚循之，初未尝与国家主义有背也。夫两国开战之时，人类相待之本务，尚不以是而间断，则平日盖可知矣。

【译文】

世界上独立的国家有好几十个。他们彼此之间互通往来，也应该有一些互相履行的责任。这虽然是外交部分的职责，但身为普通国民，却也不能不懂得其中的要领。

从道德的观念来看，一个国家和一个人很像，只是大小不同而已。国家有主权，好比人有自己的性情。国家有法律，好比人有自己的意志。国家追求安宁和福利，要保护国家的财产和名誉，这也和每个人都有自己不可侵犯的权利一样。

国家既然有不可侵犯的权利，那么不同的国家之间就应该互相尊重友爱，不要互相侵犯，这是国际交往的基本原则。如果国家的正当权利受到其他国家的侵犯，那么，就像每个人都有正当防卫的权利一样，国家也有反抗的权利，只不过国家反抗外来侵犯的方法和个人不同。私人自卫，是在法律无法保护的情况下，如果不是事情特别紧急，那就一定要等待政府权力的裁决。国家就不是这样了，无数国家并存于这个世界，但却没有一个世界性的权力机关可以管制这些国家，虽然有所谓的国际法，但它并没有强制执行的能力。因此，一个国家的权利如果受到侵害，除了自卫之外，是没有更好的办法的，而能够自卫的手段，就是战争。

战争的原理，虽然源自正当自卫的权利，但是，由于这个权利完全不受制约，每个国家都可以自由地挑起或终止战争，因此，常常被野心家所滥用。以大欺小、恃强凌弱的事情，即便是在高唱国际道德的现代，也不能完全避免。只是每个国家都在尽力发展自卫的技术，发动战争的一方，很难有必胜的把握，所以，不到万不得已的时候，大多数国家都不敢主动挑起战争。由于这个原因，国际间的很多争端，才能用国际法的成文规定来公开裁决，从而避免了战争的祸害。

但如果国家之间的争端不能在谈判桌上解决，那么肯定还是要通过战争来解决。而一旦开战，那么最后取胜的一方，一定会毫无顾忌、为所欲为地让对方屈从自己的意愿。只有战败者屈从，战胜者的目的才能达到，而战争也才能够结束。

战争期间，杀伤或者俘虏敌方士兵，以降低他们的战斗力，这本来是战时国家的合理权利，但是，敌对方的妇女儿童以及其他没有武装的平民，既然没有参与战斗，就不应该被屠杀或侮辱。敌方的城市和堡垒，当然也不可避免地会被损坏，但其他和战斗没有关系的工程，就不应该随意破坏了。不过如果只是占领这些工程，以便日后作为索取战争赔偿的保证，那就可以了。而海战时缴获的敌方舰船，它的所有权属于我方国家，如果随便抢掠，那不就成了强盗了？

以前人类文明不够开化的时候，战胜的一方常常焚烧敌方的城池，掠夺他们的财产和人口，借着胜利的威风来满足自己不正当的欲望，这远远背离了国际上的道德精神。近代以来，国际法日益明确，战胜国的权利范围也逐渐得以清楚的界定，因而战胜国不能再像以前一样强横暴戾，这也是人类道德水平进步的一个证明。

所谓国家，是由无数人聚集而成的，如果所有人都能真正履行道德的准则，而不去违反，那么国家也一定不会有违反理性道德的举动，这是可想而知的。现在的国际道德，虽然比以前有所进步，但骨子里遗留的野蛮习气，还是会时不时地显示出来，这说明人类的道德还没有发展到尽善尽美的程度，仍有待进一步地提高。

人类聚集到一起，虽然分为不同的家族、社会、国家，但如果不考虑这些外在区别，那么所有人都是人类的一分子。无论家族是亲是疏，社会是异是同，国家是敌是友，既然都是人类的一员，那么可想而知，每个人都应该各自承担一些人与人之间在互相对待中应该履行的责任。

人类相互之间的责任是怎样的？我的回答是：不损害人类的总体幸福，帮助其他人进步，让更多的人来分享利益。就是这么简单。一个人如果固守家族的观念，就可能会忽视了社会的责任，但是，社会的责任原本就和家族的责任是一致的。太执着于社会责任的人，也免不了会遗忘了对国家的责任。但是，人们对国家的责任其实是和社会责任相辅相成的。而过激的爱国主义者，常常排斥世界主义观念的人，他们不知道人类之间的相互责任，其实和个人对国家的责任并不冲突。

比如两国交战，互相以杀伤对方为目的。但是，国际红十字会组织却不管伤员属于哪个国家，都一律用心地安抚和医治，其初衷并没有违背国家主义。这么看来，即便是战争的时候，人类相互之间的责任也不能因此而不顾，更不用说在平常的时候了。

第五章　职业

第一节　总论

凡人不可以无职业，何则？无职业者，不足以自存也。

人不可无职业

人虽有先人遗产，苟优游度日，不讲所以保守维持之道，则亦不免于丧失者。且世变无常，千金之子，骤失其凭借者，所在多有，非素有职业，亦奚以免于冻馁乎？

游民为社会之公敌

有人于此，无材无艺，袭父祖之遗财，而安于怠废，以道德言之，谓之游民。游民者，社会之公敌也。不惟此也，人之身体精神，不用之，则不特无由畅发，而且日即于耗废，过逸之弊，足以戕其天年。

利用资财之道

为财产而自累，愚亦甚矣。既有此资财，则奚不利用之，以讲求学术，或捐助国家，或兴举公益，或旅行远近之地，或为人任奔走周旋之劳，凡此皆所以益人裨世，而又可以自练其身体及精神，以增进其智德；较之饱食终日，以多财自累者，其利害得失，不可同日而语矣。夫富者，为社会所不可少，即货殖之道，亦不失为一种之职业，但能善理其财，而又能善用之以有裨于社会，则又孰能以无职业之人目之耶？

人不可无职业，而职业又不可无选择。盖人之性质，于素所不喜之事，虽勉强从事，辄不免事倍而功半；从其所好，则劳而不倦，往往极其造诣之精，而渐有所阐明。故选择职业，必任各人之自由，而不可以他人干涉之。

选择职业

自择职业，亦不可以不慎，盖人之于职业，不惟其趣向之合否而已，又于其各种凭借之资，大有关系。尝有才识不出中庸，而终身自得其乐；或抱奇才异能，而以坎坷不遇终者；甚或意匠惨淡，发明器械，而绌于资财，赍志以没。世界盖尝有多许之奈端（Newton，通译牛顿）、瓦特其人，而成功如奈端、瓦特者卒鲜，良可慨也。是以自择职业者，慎勿轻率妄断，必详审职业之性质，与其义务，果与己之能力及境遇相当否乎，即不能辄决，则参稽于老成练达之人，其亦可也。

**自择职业
不可不慎**

凡一职业中，莫不有特享荣誉之人，盖职业无所谓高下，而荣誉之得否，仍关乎其人也。其人而贤，则虽屠钓之业，亦未尝不可以显名，惟择其所宜而已矣。

**职业无高
下**

承平之世，子弟袭父兄之业，至为利便，何则？幼而狎之，长而习之，耳濡目染，其理论方法，半已领会于无意之中也。且人之性情，有所谓遗传者。自高、曾以来，历代研究，其官能每有特别发达之点，而器械图书，亦复积久益备，然则父子相承，较之崛起而立业，其难易迟速，不可同年而语。我国古昔，如历算医药之学，率为世业，而近世音律图画之技，亦多此例，其明征也。惟人之性质，不易揆以一例，重以外界各种之关系，亦非无龃龉于世业者，此则不妨别审所宜，而未可以胶柱而鼓瑟者也。

**袭父兄职
业之利便**

自昔区别职业，士、农、工、商四者，不免失之太简，泰西学者，以计学之理区别之者，则又人自为说，今核之于道德，则不必问其业务之异同，而第以义务如何为标准，如劳

心、劳力之分，其一例也。而以人类生计之关系言之，则可

劳心劳力 大别为二类：一出其资本以营业，而借劳力于人者；一出其

之分 能力以任事，而受酬报于人者。甲为佣者，乙为被佣者，二

者义务各异，今先概论之，而后及专门职业之义务焉。

【译文】

人不可以没有职业，为什么？因为没有职业的人，无法让自己生存下去。一个人，就算有祖上的遗产，但如果一天到晚纵情游玩，不讲求守护的办法，那么早晚会丧失自己的财产。何况世界变化无常，原本家财万贯，却在一夜之间失去依靠的，大有人在。如果没有一份固定的职业，怎么能避免受冻挨饿呢？

有的人活着，没有什么本事，只能靠继承的先辈遗产过活，却心安理得地终日无所事事。从道德的角度来说，他们是游民，而游民即是社会的公敌。不单单如此，从个人的角度来说，人的身体和精神，如果不用，不但不能自然通畅，而且会日益亏损。安逸过度的坏处，是会伤害其自身的自然寿命。因为有财产反而受累，真是太愚蠢了。既然有这些财产，为什么不用它来增进学问，或者捐赠给国家，或者兴办公益事业，或者到远近各地去旅行，或者为了帮助他人而四处奔走呢？这些都对世界、对人类有所帮助，而且还可以锻炼自己的身体和精神，增加自己的知识和修养。对比一天到晚只知道填饱肚子，因为有钱反而拖累自己的状况，此两者间的利害得失，实在不在同一个级别上。这个社会不能缺少有钱人，经商也算得上是一种职业，只要能很好地打理自己的财产，并且将财产用在对社会有用的地方，又怎么能当他是没有职业的人呢？

人不可以没有职业，而职业又不能不有所选择。人的本性是对于自己不喜欢的事情，即便勉强去做，也很难有所成就，而如果做自己喜欢的事情，则能不知疲倦，往往还能达到极高的境界，逐步地阐释出其中的道理。所以，选择职业，一定要依照每个人的自由爱好，别人不应该横加干涉。

自己选择职业，同样不能不小心谨慎。职业的好坏，对于每个人来说，不只是兴趣爱好是否对口那么简单，还和他所能凭借的各种资源也有着莫大

关系。有的人才能平庸，但一辈子快乐自得；有的人才能过人，却一生坎坷不平；有的人几十年用心良苦，发明机器物件，但由于资金不足，怀抱着未能达成的志愿而死去。这个世界上有许多像牛顿、瓦特一样的天才，但像他们这样成功的人却寥寥无几，真是令人慨叹。所以自己选择职业的人，千万不能草率决定，一定要仔细考察职业的性质，看看是否真的和自己的能力和资源相当，如果不能决断，就要请教经验丰富的人，以便借鉴。

每一种职业里，都有享有崇高荣誉的人。但职业本身并没有贵贱之分，能否得到荣誉，关键在于个人。只要是贤达之人，就算是屠夫、渔翁，都一样可以名扬天下，只是看选择哪个更适合自己而已。

太平安定的年代，子弟继承父兄的职业是很便利的。为什么呢？因为从小就和这个职业很亲近，长大后又很快学着从事，耳濡目染，习以为常，关于这个行业的理论和方法，有意无意之间自然就掌握了。何况，人的秉性也是会遗传的，如果祖上几代一直在研究同一种事物，那么在家族遗传上也必然会有一些传承下来的。此外，各种器械设备、书籍资料也会随着几代人的不断积累而越来越完备。因此，继承父祖之业和从零开始的白手起家，两者之间的难易、快慢程度，真的就不在一条水平线上了。我国古代如天文历法、算术医药等学问，都是世代为业。近代的音乐绘画等门类，也多有这种情况，这就是子承父业的优点的证明。但人的本性，是很难简单揣测的，再加上每个人成长的外界环境与经历都各不相同，肯定也有不喜欢继承家业的。这种情况不妨单独对待，不必像用胶水把琴瑟上的调音钮粘住后再来弹奏一样，固执拘泥，不知变通。

我们以前把职业简单地分为士、农、工、商四种，未免太过简略。西方的学者，从经济学的角度来划分，却又观点不一。现在，我们可以从道德角度来衡量，不管具体业务的异同，单以承担的具体工作为标准。比如脑力劳动、体力劳动就是一种分法。而根据谋生的办法来说，又可以分为两大类：一类是提供资本来营业，需要借助别人的劳力；另一类是提供自己的劳动力为他人办理事情，从而收取他人的报酬。前一种是雇佣者，而后一种是被雇佣者，两者的义务不同，这里先大概说一下，后面再专门论述一些特定职业的义务。

第二节　佣者及被佣者

佣者以正当之资本，若智力，对于被佣者，而命以事务给以佣值者也，其本务如左（原书稿为竖排）：

佣者之本务

给工值之法

凡给于被佣者之值，宜视普通工值之率而稍丰赡之，第不可以同盟罢工，或他种迫胁之故而骤丰其值。若平日无先见之明，过啬其值，一遇事变，即不能固持，而悉如被佣者之所要求，则鲜有不出入悬殊，而自败其业者。

佣者宜保护被佣者

佣者之于被佣者，不能谓值之外，别无本务，盖尚有保护爱抚之责。虽被佣者未尝要求及此，而佣者要不可以不自尽也。如被佣者当劳作之时，猝有疾病事故，务宜用意周恤。其他若教育子女，保全财产，激厉贮蓄之法，亦宜代为谋之。惟当行以诚恳恻怛之意，而不可过于干涉，盖干涉太过，则被佣者不免自放其责任，而失其品格也。

役使不可过酷

佣者之役使被佣者，其时刻及程度，皆当有制限，而不可失之过酷，其在妇稚，尤宜善视之。

凡被佣者，大抵以贫困故，受教育较浅，故往往少远虑，而不以贮蓄为意，业繁而值裕，则滥费无节；业耗而佣俭，则口腹不给矣。故佣者宜审其情形，为设立保险公司，贮蓄银行，或其他慈善事业，为割其佣值之一部以充之，俾得备不时之需。如见有博弈饮酒，耽逸乐而害身体者，宜恳切劝谕之。

凡被佣者之本务，适与佣者之本务相对待。被佣者之于佣者，宜挚实勤勉，不可存嫉妒猜疑之心。

盖彼以有资本之故，而购吾劳力，吾能以操作之故，而取彼资财，此亦社会分业之通例，而自有两利之道者也。

被佣者之本务

被佣者之操作，不特为对于佣者之义务，而亦为自己之利益。盖怠惰放佚，不惟不利于佣者，而于己亦何利焉？故挚实勤勉，实为被佣者至切之本务也。

资财劳力相交易

休假之日，自有乐事，然亦宜择其无损者。如沉湎放荡，务宜戒之。若能乘此暇日，为亲戚朋友协助有益之事，则尤善矣。

怠惰放佚之害

凡人之职业，本无高下贵贱之别。高下贵贱，在人之品格，而于职业无关也。被佣者苟能以暇日研究学理，寻览报章杂志之属，以通晓时事，或听丝竹，观图画，植花木，以优美其胸襟，又何患品格之不高尚耶？

休假日之行乐

佣值之多寡，恒视其制作品之售价以为准。自被佣者观之，自必多多益善，然亦不能不准之于定率者。若要求过多，甚至纠结朋党，挟众力以胁主人，则亦谬矣。

佣值不宜要求过多

有欲定画一之佣值者，有欲专以时间之长短，为佣值多寡之准者，是亦谬见也。盖被佣者，技能有高下，操作有勤惰，责任有重轻，其佣是亦谬见也。盖被佣者，技能有高下，操作有勤惰，责任有重轻，其佣值本不可以齐等，要在以劳力与报酬，相为比例，否则适足以劝惰慢耳。惟被佣者，或以疾病事故，不能执役，而佣者仍给以平日之值，与他佣同，此则特别之惠，而未可视为常例者也。

劳力与报酬相为比例

孟子有言：无恒产者无恒心。此实被佣者之通病也。惟无恒心，故动辄被人指嗾，而为疏忽暴戾之举，其思想本不免偏于同业利益，而忘他人之休戚，又常以滥费无节之故，而流于困乏，则一旦纷起，虽同业之利益，亦有所不顾矣，此皆无恒心之咎，而其因半由于无恒产，故为被佣者图久长之计，非平日积恒产而养恒心不可也。

恒产恒心

农夫最重地产，故安土重迁，而能致意于乡党之利害，其挚实过于工人。惟其有恒产，是以有恒心也。顾其见闻不出乡党之外，而风俗习惯，又以保守先例为主，往往知有物质，**教育农民** 而不知有精神，谋衣食，长子孙，囿于目前之小利，而不遑远虑。即子女教育，亦多不经意，更何有于社会公益、国家大计耶？故启发农民，在使知教育之要，与夫各种社会互相维系之道也。

我国社会间，贫富悬隔之度，尚不至如欧美各国之甚，故均富主义，尚无蔓延之虑。然世运日开，智愚贫富之差，亦随而日异，智者富者日益富，愚者贫者日益穷，其究也，必不免于悬隔，而彼此之冲突起矣。及今日而预杜其弊，惟在教育农工，增进其智识，使不至永居人下而已。

【译文】

雇佣者以正当的资本，用自己的智慧来投资某一项产业，并安排被雇佣者负责一些事务，以便给他雇佣的酬劳。雇佣者应尽的义务在于：

给被雇佣者的酬劳，应该比市场平均的收入要多一些。但是，雇佣者却不可以因为被雇佣者联合罢工，或者其他威胁的原因而突然提高被雇佣者的收入。如果雇佣者平时没有先见之明，过于压低被雇佣者的酬劳，一旦遇到变故，肯定无法坚持，而只能答应被雇佣者的要求，这么一来，就和原来给予的酬劳相差极大，反而远远高过本来应给予的酬劳，最终一定会败坏自己的产业。

雇佣者对于被雇佣者，不能说除了酬劳以外就没有别的责任了，还应有保护和关爱被雇佣者的义务。虽然被雇佣者没有要求这一点，但雇佣者却不能不尽到应尽的义务。如果被雇佣者在工作时，突然有什么疾病或事故，雇佣者一定要懂得给予善意的体恤。其他比如教育子女、持家理财等方法，也应该为其多加考虑。只是应该以坦诚恳切的态度来建议他，千万不能硬性地加以干涉，如果干涉过度，被雇佣者反而容易忘记自身的责任，从而失掉了个人应有的品格。

雇佣者使唤被雇佣者的时间和强度，都应该有一定的限度，不能过于残忍，尤其是对于妇女和年幼的人，一定要仁爱地对待他们。

通常被雇佣的人，大多因为出身贫困而受教育程度较低，所以往往缺乏深谋远虑，而不懂得储蓄。企业兴盛，收入较好的时候，他们常常滥用无度，等到企业衰落，收入变少的时候，他们就会无米下锅。所以，雇佣者应该观察其情形，设立保险公司、储蓄银行，或者别的社会保障性的公益事业，并从被雇佣者的薪酬中拿出一部分来投入这些事业。如果看到被雇佣者有赌博酗酒、耽于享乐而伤害自己的身体时，也应该恳切地劝阻他们。

被雇佣者的义务，刚好和雇佣者的义务相对应。

被雇佣者对于雇佣者，应该真诚而勤勉，不能心存嫉妒和猜疑的心理。雇主以自己的资本来购买我的劳动力；我用自己的劳动，来获取雇主的财物，这是社会平等分工的基本原理，也是对双方都有利的规则。

被雇佣者的劳动，不仅是为了完成对雇佣者的义务，同时也是为了自己的长远利益。懈怠懒惰、放纵不羁，不仅对雇佣者不利，对于被雇佣者本人来说又能有什么好处呢？所以，真诚和勤勉，实在是被雇佣者最为根本的义务。

放假的日子，自然可以安排一些令人高兴的娱乐，但还是应该选择那些不会伤害自己的事情。像是毫无节制地沉湎于享乐，就应该加以戒除。如果愿意，可以趁着闲暇的日子，去为亲戚朋友们帮忙，做一些有益的事情，那就更有价值了。

人的职业，本来并没有高下贵贱的差别。高下贵贱的关键在于人的品格，和从事的职业并没有什么关系。如果被雇佣者能够在闲暇时多研究一些学问道理，多阅读一些报刊杂志，以便进一步了解这个社会，或者听听音乐，培植花卉树木，以便提升自己的格调，又怎么会需要担心自己的品格不够高尚呢？

薪酬的多少，通常要参考受雇佣者制作的产品的售价。从被雇佣者的角度来看，当然是越多越好，但也不可能没有一个规范。如果索要的薪酬过高，甚至结成利益集团，倚仗众人来威胁主人，那可就大错特错了。

有的人想制定完全平均的薪酬，有的人想以时间长短来作为标准，这都是错误的。这是因为被雇佣的人，实际能力有高有低，劳动态度有的勤勉、有的懈怠，所负担的责任也有轻有重，他们的收入本来就不应该一样。关键在于付出的劳动和得到的报酬之间，要有一个合理的比例，否则，就会使被雇佣者逐渐懒惰怠慢，丧失工作的积极性。如果被雇佣者因为生病无法工作，而雇佣者仍然给予他和平常一样的薪酬，这应该算作是特别情况下的恩惠，并不能作为惯例。

孟子说："无恒产者无恒心。"意思是说，没有固定资产的人，就没有稳固的道德观念和行为准则。这其实是很多被雇佣者的通病。因为没有"恒心"，所以容易被人恶意指使，而作出粗心大意或凶暴残忍的举动。他们的思想原本不免偏心于同一行业的人，而忘记其他人的权益，再加上常常因为花费无度而生活困顿，一旦闹起事来，就算是同业的权益，也常常不能顾及。这都是缺乏"恒心"的后果，究其原因，又是因为缺少固定资产。所以，为被雇佣者考虑长久之计，只有平常多积累资产，才能更好地培养自己的"恒心"。

农民最重视地产，所以有安于本乡本土，不愿意轻易迁移的观念，他们对于同乡利益的关注，要比工人真挚得多。这是因为他们有固定的资产，所以相对比较有稳固的道德观念和行为准则。但他们的见识局限于家乡一地，风俗习惯也以保持传统为主流，往往只知道有物质生活，而不知道有精神生活；关心衣食来源和子孙后代，却常常局限于眼前的小利，而不顾及长远的利益。就算是教育子女也常常不用心，哪还有空对社会公益和国家大事表示关心？因此，启发农民，关键在于让他们知道教育的重要性，以及社会各行各业互相维系的道理。

我国社会的贫富差距，还没有欧美各国那么厉害，所以，均富主义暂时还没有蔓延开来的倾向。但世界日渐发展，聪明和愚笨、贫困和富有之间的差别也随之日益扩大，聪明的人、有钱的人越来越富有，笨人、穷人越来越贫困。这样发展下去，阶层差别日益悬殊，相互之间的冲突肯定就会爆发。今天我们想要杜绝这种可怕的恶果，只有努力提高农民和工人的教育水平，增进他们的知识和见识，使他们不至于永远绝望地处于社会的最底层。

第三节　官吏

佣者及被佣者之关系，为普通职业之所同。今更将专门职业，举其尤重要者论之。

官吏之本务

官吏者，执行法律者也。其当具普通之智识，而熟于法律之条文，所不待言，其于职务上所专司之法律，尤当通其原理，庶足以应蓄变之事务，而无失机宜也。

不勤不精之咎

为官吏者，既具职务上应用之学识，而其才又足以济之，宜可称其职矣。而事或不举，则不勤不精之咎也。夫职务过繁，未尝无日不暇给之苦，然使日力有余，而怠惰以旷其职，则安得不任其咎？其或貌为勤劬，而治事不循条理，则顾此失彼，亦且劳而无功。故勤与精，实官吏之义务也。世界各种职业，虽半为自图生计，而既任其职，则即有对于委任者之义务。

负公众之责任

况官吏之职，受之国家，其义务之重，有甚于工场商肆者。其职务虽亦有大小轻重之别，而其对于公众之责任则同。夫安得漫不经意，而以不勤不精者当之耶？

操守

勤也精也，皆所以有为也。然或有为而无守，则亦不足以任官吏。官吏之操守，所最重者："曰毋黩货，曰勿徇私。官吏各有常俸，在文明之国，所定月俸，足以给其家庭交际之费而有余，苟其贪黩无厌，或欲有以供无谓之糜费，而于应得俸给以外，或征求贿赂，或侵蚀公款，则即为公家之罪人，虽任事有功，亦无以自盖其愆矣。至于理财征税之官，尤以此为第一义也。

官吏之职，公众之职也，官吏当任事之时，宜弃置其私人之资格，而纯以职务上之资格自处。故用人行政，悉不得参以私心，夫征辟僚属，诚不能不取资于所识，然所谓所识者，乃识其才之可以胜任，而非交契之谓也。若不问其才，而惟以平日关系之疏密为断，则必致偾事。又或以所治之事，与其戚族朋友有利害之关系，因而上下其手者，是皆徇私废公之举，官吏宜悬为厉禁者也。

不可徇私意

官吏之职务，如此重要，而司法官之关系则尤大。何也？国家之法律，关于人与人之争讼者，曰民事法；关于生命财产之罪之刑罚者，曰刑事法。而本此法律以为裁判者，司法官也。

司法官之本务

凡职业各有其专门之知识，为任此职业者所不可少，而其中如医生之于生理学，舟师之于航海术，司法官之于法律学，则较之他种职业，义务尤重，以其关于人间生命之权利也。使司法官不审法律精意，而妄断曲直，则贻害于人间之生命权至大，故任此者，既当有预蓄之知识；而任职以后，亦当以暇日孜孜讲求之。

知识

司法官介立两造间，当公平中正，勿徇私情，勿避权贵，盖法庭之上，本无贵贱上下之别也。若乃妄纳贿赂，颠倒是非，则其罪尤大，不待言矣。

公平中正

宽严得中，亦司法者之要务，凡刑事裁判，苟非纠纷错杂之案，按律拟罪，殆若不难，然宽严之际，差以毫厘，谬以千里，亦不可以不慎。至于民事裁判，尤易以意为出入，慎勿轻心更易之。

宽严得中

大抵司法官之失职，不尽在学识之不足，而恒失之于轻忽，如集证不完，轻下断语者是也。又或证据尽得，而思想不足以澈之，则狡妄之供词，舞文之辩护，伪造之凭证，皆足以眩惑其心，而使之颠倒其曲直。故任此者，不特预储学识之为要，而尤当养其清明之心力也。

戒轻忽

【译文】

雇佣者和被雇佣者的关系，在所有正常的行业里都是一样的。下面我将进一步举例论述一些比较重要的职业。

政府官员和公务员，是执行法律的人。他们除了要具备常人所必需的智力和知识之外，还必须熟悉国家的法律法规，对于工作范围内所要用到的法律，更应该精通它的原理，只有这样才能应对不断变化的职务需要，而不至于找不到处理事情的方法。

政府官员和公务员，既要有职务所需要的学识，又要有足够的才能来协调完成工作，这样才能算是称职。要是事情没做好，那一定是因为不够勤奋、不够细心所导致。如果职务实在过于繁重，当然也会有事情太多、时间不够用的时候，但如果精力有余，却因为懒惰而耽误了工作，那怎么能不承担起自己造成的过失呢？这些人可能看起来很忙，其实办事缺乏条理，常常顾此失彼，辛苦半天却什么事情都没做完。因此，勤奋与细心，实在是政府官员和公务员的重要义务。世界上的职业，虽然多半是为了图谋生计，但既然接受了职务，就应该要负担起对委托人的责任。更何况政府官员和公务员的职务，是国家授予的，所承担的责任当然要比一般私营企业的职员重大得多。他们的职务虽然也有轻重大小的区别，但对于公众的责任却都一样重要。怎么能粗心大意，而不勤奋细心地对待呢？

勤奋、细心，是为了有所作为。但如果很有作为却失去道德的操守，也同样没有资格担任政府官员或公务员。因其道德操守，最重要的是：不贪钱、不徇私。他们都有固定的工资，在文明的国家里，这些收入足够支付家庭生活和社交所必需的花销，而且还会有剩余。如果他们因贪得无厌，或者想要支付额外享受的开销，而在应得的收入之外索取贿赂，或者侵夺公款，那么，他们就是公家的罪人，就算在职位上有一些作为，也无法掩盖其罪行。尤其是有关工商税务一类的政府官员，更应该以这条基本的操守作为自己行为的第一准则。

政府官员和公务员的职业，是要对公众负责的职业。在他们任职的时候，应该忘掉自己在社会上的个人身份，而以职务上的身份来考虑事情。因此，不管是用人还是施政，都不能掺杂一丝半点的私心。选聘下属，当然不能不借助于自己认识的人。但是，这里说"认识"的人，意思是知道他的才能足以胜任，而不是说和他私人交情很深。如果不管他的才识，而只以私下交情的远近来决定是否聘用，那么最终一定会坏事。或者，如果因为所管辖的事情和亲戚朋友有利害关系，就玩弄手法、串通作弊，这也同样是迁就私情而违背公理的行为，每个政府工作者都应该严令禁止。

政府官员和公务员的职务很重要，而法官的社会影响却比他们还要重大。为什么？一个国家的法律，有关私人之间争执的，叫做"民事法"；关于侵犯他人生命和财产的惩罚的，叫做"刑事法"。而根据这些法律来裁判是非对错的，就是法官。

每种职业都各有一些专业知识，是每个从业者都不可不知的。相对于其他职业，如生理学对于医生、航海术对于舵手等，法学知识对于法官尤为重要，这是因为这个职业与生命的权利紧密相关。如果法官不注意法律的深刻意旨，不管是非对错地胡乱判案，那么对人民生命权利的祸害肯定极大。因此，司职法官，一定要事先有知识上的充分准备，就职以后，也还要孜孜不倦地提高自己的专业水平。

法官是居于原告与被告中间的审判者，应该公平正直，不能为了私情而放弃原则，也不能因为权贵的介入而有意逃避。这是因为，在法庭上，本来就应该人人平等，没有高低贵贱的分别。如果法官擅自收受贿赂，故意颠倒黑白，那么他所犯下的罪行自然就极为恶劣，这是不言自明的。

宽严适中，也是法官的重要职责。一般刑事裁判，如果不是错综复杂的案子，按照法律条文的规定来定罪，并不是一件很难的事情。但是，宽严之间，只要有一点点的出入，就会造成很大的影响，不能不小心谨慎。至于民事裁判，个人的想法更容易掺杂进来，这就会造成偏离事实的可能，因此，千万不能漫不经心地随意更改。

基本上法官的失职很少在于学识不够，而常常是在于麻痹大意。比如证据收集不足，就轻易断案，或者，证据都拿到手了，却没能把它分析清楚。因此，诡诈的供状、虚假的辩词、伪造的证据，都会令其迷惑，从而使是非对错被颠倒。因此，担任法官职务的人，不单单要预备足够的学识，同时还一定要培养自己清晰的判断能力。

第四节　医生

医生之本务
医者，关于人间生死之职业也，其需专门之知识，视他职业为重。苟其于生理解剖，疾病症候，药物性效，研究未精，而动辄为人为诊治，是何异于挟刃而杀人耶？

守秘密
医生对于病者，有守秘密之义务。盖病之种类，亦或有惮人知之者，医生若无端滥语于人，既足伤病者之感情，且使后来病者，不敢以秘事相告，亦足以为诊治之妨碍也。

冒险
医生当有冒险之性质，如传染病之类，虽在己亦有危及生命之虞，然不能避而不往，至于外科手术，尤非以沉勇果断者行之不可也。

恳切
医生之于病者，尤宜恳切，技术虽精，而不恳切，则不能有十全之功。盖医生不得病者之信用，则医药之力，己失其半，而治精神病者，尤以信用为根据也。

勿欺
医生当规定病者饮食起居之节度，而使之恪守，若纵其自肆，是适以减杀医药之力也。故医生当勿欺病者，而务有以鼓励之，如其病势危笃，则尤不可不使自知之而自慎之也。

务强健其身体
无论何种职业，皆当以康强之身体任之，而医生为尤甚。遇有危急之病，祁寒盛暑，微夜侵晨，亦皆有所不避。故务强健其身体，始有以赴人之急，而无所濡滞。如其不能，则不如不任其职也。

【译文】

医生，是关系一个人死活的职业，这个职业对专业知识的需要，比其他职业更大。一个医生，如果对生理解剖、疾病症候、药物功效的研究不够透彻，动不动就为人诊治，这和持刀杀人有什么区别？

医生对于病人，有保守秘密的义务。这是因为有些疾病，一般人是害怕别人知道的，如果医生随便告诉别人，那么，这既会伤害患者的感情，也会使以后生病的人，不敢把真实情况告诉医生，从而妨碍科学诊治。

医生应该有冒险的精神，像是传染病之类的疾病，即便有被传染而危及自身性命的可能，也不能因为害怕就不敢去诊治。再比如像外科手术，不够冷静和果断的人是不足以担此重任的。

医生对于病人，尤其要态度恳切。如果技术高明，但为人却不够恳切，就不能完全发挥自己的真实水平。这是因为，医生如果得不到病人的信任，那么疗效就会丧失掉一大半，尤其是治疗精神性疾病，就更要以病人对医生的充分信任为基础。

医生应该规定病人的饮食起居标准，并让病人严格执行。如果放纵病人任意行事，就会使治疗的效果降低甚至丧失。因此，医生应该不要欺骗病人，而要尽量去鼓励他。如果病人病情危急，就更加不能不让他知道实际情况，并让他约束好自己的生活。

不管是什么职业，都要身体健康强壮的人才能胜任，医生尤其是这样。一旦遇到危急的情形，不管是严寒还是酷暑，是深夜还是黎明，都不能不去出诊。因此，一定要让自己的身体变得足够强健，这样才能拯救病人于危急之时，而不会耽误大事。如果一个医生做不到这一点，那就不如不要从事这个职业了。

第五节　教员

教员之本务

教员所授，有专门学、普通学之别，皆不可无相当之学识。而普通学教员，于教授学科以外，训练管理之术，尤重要焉。不知教育之学，管理之法，而妄任小学教员，则学生之身心，受其戕贼，而他日必贻害于社会及国家，其罪盖甚于庸医之杀人。愿任教员者，不可不自量焉。

富知识　　教员者，启学生之知识者也。使教员之知识，本不丰富，则不特讲授之际，不能详密，而学生偶有质问，不免穷于置对，启学生轻视教员之心，而教授之效，为之大减。故为教员者，于其所任之教科，必详博综贯，肆应不穷，而后能胜其任也。

教授管理　　知识富矣，而不谙教授管理之术，则犹之匣剑帷灯，不能展其长也。盖授知识于学生者，非若水之于盂，可以挹而注之，必导其领会之机，挈其研究之力，而后能与之俱化，此非精于教授法者不能也。学生有勤惰静躁之别，策其惰者，抑其躁者，使人人皆专意向学，而无互相扰乱之虑，又非精于管理法者不能也。故教员又不可不知教授管理之法。

教员为学生之模范　　教员者，学生之模范也。故教员宜实行道德，以其身为学生之律度，如卫生宜谨，束身宜严，执事宜敏，断曲直宜公，接人宜和，惩忿而窒欲，去鄙倍而远暴慢，则学生日熏其德，其收效胜于口舌倍蓰矣。

【译文】

教师所传授的学问，有专业知识和通用知识的区别，两者都需要有相当的学识才行。教授通用知识的教师，在自己所教的学科之外，提高管理的技巧是非常重要的。不懂得教育的技巧和管理的方法，而随便担任这一职务，那么学生的身心，一定会受到他的伤害，而这些受伤害的学生，以后又一定会危害社会和国家。因此这种教师犯下的罪行实在是比庸医杀人还要可怕。想要成为教师的人，不能不先搞清楚自己的能力！

教师，是启发学生知识的人。如果教师的知识本来就不够丰富，那么不仅讲课的时候不能严密，而且一旦学生偶尔提问，却无法应对，就会让学生产生鄙视教师的心理，这么一来，教学的效果一定很差。因此，身为教师，对于自己所任课的学科，一定要博学广闻、融会贯通，能从容地应对可能遇到的各种情况，然后才能胜任这个职业。

知识宏富，却不懂得授课和管理的技巧，就好像匣里的宝剑、帐里的明灯，剑气灯光若隐若现，却得不到充分的施展。这是因为，传授知识给学生，并不是像水和容器的关系仅止于随便拿个勺子盛水然后倒到容器里那么简单。一定要先启迪学生的领悟能力，激发他们的研究水平，然后才能升华提高，不精通授课技巧的教师是不可能达到的。学生有勤奋和懒惰、安静和躁动的区别，鞭策懒惰的，克制躁动的，让所有学生都能专心学习，而不至于互相扰乱，不懂得管理技巧的教师是不可能达到的。这么说来，作为一个教师，实在不能不懂得授课和管理的技巧啊。

教师，是学生的榜样。因此，一定要坚守道德的准则，用自己的一举一动来为学生作出表率，比如卫生要讲究、持身要严正、办事要灵活、评断是非要公正、接人待物要和气，还要能控制情绪和欲望，并远离凶暴傲慢和浅薄背理的人和事。这样一来，学生的德行素养每天都能得到正面的熏陶，收到的教育效果也定然会比空洞的说教要好上很多倍。

第六节　商贾

商贾之本务

商贾亦有佣者与被佣者之别。主人为佣者，而执事者为被佣者。被佣者之本务，与农工略同。而商业主人，则与农工业之佣者有异。盖彼不徒有对于被佣者之关系，而又有其职业中之责任也。农家产物之美恶，自有市价，美者价昂，恶者价绌，无自而取巧。

商务之道德

工业亦然，其所制作，有精粗之别，则价值亦缘之而为差，是皆无关于道德者也。惟商家之货物，及其贸易之法，则不能不以道德绳之，请言其略。

正直

正直为百行之本，而于商家为尤甚。如货物之与标本，理宜一致，乃或优劣悬殊，甚且性质全异，乘购者一时之不检，而矫饰以欺之，是则道德界之罪人也。

信用一失受损无穷

且商贾作伪，不特悖于道德而已，抑亦不审利害，盖目前虽可攫锱铢之利，而信用一失，其因此而受损者无穷。如英人以商业为立国之本，坐握宇内商权，虽由其勇于赴利，敏于乘机，具商界特宜之性质，而要其恪守商业道德，有高尚之风，少鄙劣之情，实为得世界信用之基本焉。

英国商人之正直

盖英国商人之正直，习以成俗，虽宗教亦与有力，而要亦阅历所得，知非正直必不足以自立，故深信而笃守之也。索士比亚（Shakespeare，通译莎士比亚）有言："正直者，上乘之策略。"岂不然乎？

【译文】

商人也有雇佣者与被雇佣者的区别。商业机构的主人是雇佣者，而办事的人是被雇佣者。被雇佣者的职责和农民工人相似。而商业的雇佣者和农业、工业的雇佣者却有所不同。这是因为，他们不仅要负有对被雇佣者的责任，还要有职业上的责任。农场产品的好坏，自然会有相应的市场行情，质量好的价格昂贵，质量差的价格低贱，没有可以取巧的地方。工业也是一样，工厂制作出来的产品有精致和粗劣的差别，其市场价值也会根据质量的好坏而自由变化，这些和人的道德都没有关系。只有商家的货物和他们贸易的方法，不能不以道德的准则来衡量。下面请允许我论述一下其中的简单道理。

正直是所有行业的根本，对于商家来说，是根本中的根本。比如，实际货物和提供的样品，从道理上来讲应该完全一致。如果二者的质量相差很远，甚至完全是两样东西，而商家趁购买者一时不小心，便以次充好，欺骗购买者，那么，这类商家就是道德上的罪人了。

何况，商人造假，还不仅仅是有悖于道德准则的问题，而且也可以说是不重视自己的长远利益。这是因为，虽然欺诈行为可以暂时获得微小的利益，但信用一旦丧失，从长远来看，就会给商家自己造成莫大的损失。比如英国人把商业视为国家生存的根本，控制了全世界的商业贸易大权。这虽然是源于他们勇于争夺利益、善于捕捉商机，具有发展商业的有利因素。但更重要的是，他们恪守商业道德，崇尚高尚的经营风气，很少表现出浅薄低劣的情形，从而实实在在地获得了全世界的信用，这才是最根本的原因。这是因为，英国商人的正直品格是长期以来逐渐约定俗成的，虽然宗教也起到了一定的作用，但关键在于长期的阅历已经告诉他们，不正直就无法让自己站稳脚跟，所以，他们坚信正直与守信的价值，并且一直忠实地遵守着这些准则。英国的大文豪莎士比亚有一句名言说："正直，是极高明的策略。"难道不是这样吗？

下 篇

第一章 绪论

人生当尽之本务，既于上篇分别言之，是皆属于实践伦理学之范围者也。今进而推言其本务所由起之理，则为理论之伦理学。

理论伦理学与实践伦理学之关系

理论伦理学之于实践伦理学，犹生理学之于卫生学也。本生理学之原则而应用之，以图身体之健康，乃有卫生学；本理论伦理学所阐明之原理而应用之，以为行事之轨范，乃有实践伦理学。世亦有应用之学，当名之为术者，循其例，则惟理论之伦理学，始可以占伦理之名也。

理论伦理学与自然科学之同异

理论伦理学之性质，与理化博物等自然科学，颇有同异，以其人心之成迹或现象为对象，而阐明其因果关系之理，与自然科学同。其阐定标准，而据以评判各人之行事，畀以善恶是非之名，则非自然科学之所具矣。

原理论伦理学之所由起，以人之行为，常不免有种种之疑问，而按据学理以答之，其大纲如下：

理论伦理
学之学理

问：凡人无不有本务之观念，如所谓某事当为者，是何由而起欤？

答：人之有本务之观念也，由其有良心。

问：良心者，能命人以某事当为，某事不当为者欤？

答：良心者，命人以当为善而不当为恶，

问：何为善，何为恶？

答：合于人之行为之理想，而近于人生之鹄者为善，否则为恶。

问：何谓人之行为之理想？何谓人生之鹄？

答：自发展其人格，而使全社会随之以发展者，人生之鹄也，即人之行为之理想也。

问：然则准理想而定行为之善恶者谁与？

答：良心也。

问：人之行为，必以责任随之，何故？

答：以其意志之自由也。盖人之意志作用，无论何种方向，固可以自由者也。

问：良心之所命，或从之，或悖之，其结果如何？

答：从良心之命者，良心赞美之；悖其命者，良心呵责之。

问：伦理之极致如何？

答：从良心之命，以实现理想而已。

伦理学之纲领，不外此等问题，当分别说之于后。

【译文】

人生应尽的义务，已经在上篇里分别讲述过了，都是属于实践伦理学的范畴。现在由此进而拓展，讲述使这个义务产生的道理，这就是理论伦理学。

理论伦理学和实践伦理学的关系，犹如生理学和卫生学的关系。遵循生理学的原则并应用到生活中，以此来追求身体的健康，这样就有了卫生学；遵循理论伦理学所阐明的原理，并应用到生活中，作为行事的规范，这样就有了实践伦理学。世上也有关于实际应用的学问，这样的"学问"应当命名为"技术"，遵循这个惯例，那么只有理论伦理学，才可以用"伦理"这个名称。

理论伦理学的性质，和物理、化学、博物等自然科学相比较，有相同也有不同之处。理论伦理学以人的心理活动的轨迹或现象为研究对象，来阐明其中的因果关系，这一点与自然科学相同。而理论伦理学是先确定一个标准，用标准来评判个人的行事，冠上善恶和是非的名义，这种做法则不是自然科学所具有的。

追溯理论伦理学的起源，是由于人的行为，这常常使人不免产生种种疑问，按照学科的理论来回答这些疑问，其大纲如下：

问：只要是人，无不具有"义务"的观念，比如说某一件事是"必须做"的，这种观念是从哪里产生的呢？

答：人之所以有义务的观念，是由于他有良心。

问：良心，能够命令人什么事应该做，什么事不应该做吗？

答：良心的作用，是命令人应当行善，而不应当作恶。

问：什么是善，什么是恶？

答：合乎人的行为的理想，并且接近人生目标的做法，是善，否则就是恶。

问：什么叫做人的行为的理想？什么叫做人生的目标？

答：自己发展自己的人格，最终使全社会随之发展进步，这是人生的目标，也就是人的行为的理想。

问：这样的话，那么是谁以理想为标准，界定了行为的善恶呢？

答：是良心。

问：人的行为，必定要伴随着责任，这是为什么？

答：这是因为他个人的意志是自由的。人的意志，无论其作用的方向如何，都是他自由选择的结果。

问：对于良心的命令，有的人听从，有的人违反，他们的结果会如何？

答：听从良心命令的人，得到良心的赞美；违反良心命令的人，受到良心的责备。

问：伦理学的最高顶点是什么？

答：无非是听从良心的命令，以实现理想而已。

伦理学的纲领，不外乎这一类的问题，后面将分别予以说明。

第二章 良心论

第一节 行 为

良心之作用

良心者，不特告人以善恶之别，且迫人以避恶而就善者也。行一善也，良心为之大快；行一不善也，则良心之呵责随之，盖其作用之见于行为者如此。故欲明良心，不可不先论行为。

行 为

世固有以人生动作一切谓之行为者，而伦理学之所谓行为，则其义颇有限制，即以意志作用为原质者也。

动作与行为之别

苟不本于意志之作用，谓之动作，而不谓之行为，如呼吸之属是也。而其他特别动作，苟或缘于生理之变常，无意识而为之，或迫于强权者之命令，不得已而为之。凡失其意志自由选择之权者，皆不足谓之行为也。

是故行为之原质，不在外现之举动，而在其意志。意志之作用既起，则虽其动作未现于外，而未尝不可以 谓之行为，盖定之以因，而非定之以果也。

行为之原
质为意志

法律与道
德之别

法律之中，有论果而不求因者，如无意识之罪戾，不免处罚，而虽有恶意，苟未实行，则法吏不能过问是也。而道德则不然，有人于此，决意欲杀一人，其后阻于他故，卒不果杀。以法律绳之，不得谓之有罪，而绳以道德，则已与曾杀人者无异，是知道德之于法律，较有直内之性质，而其范围亦较广矣。

【译文】

　　良心，不但告诉人善与恶的分别，而且能迫使人避开恶行，选择善行。做一件善事，良心将为之感到极大的快乐；做一件坏事，则会随之受到良心的谴责，这就是良心对个人行为作用的表现。所以，如果要明辨一个人的良心，不能不先讨论他的行为。

　　世界上固然有把人生的一切动作称作"行为"的说法，但伦理学上所谓的"行为"，意义则有很大限制，指的是以意志作用于本质的行为。倘若不是由于意志的作用而引发的，称作动作，不称作行为。比如呼吸之类的自然动作。而在此之外的其他特别动作，要么出于生理上常态或变化的需要，无意识地在做；要么迫于强权者的命令，不得已地去做。像这样，凡是在失去了个人的意志自由选择权下的所作所为，都不足以称它为行为。

　　因此，行为的本质，不在于外观显现的举动，而在于这个人的意志。意志的作用一旦产生，则尽管他的动作还没有显现于外，却未尝不能称之为行为，这是从其出发点"因"来确定的，而不是从产生的"果"来确定的。

　　在法律中，有只论后果而不追究前因的做法。例如，即便是在无意识的情况下犯罪，也不能避免处罚；相反，即使产生了恶意，但只要还没有实行犯罪，那么执法者也不能追究他的责任。然而，道德却不是这样，如果有人决定想要杀掉一个人，后来由于其他因素的阻碍没有实行，这种性质的行为从法律上来讲，不能算有罪。但若是以道德为准绳的话，就和已经杀了人的罪犯没有什么两样了。由这个例证，可以知道德和法律相比，具有直指内心的性质，所管辖的范围也比较广泛。

第二节　动机

意志作用
起于欲望

　　行为之原质，既为意志作用，然则此意志作用，何由而起乎？曰：起于有所欲望。此欲望者，或为事物所惑，或为境遇所驱，各各不同，要必先有欲望，而意志之作用乃起。

　　故欲望者，意志之所缘以动者也，因名之曰动机。

欲望名为
动机

　　凡人欲得一物，欲行一事，则有其所欲之事物之观念，是即所谓动机也。意志为此观念所动，而决行之，乃始能见于行为，如学生闭户自精，久而厌倦，则散策野外以振之，

意志现为
行为

散策之观念，是为动机。意志为其所动，而决意一行，已而携杖出门，则意志实现而为行为矣。

　　夫行为之原质，既为意志作用，而意志作用，又起于动机，则动机也者，诚行为中至要之原质欤。

动机为行
为之至要
原质

　　动机为行为中至要之原质，故行为之善恶，多判于此。而或专以此为判决善恶之对象，则犹未备。何则？凡人之行为，其结果苟在意料之外，诚可以不任其责。否则其结果之利害，既可预料，则行之者，虽非其欲望之所指，而其咎亦不能辞也。有人于此，恶其友之放荡无行，而欲有以劝阻之，

行为之善
恶判于动
机

此其动机之善者也，然或谏之不从，怒而殴之，以伤其友，此必非欲望之所在，然殴人必伤，既为彼之所能逆料，则不得囚其动机之无恶，而并宽其殴人之罪也。是为判决善恶之准，则当于后章详言之。

【译文】

　　行为的本质既然是意志的作用，但是这种作用，是由什么而产生的呢？答案是：产生于欲望。这种欲望的产生，有的人是受到事物的诱惑，有的人是遭遇环境的逼迫，各自不同。关键在于，必须先有欲望，而后意志的作用

才会发生。所以，欲望就是使意志产生行动的缘起，因而命名为"动机"。

任何人想要得到一件东西，想要做一件事情，就会对所想要的东西、想做的事情产生一种观念。意志受到这种观念的驱使，决定实行，这才能表现为行动。比如学生闭门勤奋学习，久而久之感觉厌倦，就到野外散步来振奋一下自己的精神，散步的念头，就是动机。意志受到这个动机的驱使，决意出去走走，既而拿起手杖出门，这样意志就实现成行为了。

行为的本质，既然是意志的作用，而意志作为又起源于动机，那么动机这个因素，真是行为中最重要的本质了啊！

动机是行为中最重要的本质因素，所以行为的善恶，大部分是根据它来进行判断的。然而，有人专门用动机来对善恶的对象进行判决，却并不全面。这是为什么呢？因为人的行为结果如果是在意料之外，当然可以不承担责任。相反，如果其结果的利害关系，本来可以预料得到，在这个前提下发生的行为，即使所产生的后果并不是行为人所希望看到的，却也不能就此而推卸责任。如果现在有个人，反感他的朋友放荡无行，想要进行劝阻，这种动机本来是善意的，但是如果因为朋友不听从他的劝谏，就生气而动手打伤朋友，这种结果当然不是他的本意，然而，殴打别人必然会造成人身伤害，这一点是他动手时肯定能预料到的，那么就不能因为动机没有恶意，就连打人的罪行都一起宽恕了。这是对善恶进行判决的标准，对此，将在下一章里详细说明。

第三节　良心之体用

良心与智情意

人心之作用，蕃变无方，而得括之以智、情、意三者。然则良心之作用，将何属乎？在昔学者，或以良心为智、情、意三者以外特别之作用，其说固不可通。有专属之于智者，有专属之于情者，有专属之于意者，亦皆一偏之见也。

以余观之，良心者，该智、情、意而有之，而不囿于一者也。凡人欲行一事，必先判决其是非，此良心作用之属于智者也，既判其是非矣，而后有当行不当行之决定，是良心作用之属于意者也。于其未行之先，善者爱之，否者恶之，既行之后，则乐之，否则悔之，此良心作用之属于情者也。

由是观之，良心作用，不外乎智、情、意三者之范围明矣。然使因此而谓智、情、意三者，无论何时何地，必有良心作用存焉，则亦不然。盖必其事有善恶可判者。求其行为所由始，而始有良心作用之可言也。故伦理学之所谓行为，本指其特别者，而非包含一切之行为。因而意志及动机，凡为行为之原质者，亦不能悉纳诸伦理之范围。惟其意志、动机之属，既已为伦理学之问题者，则其中不能不有良心作用，固可知矣。

良心者，不特发于己之行为，又有因他人之行为而起者，如见人行善，而有亲爱尊敬赞美之作用；见人行恶，而有憎恶轻侮非斥之作用是也。

良心有无上之权力，以管辖吾人之感情。吾人于善且正者，常觉其不可不为，于恶且邪者，常觉其不可为。良心之命令，常若迫我以不能不从者，是则良心之特色，而为其他意识之所无者也。

良心既与人以行为、不行为之命令，则吾人于一行为，其善恶邪正在疑似之间者，决之良心可矣。然人苟知识未充，或情欲太盛，则良心之力，每为妄念所阻。盖常有行事之际，良心与妄念交战于中，或终为妄念所胜者，其或邪恶之行为，已成习惯，则非痛除妄念，其良心之力，且无自而伸焉。

幼稚之年，良心之作用，未尽发达，每不知何者为恶，而率尔行之，如残虐虫鸟之属是也。而世之成人，亦或以政治若宗教之关系，而持其偏见，恣其非行者。毋亦良心作用未尽发达之故欤？

良心未发达之害 良心虽人所同具，而以教育经验有浅深之别，故良心发达之程度，不能不随之而异，且亦因人性质而有厚薄之别。又竟有不具良心之作用，如肢体之生而残废者，其人既无领会道德之力，则虽有合于道德之行为，亦仅能谓之偶合而已。

良心发达因人而异 以教育经验，发达其良心，青年所宜致意。然于智、情、意三者，不可有所偏重，而舍其余，使有好善恶恶之情，而无识别善恶之智力，则无意之中，恒不免自纳于邪。况文化日开，人事日繁，识别善恶，亦因而愈难，故智力不可不养也。有识别善恶之智力矣，而或弱于遂善避恶之意志，则与不能识别者何异？

智情意三者宜并养 世非无富于经验之士，指目善恶，若烛照数计，而违悖道德之行，卒不能免，则意志薄弱之故也。故智、情、意三者，不可以不并养焉。

【译文】

人的精神活动变化多端，概括起来可以分为知识、情感、意志三种类型。良心的作用属于哪一类呢？以前有学者把良心看作知识、情感、意志以外的一种特殊的精神作用，这种说法当然说不通。但其他的分类法中，有人将良心归类于知识，有人将良心归类于情感，有人将良心归类于意志，这些也都是偏颇的看法。我认为，良心的属性同时包括知识、情感、意志三者，并不只属于某一类。人要做一件事情，必定会先判断一下它的是非对错，这种是非的决断就属于知识的范畴。辨明是非之后，才能决定应不应该去做，这是属于意志方面的因素。做这件事之前，喜爱其中好的一面，讨厌坏的一面，事情成功之后会感到高兴，而如果失败了则会产生悔恨的情绪，这是良心作用在情感方面的体现。

由此来看，良心的作用显然不超出知识、情感、意志三者的范畴。但是如果因此就说知识、情感、意志三种精神活动，无论发生在何时何地，都一定存在着良心的作用，这也不对。这件事情本身必须有善恶的性质可供判断，以此追究行为产生的原因，才能说得上有良心的作用。所以，伦理学上所谓的行为，本意上是指一种特殊的行为，并非包括一切行为。因此，那些属于行为原质的意志以及动机，并不全部都属于伦理的范畴，只有属于伦理学范畴的意志和动机，才能明确知道其中不能不包含良心的作用。

良心，不单单由自己的行为而产生，还有因他人的行为而产生的，比如看到别人行善，就会产生亲近、喜爱、尊敬、赞美的情绪；看到别人作恶，就会产生憎恶、轻蔑、反感、斥责的情绪，这都是良心的作用。

良心具有至高无上的权力，以便管辖我们的感情。我们对善良和正确的事情，常常感到不能不去做，对邪恶和错误的事情，常常感到不能去做。良心的命令总是迫使我们不得不听从，这就是良心的特点，也是其他意识所不具备的。

良心既然给人以行为的命令，那么对于某种善恶正邪的区分在疑似之间的行为，我们到底该不该做，只要交由良心来决定就好了。但是，如果个人的知识不够全面，或者感情、欲望太过强烈，良心的力量就会被邪念所阻拦。常常有这种情况：行动的时候，良心和邪念在人的心中交战，最终邪念压倒了良心。这有可能是邪恶的行为在此人身上已成为习惯，这样的话，就非得痛下决心去除邪念不可，否则良心的力量就无法发挥出来。

人在幼年时，良心的作用还没有发育完善，每每不知道什么是恶行，就率性去做，例如残害虐待昆虫小鸟这一类的行为。然而，这世上的成年人，也有因为政治或宗教等方面的关系，坚持其偏颇的看法，放纵自己的不正当行为，难道这也是良心的作用还没有发育完善的缘故吗？

良心虽然是人人都有的，但因为个体教育经历有深与浅的不同，所以发育完善的程度，不能不随其教育程度而有所差异，并且由于个人的本性不同，还有厚薄的区别。此外，还有一类人根本不具备良心的作用，就像天生的残疾一样，这样的人既然缺乏领悟道德的能力，那么纵使他有合乎道德的行为，也只能称作偶然的巧合而已。

青年人应该努力用教育来使良心发育完善。但对于知识、情感、意志这三个方面，不要有所偏颇，如果只注重其中一项而舍弃了其他，虽然有从善如流、疾恶如仇的情感，却缺乏识别善恶的知识，就免不了会误入歧途。况且文化逐渐开放，人事日益复杂，识别善恶因此而变得越来越难，所以不能不培养知识。具备了识别善恶的知识，有些人却意志软弱，不能做到趋善避恶，这样和不能识别善恶的人又有什么分别呢？世间不是没有这种人物：个人经验丰富，对于善恶的分别洞若观火、了如指掌，自己却免不了也有违背道德的行为，这就是意志薄弱的缘故。所以，知识、情感、意志这三个方面，不能不同时培养。

第四节　良心之起源

人之有良心也，何由而得之乎？或曰：天赋之；或曰：生而固有之；或曰：由经验而得之。

良心因经验而发现

天赋之说，最为茫然而不可信，其后二说，则仅见其一方面者也。盖人之初生，本具有可以为良心之能力，然非有种种经验，以涵养而扩充之，则其作用亦无自而发现，如植物之种子然。其所具胚胎，固有可以发育之能力，然非得日光水气之助，则无自而萌芽也，故论良心之本原者，当合固有及经验之两说，而其义始完。

进化定例

人所以固有良心之故，则昔贤进化论，尝详言之。盖一切生物，皆不能免于物竞天择之历史，而人类固在其中。竞争之效，使其身体之结构，精神之作用，宜者日益发达，而不宜者日趋于消灭，此进化之定例也。人之生也，不能孤立而自存，必与其他多数之人，相集合而为社会，为国家，而后能相生相养。夫既以相生相养为的，则其于一群之中，自相侵凌者，必被淘汰于物竞之界，而其种族之能留遗以至今者，皆其能互相爱护故也。

此互相爱护之情曰同情。同情者，良心作用之端绪也，由此端绪，而本遗传之理，祖孙相承，次第进化，遂为人类不灭之性质，其所由来也久矣。

同情为良心作用之端绪

【译文】

人的良心，是怎么得来的呢？有人说是上天赋予的；有人说是生来就有的；有人说是从经验中得来的。

"上天赋予"这种说法，最是模糊而不可信的。后两种说法，则都是仅仅看到了其中的一个方面。人一出生，本来就有可以作为良心的能力，但如果没有种种经验的滋润养育来扩充它，良心的作用也就无从显现。就像植物的种子一样，所具备的胚胎固然有可以发育的能力，但是如果没有阳光、水分、氧气的协助，就无法萌芽。因此，讨论良心的本源，应当将"固有"和"经验"两种说法结合起来，其意义才能完整。

人之所以有良心的缘故，前辈学者达尔文的进化论曾经对此有过详细的说明。一切生物，都不能避免物竞天择的历史过程，而人类自然也包含在其中。生存竞争的作用，使得人的身体结构和精神特点，能适应环境的就日益发达，而不能适应环境的就日趋消亡，这是进化的惯例。人类的生活，不能孤立而独自存在，必须和其他多数人相集合，成为社会，成为国家，然后才能相互生存、相互养育。既然人类以相互之间的生存养育为目的，那么在一群人当中，侵略和伤害自己人的，肯定会被淘汰出物竞天择的范畴。人类的种族之所以能够遗留至今，完全是因为他们能够互相爱护的缘故：这种情感叫做同情。同情，是良心产生作用的开始。由此，本着遗传学的理论，祖孙传承，一代代逐步进化，最终成为人类不可磨灭的特征。因而，良心的由来也是很久远的了。

第三章　理想论

第一节　总论

标　准

　　权然后知轻重，度然后知长短，凡两相比较者，皆不可无标准。今欲即人之行为，而比较其善恶，将以何者为标准乎？曰：至善而已；理想而已；人生之鹄而已。三者其名虽异，而核之于伦理学，则其义实同。何则？实现理想，而进化不已，即所以近于至善。而以达人生之鹄也。

良心为理想之标准

　　持理想之标准，而判断行为之善恶者，谁乎？良心也。行为犹两造，理想犹法律，而良心则司法官也。司法官标准法律，而判断两造之是非，良心亦标准理想，而判断行为之善恶也。

志　向

　　夫行为有内在之因，动机是也；又有外在之果，动作是也。今即行为而判断之者，将论其因乎？抑论其果乎？此为古今伦理学者之所聚讼。而吾人所见则已于《良心论》中言之，盖行为之果，或非人所能预料，而动机则又止于人之欲望之所注，其所以达其欲望者，犹未具也。故两者均不能专为判断之对象，惟兼取动机及其预料之果乃得而判断之，是之谓志向。

吾人既以理想为判断之标准，则理想者何谓乎？曰：窥现在之缺陷而求将来之进步，冀由是而驯至于至善之理想是也。故其理想，不特人各不同，即同一人也，亦复循时而异，如野人之理想，在足其衣食；而识者之理想，在餍于道义，此因人而异者也。吾前日之所是，及今日而非之；吾今日之所是，及他日而又非之，此一人之因时而异者也。

理想因人而异亦因时而异

理想者，人之希望，虽在其意识中，而未能实现之于实在，且恒与实在者相反，及此理想之实现，而他理想又从而据之，故人之境遇日进步，而理想亦随而益进。理想与实在，永无完全符合之时，如人之夜行，欲踏己影而终不能也。

理想随境遇而益进

惟理想与实在不同，而又为吾人必欲实现之境，故吾人有生生不息之象。使人而无理想乎，夙兴夜寐，出作入息，如机械然，有何生趣？是故人无贤愚，未有不具理想者。惟理想之高下，与人生品行，关系至巨。其下者，囿于至浅之乐天主义，奔走功利，老死而不变；或所见稍高，而欲以简之作用达之，及其不果，遂意气沮丧，流于厌世主义，且有因而自杀者，是皆意力薄弱之故也。

吾人不可无高尚之理想，而又当以坚忍之力向之，日新又新，务实现之而后已，斯则对于理想之责任也。

理想务求实现

理想之关系，如是其重也，吾人将以何者为其内容乎？此为伦理学中至大之问题，而古来学说之所以多歧者也。今将述各家学说之概略，而后以吾人之意见抉定之。

【译文】

称量过后就知道东西的轻重，测量之后就知道距离的长短，任何事物的比较，都不能没有标准。如果根据人的行为来比较善恶，那要拿什么作为标准呢？答案无非是至善、理想、人生目标。这三者的名称虽然不同，但对照伦理学中的概念，它们的含义实际上是相同的。为什么呢？实现自己的理想，而不断进步，就能够接近"至善"的境界，最终达成人生的目的。

用理想的标准来判断行为的善恶，这个判断是由谁来做呢？是良心。行为好比是当事人，理想好比是法律，而良心则是审判员。审判员以法律为标准，判断当事人的是非，良心也是以理想为标准，从而判断行为的善恶。

行为有内在原因，即动机；又有外在结果，即动作。现在对行为进行判断，是要追究它的原因，还是去追究它的结果呢？这个问题一直被古往今来的伦理学家争议不休。而我对此的看法，已经在前一章《良心论》里讲过了。行为的结果，有时是无法预料的，而动机本身又只是停留在想法的阶段，用来达成欲望的条件还没有具备。所以，这两者都不能单独作为判断的对象，唯有兼顾动机及个人所能预料到的后果，才能形成判断，这个判断对象称作"志向"。

我们既然将理想当做判断的标准，那么理想又是什么呢？是观察现在的缺陷，追求将来的进步，希望由此约束行为达到至善的境界，这就是理想。所以人的理想，不但每人各不相同，就是同一个人，也会随着时间的推移而改变。比如野蛮人的理想，是丰衣足食；而文明人的理想，是满足道德和义理的规范，这是理想因人而异的表现。我前些日子所同意的事情，到了今日却表示反对；我今日同意的事情，等到他日又表示反对，这是理想在同一个人身上因时而异的表现。

理想是人所希望的，虽然在人的意识里还未能够在现实中实现，而且往往与现实相反。等到这个理想实现了，又会因此而产生新的理想，所以人的环境和经历日渐进步，理想也会随之日益更新。理想与现实，永远没有完全符合的时候，就像人在暗夜中行走，想要踩踏到自己的影子上，却永远也做不到一样。

理想与现实不同，却也是我们想要实现理想的境况，所以我们的生活才能表现出生生不息的气象。如果人没有了理想，作息出入都像机械一样的刻板，那还有什么生活的乐趣可言呢？因此不论聪明还是蠢笨，没有人会没有理想。只是这理想境界的高低，和个人的品行有着很大的关联。庸碌的人，见识被局限于浅薄的享乐主义中，为功名利禄而奔走操劳，直到老死也不知道改变。或者有的人见识高明一些，却想要轻松达成理想，等到理想不能实现时，就精神沮丧，堕入悲观和虚无的深渊，甚至因此而自杀，这都是由于意志力薄弱的缘故。我们不能没有高尚的理想，并且还应当以坚韧的精神去追求它，精益求精，日新月异，务必去实现理想，而后才能停止努力，这就是对于理想应该承担的责任。

理想是如此的重要，我们应该把什么作为自己的理想呢？这是伦理学中最大的问题，自古以来的学说对此也多有分歧。下面介绍一下各家学说的概要，然后我们再来做出自己的抉择。

第二节　快乐说

自昔言人生之鹄者，其学说虽各不同，而可大别为三：快乐说，克己说，实现说，是也。

以快乐为人生之鹄

以快乐为人生之鹄者，亦有同异。以快乐之种类言，或主身体之快乐，或主精神之快乐，或兼二者而言之。以享此快乐者言，或主独乐，或主公乐。主公乐者，又有舍己徇人及人己同乐之别。

身体快乐是为悖谬

以身体之快乐为鹄者，其悖谬盖不待言。彼夫无行之徒，所以丧产业，损名誉，或并其性命而不顾者，夫岂非殉于身体之快乐故耶？且身体之快乐，人所同喜，不待教而后知，亦何必揭为主义以张之？徒足以助纵欲败度者之焰，而诱之于陷井耳。血气方壮之人，幸毋为所惑焉。

独乐之说，知有己而不知有人，苟吾人不能离社会而独存，则其说决不足以为道德之准的。而舍己徇人之说，亦复不近人情，二者皆可以舍而不论也。

人我同乐之说，亦谓之功利主义，以最多数之人，得最大之快乐，为其鹄者也。彼以为人之行事，虽各不相同，而皆所以求快乐，即为蓄财产养名誉者，时或耐艰苦而不辞，要亦以财产名誉，足为快乐之预备，故不得不舍目前之小快乐，以预备他日之大快乐耳。而要其趋于快乐则一也，故人不可不以最多数人得最大快乐为理想。

独乐不足为准的 舍己徇人 不近人情

夫快乐之不可以排斥，固不待言。且精神之快乐，清白高尚，尤足以鼓励人生，而慰藉之于无聊之时。其裨益于人，良非浅鲜。惟是人生必以最多数之人，享最大之快乐为鹄者，何为而然欤？

以人我同乐为鹄

如仅曰社会之趋势如是而已，则尚未足以为伦理学之义证。且快乐者，意识之情状，其浅深长短，每随人而不同，我之所乐，人或否之；人之所乐，亦未必为我所赞成。所谓最多数人之最大快乐者，何由而定之欤？持功利主义者，至此而穷矣。

快乐随人而不同

盖快乐之高尚者，多由于道德理想之实现，故快乐者，实行道德之效果，而非快乐即道德也。持快乐说者，据意识之状况，而揭以为道德之主义，故其说有不可通者。

快乐为道德之效果

【译文】

自古以来，人们所说的人生目标，虽然各种学说意见不一，却可以大致分为三种：快乐说、克己说和实现说。

以快乐作为人生目标的人，也互有异同。以快乐的种类来划分，有人主张身体的快乐，有人主张精神的快乐，也有人主张兼此两者的观点。以享受快乐的人来划分，有人主张独自的快乐，有人主张共同的快乐。主张共同快乐的，又有牺牲自己让别人快乐，以及与大众一同快乐的分别。

以身体快乐为目标的，不用说当然是极其错误的。某些浪荡之人，由于追逐肉欲，搞得倾家荡产，身败名裂，有的人甚至因此连性命都不顾，这不就是因为将自己葬送在身体快乐上的缘故吗？况且，身体的快乐，人人都喜欢，不需要别人教就能懂得，何必标举成为一种主义来提倡呢？这种提倡，无非是助长纵欲无节制的那些人的气焰,引诱他们进入陷阱而已。血气方刚的青年人,千万不要被它所迷惑啊!

独自快乐的说法,只知道有自己,不知道有别人。人绝对不可能脱离社会而独自生存,因此,这种说法不足以作为道德的标准和目的。而牺牲自己让别人快乐的说法,也不近人情。这两种观点都不用讨论。

与大众一同快乐的说法,也可以说是一种功利主义,是以让大多数的人得到最大的快乐为目标。这种说法认为,每个人做的事虽然各不相同,却都是为了追求快乐。那些积蓄财产、积累名誉的人,虽然看起来常常吃苦耐劳、不辞艰辛,但是财产和名誉其实是为快乐在做准备,只是暂时舍弃眼前的小快乐,以预备将来的大快乐而已,他们对快乐的追逐与大众是一样的。因此,人不能不以让大多数人都得到最大的快乐为理想。

不用说,人当然不能排斥快乐。何况精神方面的快乐,纯洁高尚,可以激励自己的人生,并在无聊的时候给人以慰藉。它对人的益处,实在不少。只是,人生必须以大多数人都能享受最大快乐为目标,这是为什么呢?如果仅仅说社会的趋势是这样的,还不足以成为伦理学方面的论证。而且对于快乐者来说,他们意识的具体情况,常常因人而异,我所感到快乐的,别人说不定不同意;别人所感到快乐的,也未必会被我所赞成,所谓"大多数人最大的快乐",是根据什么来制定的呢?功利主义者,在解释这种现象时也理屈词穷了。

这是因为高尚的快乐,多数是由于道德理想的实现,之所以快乐,是因为实行道德的效果,而不是说快乐就是道德本身。主张"快乐说"的人,根据的是意识的状况,却要将它高抬成为道德主义,因此这种说法是讲不通的。

第三节　克己说

克 己

反对快乐说而以抑制情欲为主义者，克己说也。克己说中，又有遏欲与节欲之别。

遏 欲

遏欲之说，谓人性本善，而情欲淆之，乃陷而为恶。故欲者，善之敌也。遏欲者，可以去恶而就善也。

节 欲

节欲之说，谓人不能无欲，徇欲而忘返，乃始有放僻邪侈之行，故人必有所以节制其欲者而后可，理性是也。

行为质于良心

又有为良心说者，曰：人之行为，不必别立标准，比较而拟议之，宜以简直之法，质之于良心。良心所是者行之，否者斥之，是亦不外乎使情欲受制于良心，亦节欲说之流也。

遏欲之说，悖乎人情，殆不可行。而节欲之说，亦尚有偏重理性而疾视感情之弊。

克己非完全之学说

且克己诸说，虽皆以理性为中坚，而于理性之内容，不甚研求，相竞于避乐就苦之作用，而能事既毕，是仅有消极之道德，而无积极之道德也。东方诸国，自昔偏重其说，因以妨私人之发展，而阻国运之伸张者，其弊颇多。其不足以为完全之学说，盖可知矣。

【译文】

反对快乐说，而把主张抑制欲望作为一种主义的，是克己说。克己说之中，又有遏制欲望和节制欲望的分别。遏欲说认为人性本来是善的，却被欲望迷惑混淆，陷入了恶的深渊。所以欲望是"善"的敌人。遏制欲望，就可以拒绝恶而趋近善。节欲说认为人不能没有欲望，只是沉溺于欲望而执迷不返，才会做出种种放荡、乖僻、邪恶、奢侈的恶行，所以人必须用什么来节制欲望，就是理性。

又有一种良心说认为：人的行为，不必另外树立标准，来对它进行比较而讨论它的善恶，应该用一种简单直接的方法，对良心进行拷问。良心所同意的就去做，不同意的就拒绝，也就是让欲望受到良心的克制，这也是节欲说的一种类型。

遏欲说违背人情之常，几乎不能实行，而节欲说也有偏重理性、忽视感情的弊端。况且克己说等说法，虽然都是以理性作为中坚力量，却对理想的内容没有研究与追求，只是一味地在避开快乐、自求苦楚的方向上用功，把所有能做的事情都终止了，这样只有消极道德，却没有积极道德。东方的国家，以往常常偏重于这种学说，因此妨碍了人的个性发展，阻碍了国家的富强进步，弊端实在太多了。由此我们可以知道，遏欲说不足以作为一种完全的学说。

第四节　实现说

快乐说者，以达其情为鹄者也；克己说者，以达其智为鹄者也。人之性，既包智、情、意而有之，乃舍其二而取其一，揭以为人生之鹄，不亦偏乎？

纯粹之道德主义

必也举智、情、意三者而悉达之，尽现其本性之能力于实在，而完成之，如是者，始可以为人生之鹄，此则实现说之宗旨，而吾人所许为纯粹之道德主义者也。

发展人格

人性何由而完成？曰：在发展人格。发展人格者，举智、情、意而统一之光明之之谓也。盖吾人既非木石，又非禽兽，则自有所以为人之品格，是谓人格。发展人格，不外乎改良其品格而已。

人格之价值，即所以为人之价值也。世界一切有价值之物，无足以拟之者，故为无对待之价值，虽以数人之人格言之，未尝不可为同异高下之比较；而自一人言，则人格之价值，不可得而数量也。

人格价值即为人之价值

人格之可贵如此，故抱发展人格之鹄者，当不以富贵而淫，不以贫贱而移，不以威武而屈。死生亦大矣，而自昔若颜真卿、文天祥辈，以身殉国，曾不踌躇，所以保全其人格也。

保全人格之道

人格既堕，则生亦胡颜；人格无亏，则死而不朽。孔子曰："朝闻道，夕死可矣。"良有以也。

人格以盖棺论定

自昔有天道福善祸淫之说，世人以跖蹻之属，穷凶而考终；夷齐之伦，求仁而饿死，则辄谓天道之无知，是盖见其一而不见其二者。人生数十寒暑耳，其间穷通得失，转瞬而逝；而盖棺论定，或流芳百世，或遗臭万年，人格之价值，固历历不爽也。

人格之寿命无限量

人格者，由人之努力而进步，本无止境，而其寿命，亦无限量焉。向使孔子当时为桓魋所杀，孔子之人格，终为百世师。苏格拉底虽仰毒而死，然其人格，至今不灭。人格之寿命，何关于生前之境遇哉。

发展人格在致力本务

发展人格之法，随其人所处之时地而异，不必苟同，其致力之所，即在本务，如前数卷所举，对于自己、若家族、若社会、若国家之本务皆是也。而其间所尤当致意者，为人与社会之关系。盖社会者，人类集合之有机体。

人格发展必与社会相应

故一人不能离社会而独存，而人格之发展，必与社会之发展相应。不明乎此，则有以独善其身为鹄，而不措意于社会者。岂知人格者，谓吾人在社会中之品格，外乎社会，又何所谓人格耶？

【译文】

快乐说以达到其人的"情"为目标；克己说以达到其人的"智"为目

标。人的天性中，既然总的包括知识、情感和意志三种，却舍弃其中的两项只取一项来标举为人生的目标，这不是很偏颇吗？必须悉数举出包含知识、情感、意志三项，并将人类本性中的能力尽量实际表现出来，从而完成理想的做法，才可以作为人生的目标，这就是"实现说"的宗旨，这也是我们赞赏的纯粹的道德主义。

人性是怎么完成的呢？在于发展人格。所谓发展人格，是指将知识、情感、意志三者统一并发扬光大。我们既不是草木岩石这样的非生物，也不是飞禽走兽这样的无智能动物，而是自己本身就具有作为人的品格，这就称作人格。发展人格，其实无非就是改良这个人的品格。

人格的价值，构成了做人的价值。世界上一切有价值的东西，都不足以比拟人格的价值，所以人格价值是一种无法比较的价值。虽然如果就几个人的人格来说，未尝不能就相互间的异同高下来作比较；但是就具体某一个人来说，人格的价值，实在无法以数量来计算。

人格如此可贵，所以若要抱着发展人格的目标，应当做到"富贵不能淫，贫贱不能移，威武不能屈"。生与死是一件大事，但像从前颜真卿、文天祥等英雄人物，他们都曾以身殉国，毫不踌躇，以死来保全自己的人格。人格如果堕落，即使活着又有什么颜面？人格没有被玷辱，即使死去了也会不朽。孔子说："朝闻道，夕死可矣。"意思是说只要掌握了真理，明白了正义，就是即刻死去也不会有遗憾。这确实是至理名言啊。

过去社会上有上天会赐福善人、报应恶行的说法；而世人又因为看见穷凶极恶的庄蹻与盗跖之流得以安享天年，但追求仁义道德的伯夷、叔齐却饿死在首阳山上，就动不动认为天道无知，这两种看法其实都是只见其一不见其二的说法。人生不过数十年的光阴，其中的穷困通达、利害得失，都是转瞬即逝的。而一个人的名誉，死后便会盖棺论定，有人流芳百世，有人遗臭万年，这就是人格的价值，善恶是非终将一一清楚分明，毫无差错。

人格因人的努力而进步，永无止境，而其人格的寿命，也不可限量。孔子曾经在路过上蔡时受到宋国司马桓魋的袭击，但即使那时孔子被杀死了，也终究会成为百代宗师。古希腊哲学家苏格拉底尽管因为主张新思想，而被雅典法庭判处服毒自尽，但他的人格却流传史册，至今仍未泯灭。人格的寿命，跟生前的遭遇又有什么关系呢？

发展人格的方法，会随着个人所处的时间和地点而有所差异，不必强求相同。致力于人格发展的要素，就在于个人的义务，就像前面几篇列举的那样，对自己、对家族、对社会、对国家，都有义务。其中最应当注意的是人与社会的关系。因为社会是人类集合的有机体，个人不能脱离社会而独立生存，而人格的发展，也必然与社会的发展相呼应。不明白这些道理的人，就会将"独善其身"作为目标，而不注意与社会的关系。这样又怎么能知道，所谓人格的意义，正是个人在人类社会中的品格，摒弃了社会，又拿什么来称作人格呢？

第四章 本务论

第一节 本务之性质及缘起

本务有不可为不可不为两义

本务者，人生本分之所当尽者也，其中有不可为及不可不为之两义，如孝友忠信，不可不为者也；窃盗欺诈，不可为者也。是皆人之本分所当尽者，故谓之本务。既知本务，则必有好恶之感情随之，而以本务之尽否为苦乐之判也。

发展人格不能不异其方法

人生之鹄，在发展其人格，以底于大成。其鹄虽同，而所以发展之者，不能不随时地而异其方法。故所谓当为不当为之事，不特数人之间，彼此不能强同，即以一人言之，前后亦有差别，如学生之本务，与教习之本务异；官吏之本务，与人民之本务异。均是忠也，军人之忠，与商贾之忠异，是也。

本务之观念起于良心

人之有当为不当为之感情，即所谓本务之观念也。是何由而起乎？曰自良心。良心者，道德之源泉，如第二章所言是也。

良心者，非无端而以某事为可为某事为不可为也，实核之于理想，其感为可为者，必其合于理想者也；其感为不可为者，必背于理想者也。故本务之观念，起于良心，而本务之节目，实准诸理想。理想者，所以赴人生之鹄者也。然则谓本务之缘起，在人生之鹄可也。

本务之节目准诸理想

本务者，无时可懈者也。法律所定之义务，人之负责任于他人若社会者，得以他人若社会之意见而解免之。道德之本务，则与吾身为形影之比附，无自而解免之也。

道德之本务无可解免

然本务亦非责人以力之所不及者，按其地位及境遇，尽力以为善斯可矣。然则人者，既不能为本务以上之善行，亦即不当于本务以下之行为，而自谓已足也。

人之尽本务也，其始若难，勉之既久，而成为习惯，则渐造自然矣。或以为本务者，必寓有强制之义，从容中道者，不可以为本务，是不知本务之义之言也。盖人之本务，本非由外界之驱迫，不得已而为之，乃其本分所当然耳。彼安而行之者，正足以见德性之成立，较之勉强而行者，大有进境焉。

本务无强制

法律家之恒言曰：有权利必有义务；有义务必有权利。然则道德之本务，亦有所谓权利乎？曰有之。但与法律所定之权利，颇异其性质。盖权利之属，本乎法律者，为其人所享之利益，得以法律保护之，其属于道德者，则惟见其反抗之力，即不尽本务之时，受良心之呵责是也。

道德之权利与法律所定之权利异

【译文】

义务，就是人生应尽的本分，其中有"不可以做"和"不可不做"两个义项。例如孝顺、友爱、忠诚、守信，都是不可不做的；而盗窃、欺诈等恶行，都是不可以做的。这些信条，就是人应尽的本分，所以称作义务。既然知道了义务，就必然会有喜欢和憎恶的感情随之产生，从而以尽没尽义务来作为快乐或苦恼的判断标准。

人生的目标，在于发展个人的人格，达到完善的地步。总的目标虽然相同，但如何发展，却不能不随着时间和地点的不同而采取不同的方法。所以义务中所谓应该做与不应该做的事情，不但在几个人之间不能强求一致，就是只拿一个人来说，前后也有所差别。比如学生的义务和教师的义务不同；官员的义务和百姓的义务不同。这就像虽然都有对忠诚方面的要求，但军人的忠诚与商人的忠诚，却并不一样。

人对事情会产生"应该做"、"不应该做"的感情，这就是所谓的义务的观念。义务的观念是由什么而起的呢？出于良心。良心是道德的源泉，就像第二章所说过的。

良心并不是无端端地认为某事可以做、某事不可以做，实际上是审核过后才产生的。感到可以做的，必然是这件事合乎理想的要求；感到不可以做的，必然是违背了理想。所以义务的观念起于良心，而义务的内容，实际上是以理想为标准。理想，是使人生奔赴目标的动力。这样推论下来，就可以说义务的缘起，在于人生的目标。

义务是什么时候都不能懈怠的。法律所定的义务，是个人对他人、对社会所负有的责任，如果得到别人或者社会的意见，同意解除，就可以免去责任。而道德所定的义务，则是与我们形影相随，无从解除的。

但义务也不是苛求个人力不能及的事务，按照个人的地位和环境的遭遇，尽力做善事就可以了。不过，就算不能做超出自己义务之外的善事，却也不应该在完成了义务之内的行为后，就自我满足了。

人在尽义务的时候，一开始好像很困难，勉力去做，久而久之，成为习惯，就变成自然而然的事情了。有的人认为所谓义务，一定带有强制意味，行动从容自若而合乎规矩的人，不能算作是尽义务，这种说法是不懂得义务本身的含义。人的义务，并非受到外界的逼迫才不得已去做的，而是个人本来就应该如此的本分而已。那些安于履行义务的人，正好可以看出，他们的道德品行的境界，比起勉强去做的人高很多。

法学家常常这么说：有权利就必定有义务，有义务就必定有权利。那么，道德的义务也有对应的权利吗？有的。但是这与法律所规定的权利有很大不同。因为在权利方面，属于法律部分的是个人所享受的利益，需要用法律来保护；而属于道德部分的，却只能出现在它产生反抗之力的时候，也就是不尽义务的时候，会受到良心的谴责，这就是道德的权利。

第二节　本务之区别

人之本务，随时地而不同，既如前说。则列举何等之人，而条别其本务，将不胜其烦，而溢于理论伦理学之范围。至因其性质之大别，而辜较论之，则又前数卷所具陈也，今不赘焉。

今所欲论者，乃在本务缓急之别。盖既为本务，自皆为人所不可不尽，然其间自不能无大小轻重之差。人之行本务也，急其大者重者，而缓其小者轻者，所不待言，惟人事蓄变，错综无穷，置身其间者，不能无歧路亡羊之惧，如石奢追罪人，而不知杀人者乃其父；王陵为汉御楚，而楚军乃以其母劫之，其间顾此失彼，为人所不能不惶惑者，是为本务之矛盾，断之者宜审当时之情形而定之。盖常有轻小之本务，因时地而转为重大；亦有重大之本务，因时地而变为轻小者，不可以胶柱而鼓瑟也。

本务缓急之别

【译文】

人的义务随着时间地点的变化而不同，这在前面已经说过了。如果要列举种种不同的人物，各自详细说明他们的义务区别，就会过于繁琐，超出理论伦理学的范畴。至于因为义务在性质上的极大区别，对它进行比较的论述，在前几卷中已经具体阐明，这里就不再赘言了。

现在所要论述的，是义务在缓急方面的分别。既是义务，自然都是人所必须尽力去做的，但其中也有大小轻重的差别。人履行义务，要先完成大事、重要的事，对小事、不太重要的事情可以放缓去办，这当然用不着说，只是人事的变化错综复杂，层出不穷，身处其中的人，往往会产生"歧路亡羊"，找不着正确方向的畏惧感。比如石奢追捕罪犯，却不知道犯人就是自己的父亲；（石奢为楚国令尹，路遇追捕杀人犯，上前抓住犯人之后才知道就是自己的父亲，他放走犯人，向楚昭王请罪。昭王赦免了他，他却认为自己渎职当死，于是自尽。）王陵为汉王刘邦效力抵御楚军，项羽绑架了他的母亲来要挟他。（王陵效力于刘邦，项羽劫持其母亲招降他，王母对使者说："转告我儿，尽力辅佐汉王，不要因为我而三心二意。"随后当着使者的面自刎而死。）这种情况下，忠与孝、责任与情感冲突，顾得了这头顾不了那头，使人惶恐迷惑，无所适从，这就是义务的矛盾。决策者应当审时度势，根据当时的情形来决定取舍。原来轻小的义务，有时会因时因地而转为重大；也有重大的义务，因时因地而变得轻小，所以需要因时制宜，因地制宜，不能僵化教条。

第三节　本务之责任

本务有实行之责任

人既有本务，则即有实行本务之责任，苟可以不实行，则亦何所谓本务。是故本务观念中，本含有责任之义焉。惟是责任之关于本务者，不特在未行之先，而又负之于既行以后，譬如同宿之友，一旦罹疾，尽心调护，我之本务，有实行之责任者也。实行以后，调护之得当与否，我亦不得不任其责。是故责任有二义。而今之所论，则专属于事后之责任焉。

志向

夫人之实行本务也，其于善否之间，所当任其责者何在？曰在其志向。志向者，兼动机及其预料之果而言之也。动机善矣，其结果之善否，苟为其人之所能预料，则亦不能不任其责也。

意志自由

人之行事，何由而必任其责乎？曰：由于意志自由。凡行事之始，或甲或乙，悉任其意志之自择，而别无障碍之者也。夫吾之意志，既选定此事，以为可行而行之，则其责不属于吾而谁属乎？

自然现象，无不受范于因果之规则，人之行为亦然。然当其未行之行，行甲乎，行乙乎？一任意志之自由，而初非因果之规则所能约束，是即责任之所由生，而道德法之所以与自然法不同者也。

责任与良心之关系

本务之观念，起于良心，既于第一节言之。而责任之与良心，关系亦密。凡良心作用未发达者，虽在意志自由之限，而其对于行为之责任，亦较常人为宽，如儿童及蛮人是也。

责任之所由生，非限于实行本务之时，则其与本务关系较疏。然其本原，则亦在良心作用，故附论于本务之后焉。

【译文】

人既然具有义务，那么也就具有实行义务的责任，如果可以不实行的话，那么怎么称得上是义务呢？所以，在义务的观念中，本来就含有责任的意义。只是，义务的责任不单单在没有履行之前就存在，即便是履行之后，也必须继续担负。例如跟我住在一起的室友，一旦生了病，我就对他负有尽心尽力调治护理的义务，这是必须实行的责任。而实行之后，调治护理是不是得当，我也不能不为之负责。所以责任有两层含义，现在所要讨论的就是属于事后的责任。

个人实行义务有没有做好，应当由哪一方面来负责任呢？在于他的志向。志向要综合其动机以及事先预料到的后果来说明。动机既是好的，如果行为结果的好坏是这个人所能预料得到的，那么也不能不担负责任。

人做事为什么必须负责任呢？是因为意志自由。一开始行事的时候，这样做或者那样做，都是任由行事者的意志来自行选择的，并没有其他妨碍行动的因素。我的意志既然选择了这件事，认为它可行并付诸行动，那么事情的责任，不属于我又属于谁呢？

自然界的现象，没有不受到因果规则约束的，人的行为也是这样。然而人在还没有行事之前，到底是这样做，还是那样做，全凭个人意志的自由。但事情的开端并不是因果规则所能约束的，这就是产生责任的地方，也就是道德法与自然法所不同的地方。

义务的观念起源于良心，这在第一节已经说过了。而责任与良心的关系也十分密切。良心作用还没有完善的人，虽然行事也要以他的意志自由作为判断因素，但这种人对行为的责任，往往要比普通人宽松一些，比如儿童，或者未开化的野蛮人。

责任的发生，如果不是来自实践义务，那么责任和义务就没有太大的关系了。但它的源头，仍然是良心的作用所致，所以我顺便放在"本务"之后来论述。

第五章　德论

第一节　德之本质

凡实行本务者，其始多出于勉强，勉之既久，则习与性成。安而行之，自能诉合于本务，是之谓德。

是故德者，非必为人生固有之品性，大率以实行本务之功，涵养而成者也。顾此等品性，于精神作用三者将何属乎？或以为专属于智，或以为专属于情，或以为专属于意。然德者，良心作用之成绩。良心作用，既赅智、情、意三者而有之，则以德之原质，为有其一而遗其二者，谬矣。

德之原质赅有智情意三者

人之成德也，必先有识别善恶之力，是智之作用也。既识别之矣，而无所好恶于其间，则必无实行之期，是情之作用，又不可少也。既识别其为善而笃好之矣，而或犹豫畏葸，不敢决行，则德又无自而成，则意之作用，又大有造于德者也。故智、情、意三者，无一而可偏废也。

【译文】

人们实行义务，一开始多数是出自于勉强，但久而久之，也就因为习惯而变成了本性。安于履行，自然而然地就会欣然符合义务的要求，这就称作道德。

因此，道德并不一定是人天生所固有的品性，而是由于实行义务，逐渐修养而成。这样的道德品性，在知识、情感、意志三种精神的作用中，属于哪一类呢？有人以为专属于知识，有人以为专属于情感，有人以为专属于意志。然而道德是良心作用的结果，良心作用既然总括了三者兼而有之，那么对于道德的本质，只有其一，没有其二，也是错误的。

人要形成道德，必须先具备识别善恶的能力，这是知识的作用。识别之后，如果在善恶之间没有相应的喜好或憎恶的情绪，那么一定不会表现成具体的行为，所以情感的作用也是必不可少的。认识了善，并且乐意做善事，有人却犹豫，不敢决定行动，那么道德也就无从形成了，所以意志的作用，对道德的形成也是至关重要的。因此，知识、情感、意志三者，无一可以偏废。

第二节　德之种类

德之种类，在昔学者之所揭，互有异同，如孔子说以智、仁、勇三者，孟子说以仁、义、礼、智四者，董仲舒说以仁、义、礼、智、信五者；希腊拍拉图说以智、勇、敬、义四者，雅里士多德说以仁、智二者，果以何者为定论乎？

德说之异同

吾侪之意见，当以内外两方面别类之。自其作用之本于内者而言，则孔子所举智、仁、勇三德，即智、情、意三作用之成绩，其说最为圆融。自其行为之形于外者而言，则当

德有内外两方面

为自修之德。对于家族之德，对于社会之德，对于国家之德，对于人类之德。凡人生本务之大纲，即德行之最目焉。

【译文】

过去学者所揭示的道德的种类，彼此都会有异同点。比如孔子说是智、仁、勇三项，孟子说是仁、义、礼、智四项，董仲舒说是仁、义、礼、智、信五项；古希腊学者柏拉图说是智、勇、敬、义四项，亚里士多德说是仁、智二项。在这些说法里，究竟什么才是最终的定论呢？

我的意见是，应当从内在与外在两方面分别将之归类。就道德的内在作用而言，孔子所举出的智、仁、勇三种德行，正对应着前面所说的知识、情感与意志三种作用，因此这种说法最为完善圆融。就道德的外在表现来看，则应当是自我修养反省的道德。包括对于家族的道德，对于社会的道德，对于国家的道德，以及对于人类的道德。人生义务的要点，就是德行的重要部分。

第三节　修德

良心发现即为修德之基

修德之道，先养良心。良心虽人所同具，而汩于恶习，则其力不充，然苟非梏亡殆尽。良心常有发现之时，如行善而慊，行恶而愧是也。乘其发现而扩充之，涵养之，则可为修德之基矣。

为善无分大小

涵养良心之道，莫如为善。无问巨细，见善必为，日积月累，而思想云为，与善相习，则良心之作用昌矣。世或有以小善为无益而弗为者，不知善之大小，本无定限，即此弗为小善之见，已足误一切行善之机会而有余，他日即有莫大之善，亦将贸然而不之见。有志行善者，不可不以此为戒也。

去恶为行
善之本

既知为善，尤不可无去恶之勇。盖善恶不并立，去恶不尽，而欲滋其善，至难也。当世弱志薄行之徒，非不知正义为何物，而逡巡犹豫，不能决行者，皆由无去恶之勇，而恶习足以掣其肘也。是以去恶又为行善之本。

改　过

人即日以去恶行善为志，然尚不能无过，则改过为要焉。盖过而不改，则至再至三，其后遂成为性癖，故必慎之于始。外物之足以诱惑我者，避之若浼，一有过失，则翻然悔改，如去垢衣。勿以过去之不善，而遂误其余生也。恶人洗心，可以为善人；善人不改过，则终为恶人。

悔悟为去
恶迁善之
机

悔悟者，去恶迁善之一转机，而使人由于理义之途径也。良心之光，为过失所壅蔽者，到此而复焕发。缉之则日进于高明，炀之则顿沉于黑暗。微乎危乎，悔悟之机，其慎勿纵之乎。

进德贵于
自省

人各有所长，即亦各有所短，或富于智虑，而失之怯懦；或勇于进取，而不善节制。盖人心之不同，如其面焉。是以人之进德也，宜各审其资禀，量其境遇，详察过去之历史，现在之事实，与夫未来之趋向，以与其理想相准，而自省之。勉其所短，节其所长，以求达于中和之境，否则从其所好，无所顾虑，即使贤智之过，迥非愚不肖者所能及，然伸于此者绌于彼，终不免为道德界之畸人矣。曾子有言，吾日三省吾身。以彼大贤，犹不敢自纵如此，况其他乎？

自知之难

然而自知之难，贤哲其犹病诸。徒恃返观内省，尚不免于失真；必接种种人物，涉种种事变，而屡省验之；又复质询师友，博览史籍，以补其不足。则于锻炼德性之功，庶乎可矣。

【译文】

修养道德，先要培养良心。良心虽然是人人都具备的，但只要沉溺于恶行，就没有足够的纠正力量。但是，良心只要还没有被压制到全部丧失，常常也会有主动发现的时候，比如行善后感到惬意，作恶后感到惭愧，都是良心发现的作用。趁着这个时候，发现并扩充培养它，就可以作为修养道德的基础了。

培养良心的方法，莫过于行善。不管事情大小，见到善事就一定去做，日积月累，在思想上养成行善的习惯，那么良心的作用就会彰显出来。有些人认为做微小的善事没有用处，而不乐意去做，竟然不知道行善本来不在于大小，这种不行小善的鄙见，足以耽误一切行善的机会，以后即使有天大的善事，这种人也将会因看不见而错失机会。有志于行善的人，不能不以此为戒。

既然知道要行善，尤其不能没有断绝恶习的勇气。因为善与恶是不能并存的，不彻底断绝恶习却想培养善行，这是最难的。有些意志薄弱、行为不检点的人，并非不知道什么是正义，但却往往犹豫不决，这都是由于没有断绝恶习的勇气，而被恶习干扰阻挠，无法摆脱的缘故。因此，断绝恶习是行善的根本。

即使天天以去恶行善作为志向，却也不可能没有过失，真正重要的是改过自新。因为，若犯了过失而不改正，就会一而再再而三地去犯，以后就会成为性格中的恶癖，所以必须从一开始就谨慎小心。对于能够诱惑我的外在事物，要像躲避污渍一样避开它，一旦犯了过失，就要幡然悔改，犹如抛弃已经脏污了的衣服。不要因为过去曾经做过错事，就自暴自弃，由此而延误之后的人生。恶人如果洗心革面，就可以成为善人；善人若不肯改过的话，终究会成为恶人。悔悟是摒除邪恶转向善良的一线生机，是使人走向公理与正义的途径。已经被过失所掩盖的良心之光，这时又会重新焕发出来，追寻它就能日渐进入高尚的境界，熄灭它就会立刻沉入黑暗之中。这个一念之间既微弱又险要，悔悟的关头，千万不要就此放弃了啊！

人各有所长，也就各有所短。有人很有智谋，却过于怯懦；有人勇于进取，却不善节制。这是因为性格就像面貌一样，因人而异。所以想要道德进步的话，就应当审核自己的资质禀赋，掂量自己的环境遭遇，详察过去的历史、现在的事实与未来的趋势，以此来衡量自己的理想，自我反省。勉励自己的短处，管控自己的长处，力求达到中和的境界。否则的话，若任由自己的喜怒，无所顾虑地随意妄为，即使是贤智之人所犯的过错，也是常人所无法企及的。然而，若一味放任自己的长处，屈从于自己的短处，终究难免成为道德界的畸形人。曾子曾说："吾日三省吾身。"以他这样的大贤人，仍然不敢自我放纵，何况其他人呢？

但是，想获得自知之明并不容易，贤人哲人都还会为它感到头痛。只依靠自我反省的话，还是不免会失真。必须接触种种人物，涉及种种事件，以便多次检验自己；再加上咨询老师和朋友的意见，博览书籍，以补充自身的不足。这样才可以更好地修炼自己的德行。

第六章　结论

道德有积
极消极之
别

道德有积极、消极二者：消极之道德，无论何人，不可不守。在往昔人权未昌之世，持之最严。而自今日言之，则仅此而已，尚未足以尽修德之量。

盖其人苟能屏出一切邪念，志气清明，品性高尚，外不愧人，内不自疚，其为君子，固无可疑，然尚囿于独善之范围，而未可以为完人也。

独善君子
未可为完
人

人类自消极之道德以外，又不可无积极之道德，既涵养其品性，则又不可不发展其人格也。人格之发展，在洞悉夫一身与世界种种之关系，而开拓其能力，以增进社会之利福。正鹄既定，奋进而不已，每发展一度，则其精进之力，必倍于前日。纵观立功成事之人，其进步之速率，无不与其所成立之事功而增进，固随在可证者。此实人格之本性，而积极之道德所赖以发达者也。

人类不可
无积极之
道德

然而人格之发展，必有种子，此种子非得消极道德之涵养，不能长成，而非经积极道德之扩张，则不能蕃盛。故修德者，当自消极之道德始，而又必以积极之道德济之。消极之道德，与积极之道德，譬犹车之有两轮，鸟之有两翼焉，

消极道德
必以积极
道德济之

必不可以偏废也。

据蔡元培《订正中学修身教科书》，
商备印书馆 1921 年 9 月第 16 版

【译文】

道德有积极、消极两种：消极道德，无论什么人都不能不遵守。在过去还没有倡导人权的年代，这种道德的约束是最严格的。而从现在来说，只遵守这种道德，还不足以囊括道德修为的全部。如果能摒除一切邪念，志气明朗，品性高尚，在外不愧对他人，在内也不自我愧疚，这样的人毫无疑问就是君子，但是也不过属于独善其身的范围，还谈不上是完美的人。

人类除了消极道德之外，还必须有积极道德。人们既然要涵养品性，那么也就不能不发展人格。人格的发展，在于透彻地了解自己与世界的关系，从而拓展自身的能力，以便增进社会的福利。一个人既然制定了正确的理想目标，就要不停地奋发进取，每进步到一个新阶段，他的道德境界就会比以前精进一步。我们看社会上那些建立功业、成就大事的人，其进步的速度，无不随着他的成功而增进，这样的例子比比皆是。这其实就是人格的本性，也是积极道德赖以充分发展的原因。

但是，人格的发展，一定是先有一个种子，作为起点。这个种子如果得不到消极道德的保护，就不能生存；如果得不到积极道德的拓展，就不会繁茂。所以修养道德，应当从消极道德开始，又必须以积极道德促进。消极道德与积极道德，犹如马车的两个轮子，飞鸟的一双翅膀，缺一不可，不能偏废。

国民修养散论

世界观与人生观

世界无涯涘也，而吾人乃于其中占有数尺之地位；世界无终始也，而吾人乃于其中占有数十年之寿命；世界之迁流如是其繁变也，而吾人乃于其中占有少许之历史。以吾人之一生较之世界，其大小久暂之相去既不可以数量计，而吾人一生又决不能有几微遁出于世界以外，则吾人非先有一世界观，决无所容喙于人生观。

虽然，吾人既为世界之一分子，决不能超出世界以外，而考察一客观之世界，则所谓完全之世界观何自而得之乎？曰：凡分子必具有全体之本性，而既为分子则因其所值之时地而发生种种特性，排去各分子之特性而得一通性，则即全体之本性矣。吾人为世界一分子，凡吾人意识所能接触者无一非世界之分子。研究吾人之意识而求其最后之原素，为物质及形式。物质及形式，犹相对待也。超物质形式之畛域而自在者，惟有意志。于是吾人得以意志为世界各分子之通性，而即以是为世界之本性。

本体世界之意志，无所谓鹄的也。何则？一有鹄的，则悬之有其所，达之有其时，而不得不循因果律以为达之之方法，是仍落于形式之中，含有各分子之特性，而不足以为本体。故说者以本体世界为黑暗之意志，或谓之盲瞽之意志，皆所以形容其异于现象世界各各之意志也。现象世界各各之意志，则以回向本体为最后之大鹄的。其间接以达于此大鹄的者，又有无量数之小鹄的，各以其间接于最后大鹄的之远近，为其大小之差。

最后之大鹄的何在？曰：合世界之各分子，息息相关，无复有彼此之差别，达于现象世界与本体世界相交之一点是也。自宗教家言之，吾人固未尝不可一瞬间，超轶现象世界种种差别之关系，而完全成立为本体世界之大我。然吾人于此时期，既尚有语言文字之交通，则已受范于渐法之中，而不以顿法，于是不得不有所谓种种间接之作用，缀辑此等间接作用，使厘然有系统可寻者，进化史也。

统大地之进化史而观之，无机物之各质点，自自然引力外，殆无特别相互之关系，进而为有机之植物，则能以质点集合之机关，共同操作，以行其延年传种之作用。进而为动物，则又于同种类间为亲子朋友之关系，而其分职通功之例，视植物为繁。及进而为人类，则由家庭而宗族，而社会，而国家，而国际。其互相关系之形式既日趋于博大，而成绩所留，随举一端，皆有自阂而通、自别而同之趋势。例如昔之工艺，自造之而自用之耳。今则一人之所享受，不知经若干人之手而后成。一人之所操作，不知供若干人之利用。

昔之知识，取材于乡土志耳。今则自然界之记录，无远弗届。远之星体之运行，小之原子之变化，皆为科学所管领。由考古学、人类学之互证，而知开明人之祖先与未开化人无异；由进化学之研究，而知人类之祖先与动物无异。是以语言、风俗、宗教、美术之属，无不合大地之人类以相比较。而动物心理、动物言语之属，亦渐为学者所注意。昔之同情，及最近者而止耳。是以同一人类，或状貌稍异，即痛痒不复相关，而甚至于相食。其次则死之，奴之。今则四海兄弟之观念为人类所公认，而肉食之戒，虐待动物之禁，以渐流布。所谓仁民而爱物者，已成为常识焉。夫已往之世界，经其各分子之经营而进步者，其成绩固已如此。过此以往，不亦可比例而知之欤？

道家之言曰："知足不辱，知止不殆。"又曰："小国寡民，使有什伯之器而不用，使民重死而不远徙，虽有舟舆，无所乘之。虽有甲兵，无所陈之。使民复结绳而用之。甘其食，美其服，安其居，乐其俗。邻国相望，鸡犬之声相闻，民至老死而不相往来。"此皆以目前之幸福言之也。自进化史考之，则人类精神之趋势，乃适与相反。人满之患，虽自昔借为口实，而自昔探险新地者，率生于好奇心，而非为饥寒所迫。南北极苦寒之所，未必于吾侪生活有直接利用之资料，而冒险探极者踵相接。由推轮而大辂，由桴槎而方舟，足以济不通矣；乃必进而为汽车、汽船及自动车之属。近则飞艇、飞机，更为竞争之的。其构造之初，必有若干之试验者供其牺牲，而初不以及身之不及利用而生悔。文学家，美术家最高尚之著作，被崇拜者或在死后，而初不以及身之不得信用而辍业。用以知：为将来而牺牲现在者，又人类之通性也。

人生之初，耕田而食，凿井而饮，谋生之事，至为繁重，无暇为高尚之思想。自机械发明，交通迅速，资生之具，日趋于便利。循是以往，必有菽粟如水火之一日，使人类不复为口腹所累，而得专致力于精神之修养。今虽尚非其时，而纯理之科学，高尚之美术，笃嗜者固已有甚于饥渴，是即他日普及之朕兆也。科学者，所以祛现象世界之障碍，而引致于光明。美术者，所以写本体世界之现象，而提醒其觉性。人类精神之趋向，既毗于是，则其所到达之点，盖可知矣。

然则进化史所以诏吾人者：人类之义务，为群伦不为小己，为将来不为现在，为精神之愉快而非为体魄之享受，固已彰明而较著矣。而世之误读进化史者，乃以人类之大鹄的，为不外乎其一身与种姓之生存，而遂以强者权利为无上之道德。夫使人类果以一身之生存为最大之鹄的，则将如神仙家所主张，而又何有于种姓？如曰人类固以绵延其种姓为最后之鹄的，则必以保持其单纯之种姓为第一义，而同姓相婚，其生不蕃。古今开明民族，往往有几许之混合者。是两者何足以为究竟之鹄的乎？孔子曰："生无所息。"庄子曰："造物劳我以生。"诸葛孔明曰："鞠躬尽瘁，死而后已。"是吾身之所以欲生存也。北山愚公之言曰："虽我之死，有子存焉。子又生孙，孙又生子，子子孙孙，无穷匮也。而山不加增，何苦而不平？"是种姓之所以欲生存也。人类以在此世界有当尽之义务，不得不生存其身体。又以此义务者非数十年之寿命所能竣，而不得不谋其种姓之生存。以图其身体若种姓之生存，而不能不有所资以营养，于是有吸收之权利。又或吾人所以尽义务之身体若种姓，及夫所资以生存之具，无端受外界之侵害，将坐是而失其所以尽义务之自由，于是有抵抗之权利。此正负两式之权利，皆由义务而演出者也。今曰：吾人无所谓义务，而权利则可以无限。是犹同舟共济，非合力不足以达彼岸，乃强有力者以进行为多事，而劫他人所持之棹楫以为己有，岂非颠倒之尤者乎？

昔之哲人，有见于大鹄的之所在，而于其他无量数之小鹄的，又准其距离于大鹄的之远近，以为大小之差。于其常也，大小鹄的并行而不悖。孔子曰："己欲立而立人，己欲达而达人。"孟子曰："好乐，好色，好货，与人同之。"是其义也。于其变也，绌小以申大。尧知子丹朱之不肖，不足授天下。授舜则天下得其利而丹朱病，授丹朱则天下病而丹朱得其利，尧曰，终不以天下之病，而利一人，而卒授舜以天下。禹治洪水，十年不窥其家。孔子曰："志士仁人，无求生以害仁，有杀身以成仁。"墨子摩顶放踵，利天下为之。孟子曰："生与义不可得兼，舍生而取义。"范文正曰："一家哭，何如一路哭。"是其义也。循是以往，则所谓人生者，始合于世界进化之公例，而有真正之价值。否则，庄生所谓天地之委形委蜕已耳，何足选也！

此篇系蔡元培第二次赴德留学时所作，刊载于 1912 年冬巴黎出版的《民德杂志》创刊号，1913 年 4 月又转载于《东方杂志》第 9 卷第 10 号。

就任北京大学校长之演说

五年前，严几道先生为本校校长时，余方服务教育部，开学日曾有所贡献于同校。诸君多自预科毕业而来，想必闻知。士别三日，刮目相见，况时阅数载，诸君较昔当必为长足之进步矣。予今长斯校，请更以三事为诸君告。

一曰抱定宗旨。诸君来此求学，必有一定宗旨，欲求宗旨之正大与否，必先知大学之性质。今人肄业专门学校，学成任事，此固势所必然。而在大学则不然，大学者，研究高深学问者也。外人每指摘本校之腐败，以求学于此者，皆有做官发财思想，故毕业预科者，多入法科，入文科者甚少，入理科者尤少，盖以法科为干禄之终南捷径也。因做官心热，对于教员，则不问其学问之浅深，惟问其官阶之大小。官阶大者，特别欢迎，盖为将来毕业有人提携也。现在我国精于政法者，多入政界，专任教授者甚少，故聘请教员，不得不聘请兼职之人，亦属不得已之举。究之外人指摘之当否，姑不具论。然弭谤莫如自修，人讥我腐败，而我不腐败，问心无愧，于我何损？果欲达其做官发财之目的，则北京不少专门学校，入法科者尽可肄业法律学堂，入商科者亦可投考商业学校，又何必来此大学？所以诸君须抱定宗旨，为求学而来。入法科者，非为做官；入商科者，非为致富。宗旨既定，自趋正轨。诸君肄业于此，或三年，或四年，时间不为不多，苟能爱惜分阴，孜孜求学，则其造诣，容有底止。若徒志在做官发财，宗旨既乖，趋向自异。

平时则放荡冶游，考试则熟读讲义，不问学问之有无，惟争分数之多寡；试验既终，书籍束之高阁，毫不过问，敷衍三四年，潦草塞责，文凭到手，即可借此活动于社会，岂非与求学初衷大相背驰乎？光阴虚度，学问毫无，是自误也。且辛亥之役，吾人之所以革命，因清廷官吏之腐败。即在今日，吾人对于当轴多不满意，亦以其道德沦丧。今诸君苟不于此时植其基，勤其学，则将来万一因生计所迫，出而任事，担任讲席，则必贻误学生；置身政界，则必贻误国家。是误人也。误己误人，又岂本心所愿乎？故宗旨不可以不正大。此余所希望于诸君者一也。

二曰砥砺德行。方今风俗日偷，道德沦丧，北京社会，尤为恶劣，败德毁行之事，触目皆是，非根基深固，鲜不为流俗所染，诸君肄业大学，当能束身自爱。然国家之兴替，视风俗之厚薄。流俗如此，前途何堪设想。故必有卓绝之士，以身作则，力矫颓俗。诸君为大学学生，地位甚高，肩此重任，责无旁贷，故诸君不惟思所以感己，更必有以励人。苟德之不修，学之不讲，同乎流俗，合乎污世，己且为人轻侮，更何足以感人。然诸君终日伏首案前，芸芸攻苦，毫无娱乐之事，必感身体上之苦痛。为诸君计，莫如以正当之娱乐，易不正当之娱乐，庶于道德无亏，而于身体有益。诸君入分科时，曾填写愿书，遵守本校规则，苟中道而违之，岂非与原始之意相反乎？故品行不可以不谨严。此余所希望于诸君者二也。

三曰敬爱师友。教员之教授，职员之任务，皆以图诸君求学便利，诸君能无动于衷乎？自应以诚相待，敬礼有加。至于同学共处一堂，尤应互相亲爱，庶可收切磋之效。不惟开诚布公，更宜道义相劝，盖同处此校，毁誉共之。同学中苟道德有亏，行有不正，为社会所訾詈，己虽规行矩步，亦莫能辩，此所以必互相劝勉也。余在德国，每至店肆购买物品，店主殷勤款待，付价接物，互相称谢，此虽小节，然亦交际所必需，常人如此，况堂堂大学生乎？对于师友之敬爱，此余所希望于诸君者三也。

余到校视事仅数日，校事多未详悉，兹所计划者二事。一曰改良讲义。诸君既研究高深学问，自与中学、高等不同，不惟恃教员讲授，尤赖一己潜修。以后所印讲义，只列纲要，细微末节，以及精旨奥义，或讲师口授，或自行参考，以期学有心得，能裨实用。二曰添购书籍。本校图书馆书籍虽多，新出者甚少，苟不广为购办，必不足供学生之参考。刻拟筹集款项，多购新书，将来典籍满架，自可旁稽博采，无虞缺乏矣。今日所与诸君陈说者只此，以后会晤日长，随时再为商榷可也。

1917 年 1 月 9 日，据《东方杂志》第 14 卷第 4 号（1917 年 4 月出版）。

思想自由

兄弟今日承姜先生之介绍，得与诸君相晤，谈话一堂，甚幸甚幸。唯兄弟虽蒙诸君之约，冀有所贡献，然以校事羁身，急待归去，且欲一听李先生之演说，故遂不得作长谈，仅择其精者简略言之，愿诸君一垂听焉。

讲题之采取，系属于感想而得。顷与全校诸君言道德之精神在于思想自由，即足为是题之引。（先生于三会联合演讲之先，复由全校欢迎大会，并丐先生演说，蒙先生首肯，乃以德、智、体三育为同学讲演，词已载入《校风》报。兹以不忍割爱，故复移录之于是篇后，以公同好焉。）（括号内为记录者所加说明，下同。）

当兄弟未至贵校之先，每以贵校与约翰、清华、东吴诸大学相联想。今亲诣参观，略悉内情，始知大谬。盖贵校固一纯粹思想自由之学校。继以各会宗旨，谅大都一致无疑。乃闻之姜先生，复知各会宗旨各异，万象包罗，任人选择。若青年会属于宗教的，而敬业乐群会则以研究学术号召，励学会亦复以演说讲演为重。此外各专门学会亦各精一术，毫不相妨。此诚可为诸君庆，而兄弟遂亦感而言此矣。

人生在世，身体极不自由。以贵校体育论，跃高掷重，成绩昭然。（本岁远东运动会，本校同学以跃高、掷重列名，故先生言如此。）然而练习之始，其难殆百倍于成功之日。航空者置身太空，自由极矣，乃卒不能脱巨风之险。习语言者，精一忘百，即使能通数地或数国方言，然穷涉山川，终遇隔膜之所。是知法律之绳人，亦犹是也。然法律不自由中，仍有自由可寻。自由者何？即思想是也。但思想之自由，亦自有界说。彼倡天地新学说者，必以地圆为谬，而倡其地平日动之理。其思想诚属自由，然数百年所发明刊定不移之理，讵能一笔抹杀！且地圆之证据昭著，既不能悉以推翻，修取一二无足轻重之事，为地平证，则其学说不能成立宜也。又如行星之轨道，为有定所，精天文者，久已考明。乃幻想者流，必数执已定之理，屏为不足道，别创其新奇之论。究其实，卒与倡天地新学说者将同归失败。此种思想，可谓极不自由。盖真理既已公认不刊，而驳之者犹复持闭关主义，则其立论终不得为世人赞同，必矣。

舍此类之外，有所谓最自由者，科学不能禁，五官不能干，物质不能范。人之寿命，长者百数十年，促者十数年，而此物之存在，则卒不因是而间断。近如德人之取尸炸油，毁人生之物质殆尽，然其人之能存此自由者，断不因是而毁灭。在昔有倡灵魂论，宗教家主之，究之仍属空洞。分思想于极简单，分皮毛于极细小，仍亦归之物质，而物质之作用，是否属之精神，尚不可知。但精神些微之差，其竟足误千里。故精神作用，现人尚不敢曰之为属于物质，或曰物质属之于精神。且精神、物质之作用，是否两者具备，相辅而行？或各自为用，毫不相属？均在不可知之数。如摄影一事，其存者果为精神？抑为物质、精神两者均系之？或两者外别有作用？此实不敢武断。

论物质，有原子，原子分之又有电子。究竟原子、电子何属？吾人之思想试验，殊莫知其奥。论精神，其作用之最微者又何而属？吾人更不得知。而空中有所谓真空各个以太，实则其地位何若，态度何似，更属茫然。度量衡之短而小者，吾人可以意定，殆分之极细，长之极大，则其极不得而知。譬之时计，现为四句钟，然须臾四钟即逝，千古无再来之日，其竟又将如何耶？伍廷芳先生云，彼将活二百岁。二百岁以后何似？推而溯之原始，终不外原子、电子之论。考地质者，亦不得极端之证验。地球外之行星，或曰已有动物存在，其始生如何，亦未闻有发明者。

人生在世，钩心斗智，相争以学术，鞠躬尽瘁，死而后已，亦无非争此未勘破之自由。评善恶者，何者为善，何者为恶，禁作者为违法之事，而不作者亦非尽恶。以卫生论，卫生果能阻死境之不来欤？生死如何，民族衰亡如何，衰亡之早晚又如何，此均无确当之论。或曰终归之于上帝末日之裁判，此宗教言也。使上帝果人若，则空洞不可得见，以脑力思之，则上帝非人，而其至何时，其竟何似，均不可知，是宗教亦不足征信也。有主一元说者，主二元说者，又有主返原之论者，使人人倾向于原始之时。今之愿战，有以为可忧，有以为思想学术增进之导线。究之以上种种，均有对待可峙，无人敢信其为绝对的可信，亦无有令人绝对的可信之道也。

是故，吾人今日思想趋向之竟，不可回顾张皇，行必由径，反之失其正鹄。西人今日自杀之多，殆均误于是道。且至理之信，不必须同他人；己所见是，即可以之为是。然万不可诪张为幻。此思想之自由也。凡物之评断力，均随其思想为定，无所谓绝对的。一己之学说，不得束缚他人；而他人之学说，亦不束缚一己。诚如是，则科学、社会学等等，将均任吾人自由讨论矣。

1917 年 5 月 23 日。由周恩来笔录，原题为《蔡孑民先生讲演录（思想自由）》，是蔡元培在天津南开学校敬业、励学、演说三会联合讲演会上的演说词。据《敬业学报》第 6 期（1917 年 6 月出版）。

科学之修养

鄙人前承贵校德育部之召，曾来校演讲；今又蒙修养会见召，敢述修养与科学之关系。

查修养之目的，在使人平日有一种操练，俾临事不致措置失宜。盖吾人平日遇事，常有计较之余暇，故能反复审虑，权其利害是非之轻重而定取舍。然若至仓卒之间，事变横来，不容有审虑之余地，此时而欲使诱惑、困难不能隳其操守，非凭修养有素不可，此修养之所以不可缓也。

修养之道，在平日必有种种信条。无论其为宗教的或社会的，要不外使服膺者储蓄一种抵抗之力，遇事即可凭之以定抉择。如心所欲作而禁其不作，或心所不欲而强其必行，皆依于信条之力。此种信条，无论文明、野蛮民族均有之。然信条之起，乃由数千万年习惯所养成；及行之既久，必有不适之处，则怀疑之念渐兴，而信条之效力遂失。此犹就其天然者言也。乃若古圣先贤之格言嘉训，虽属人造，要亦不外由时代经验归纳所得之公律，不能不随时代之变迁而易其内容。吾人今日所见为嘉言懿行者，在日后或成故纸，欲求其能常系人之信仰，实不可能。由是观之，则吾人之于修养，不可不研究其方法。在昔吾国哲人，如孔、孟、老、庄之属，均曾致力于修养，而宋、明儒者尤专力于此。然学者提倡虽力，卒不能使天下之人尽变为良善之士，可知修养亦无一定之必可恃者也。至于吾人居今日而言修养，则尤不能如往古道家之蛰影深山，不闻世事。盖今日社会愈进，世务愈繁。已入社会者，固不能舍此而他从，即未入社会之学校青年，亦必从事于种种学问，为将来入世之准备。其责任之繁重如是，故往往易为外务所缚，无精神休假之余地，常易使人生观陷于悲观厌世之域，而不得志之人为尤甚。其故即在现今社会与从前不同。欲补救此弊，须使人之精神有张有弛。如作事之后，必继之以睡眠，而精神之疲劳，亦必使有机会得以修养。此种团体之结合，尤为可喜之事。但鄙人以为修养之致力，不必专限于集会之时，即在平时课业中亦可利用其修养。故特标此题曰："科学的修养。"

今即就贵会之修养法逐条说明，以证科学的修养法之可行。如贵会简章有"力行校训"一条。贵校校训为"诚勤勇爱"四字。此均可于科学中行之。如"诚"字之义，不但不欺人而已，亦必不可为他人所欺。盖受人之欺而不自知，转以此说复诏他人，其害与欺人者等也。是故吾人读古人之书，其中所言苟非亲身实验证明者，不可轻信；乃至极简单之事实，如一加二为三之数，亦必以实验证明之。夫实验之用最大者，莫如科学。譬如报纸纪事，臧否不一，每使人茫无适从。科学则不然。真是真非，丝毫不能移易。盖一能实验，而一不能实验故也。由此观之，科学之价值即在实验。是故欲力行"诚"字，非用科学的方法不可。

其次"勤"：凡实验之事，非一次所可了。盖吾人读古人之书而不慊于心，乃出之实验。然一次实验之结果，不能即断其必是，故必继之以再以三，使有数次实验之结果。如不误，则可以证古人之是否；如与古人之说相刺谬，则尤必详考其所以致误之因，而后可以下断案。凡此者反复推寻，不惮周详，可以养成勤劳之习惯。故"勤"之力行亦必依赖夫科学。

再次"勇"：勇敢之意义，固不仅限于为国捐躯、慷慨赴义之士，凡作一事，能排万难而达其目的者，皆可谓之勇。科学之事，困难最多。如古来科学家，往往因试验科学致丧其性命，如南北极及海底探险之类。又如新发明之学理，有与旧传之说不相容者，往往遭社会之迫害，如哥白尼、贾利来（即伽利略）之惨祸。可见研究学问，亦非有勇敢性质不可，而勇敢性质，即可于科学中养成之。大抵勇敢性有二：其一发明新理之时，排去种种之困难阻碍；其二，既发明之后，敢于持论，不惧世俗之非笑。凡此二端，均由科学所养成。

再次"爱"：爱之范围有大小。在野蛮时代，仅知爱自己及与己最接近者，如家族之类。此外稍远者，辄生嫌忌之心。故食人之举，往往有焉。其后人智稍进，爱之范围渐扩，然犹不能举人我之见而悉除之。如今日欧洲大战，无论协约方面或德奥方面，均是己非人，互相仇视，欲求其爱之普及甚难。独至于学术方面则不然：一视同仁，无分畛域；平日虽属敌国，及至论学之时，苟所言中理，无有不降心相从者。可知学术之域内，其爱最溥。又人类嫉妒之心最盛，入主出奴，互为门户。然此亦仅限于文学耳；若科学，则均由实验及推理所得唯一真理，不容以私见变易一切。是故嫉妒之技无所施，而爱心容易养成焉。

以上所述，仅就力行校训一条引申其义。再阅简章，有静坐一项。此法本自道家传来。佛氏之坐禅，亦属此类。然历年既久，卒未普及社会。至今日日本之提倡此道者，纯以科学之理解释之。吾国如蒋竹庄先生亦然，所以信从者多，不移时而遍于各地。此亦修养之有赖于科学者也。

又如不饮酒、不吸烟二项，亦非得科学之助力不易使人服行。盖烟酒之嗜好，本由人无正当之娱乐，不得已用之以为消遣之具，积久遂成痼疾。至今日科学发达，娱乐之具日多，自不事此无益之消遣。如科学之问题，往往使人兴味加增，故不感疲劳而烟酒自无用矣。

今日所述，仅感想所及，约略陈之。惟宜注意者，鄙人非谓学生于正课科学之外，不必有特别之修养，不过正课之中，亦不妨兼事修养，俾修养之功，随时随地均能用力，久久纯熟，则遇事自不致措置失宜矣。

本篇是蔡元培在北京高等示范学校修养会的演说词。
据《北京大学日刊》第 360 号（1919 年 4 月 24 日出版）。

义务与权力

贵校成立，于兹十载，毕业生之服务于社会者，甚有声誉，鄙人甚所钦佩。今日承方校长属以演讲，鄙人以诸君在此受教，是诸君之权利；而毕业以后即当任若干年教员，即诸君之义务，故愿为诸君说义务与权利之关系。

权利者，为所有权、自卫权等，凡有利于己者，皆属之。义务则凡尽吾力而有益于社会者皆属之。

普通之见，每以两者为互相对待，以为既尽某种义务，则可以要求某种权利，既享某种权利，则不可不尽某种义务。如买卖然，货物与金钱，其值相当是也。然社会上每有例外之状况，两者或不能兼得，则势必偏重其一。如杨朱为我，不肯拔一毛以利天下；德国之斯梯纳（Stine）及尼采（Nietzsche）等，主张惟我独尊，而以利他主义为奴隶之道德。此偏重权利之说也。墨子之道，节用而兼爱。孟子曰，生与义不可得兼，舍生而取义。此偏重义务之说也。今欲比较两者之轻重，以三者为衡。

（一）以意识之程度衡之。下等动物，求食物，卫生命，权利之意识已具；而互助之行为，则于较为高等之动物始见之。昆虫之中，蜂、蚁最为进化。其中雄者能传种而不能作工，传种既毕，则工蜂、工蚁刺杀之，以其义务无可再尽，即不认其有何等权利也。人之初生，即知吮乳，稍长则饥而求食，寒而求衣，权利之意识具，而义务之意识未萌。及其长也，始知有对于权利之义务。且进而有公而忘私、国而忘家之意识。是权利之意识，较为幼稚，而义务之意识，较为高尚也。

（二）以范围之广狭衡之。无论何种权利，享受者以一身为限；至于义务，则如振兴实业、推行教育之类，享其利益者，其人数可以无限。是权利之范围狭，而义务之范围广也。

（三）以时效之久暂衡之。无论何种权利，享受者以一生为限。即如名誉，虽未尝不可认为权利之一种，而其人既死，则名誉虽存，而所含个人权利之性质，不得不随之而消灭。至于义务，如禹之治水，雷绥佛（Lessevs）之凿苏彝士河，汽机、电机之发明，文学家、美术家之著作，则其人虽死，而效力常存。是权利之时效短，而义务之时效长也。

由是观之，权利轻而义务重，且人类实为义务而生存。例如人有子女，即生命之派分，似即生命权之一部。然除孝养父母之旧法而外，曾何权利之可言？至于今日，父母已无责备子女以孝养之权利，而饮食之，教诲之，乃为父母不可逃之义务。且列子称愚公之移山也，曰："虽我之死，有子存焉。子又生孙，孙又生子，子子孙孙，无穷匮也，而山不加增，何苦而不平？"虽为寓言，实含至理。盖人之所以有子孙者，为夫生年有尽，而义务无穷；不得不以子孙为延续生命之方法，而于权利无关。是即人之生存，为义务而不为权利之证也。

惟人之生存，既为义务，则何以又有权利？曰：尽义务者在义务与权利有身，而所以保持此身，使有以尽义务者，曰权利。如汽机然，非有燃料，则不能作工。权利者，人身之燃料也。故义务为主，而权利为从。

义务为主，则以多为贵，故人不可以不勤；权利为从，则适可而止，故人不可以不俭。至于捐所有财产，以助文化之发展，或冒生命之危险，而探南北极、试航空术，则皆可为善尽义务者。其他若厌世而自杀，实为放弃义务之行为，故伦理学家常非之。然若其人既自知无再尽义务之能力，而坐享权利，或反以其特别之疾病若罪恶，贻害于社会，则以自由意志而决然自杀，亦有可谅者。

独身主义亦然，与谓为放弃权利，毋宁谓为放弃义务。然若有重大之义务，将竭毕生之精力以达之，而不愿为室家所累，又或自忖体魄，在优种学上者不适于遗传之理由，而决然抱独身主义，亦有未可厚非者。

　　今欲进而言诸君之义务矣。闻诸君中颇有以毕业后必尽教员之义务为苦者。然此等义务，实为校章所定。诸君入校之初，既承认此校章矣。若于校中既享有种种之权利，而竟放弃其义务，如负债不偿然，于心安乎？毕业以后，固亦有因结婚之故而家务、校务不能兼顾者。然胡彬夏女士不云乎："女子尽力社会之暇，能整理家事，斯为可贵。"是在善于调度而已。我国家庭之状况，烦琐已极，诚有使人应接不暇之苦。然使改良组织，日就简单，亦未尝不可分出时间，以服务于社会。又或约集同志，组织公育儿童之机关，使有终身从事教育之机会，亦无不可。在诸君勉之而已。

　　1919 年 12 月 7 日改定。是蔡元培在北京女子师范学校的演说词。

据《蔡孑民先生言行录》。

怎样才配做一个现代学生

　　一般似乎很可爱的青年男女，住着男女同学的学校，就可以算做现代学生么？或者能读点外国文的书，说几句外国语；或者能够"信口开河"的谈什么……什么主义和什么什么……文学，也配称做现代学生么？我看，这些都是表面的或次要的问题。我以为至少要具备下列三个条件，才配称做现代学生。

（一）狮子样的体力

　　我国自来把读书的人叫做文人，本是因为他们所习的为文事的缘故，不料积久这"文人"两个字和"文弱的人"四个字竟发生了连带的关系。古时文士于礼、乐、书、数之外，尚须学习射、御，未尝不寓武于文。不料到后来，被一般野心帝王专以文字章句愚弄天下儒生，鄙弃武事，把知识阶级的体力继续不断的摧残下去；流毒至今，一般读书人所应有的健康，大都被毁剥了。羸弱父母，哪能生产康强的儿女！先天上既虞不足，而学校教育，又未能十分注意体格的训练，后天上也就大有缺陷。所以现时我国的男女青年的体格，虽略较二十年前的书生稍有进步，但比起东、西洋学生壮健活泼、生机勃茂的样子来，相差真不可以道里计。新近有一位留学西洋多年而回国不久的朋友对我说：他刚从外洋回到上海的时候，在马路上走，简直不敢抬头，因为看见一般孱弱已极、毫无生气的中国男女，不禁发生恐惧和惭愧的感觉。这位朋友的话，并不是随便邪说，任何人刚从外国返到中国国境，怕都不免有同样的印象。这虽是就普通的中国人观察，但是学校里的学生也好不了许多。先有健全的身体，然后有健全的思想和事业，这句话无论何人都是承认的，所以学生体力的增进，实在是今日办教育的生死关键。

现今欲求增进中国学生的体力，唯有提倡运动一法。中国废科举、办学校，虽已历时二十余年之久，对于体育一项的设备，太不注意。甚至一个学校连操场、球场都没有，至于健身房、游泳池等等关于体育上的设备，更说不上了。运动机会既因无"用武地"而减少，所以往往有聪慧勤学的学生，只因体力衰弱的缘故，纵使不患肺病、神经衰弱病及其他痼症而青年夭折，也要受精力不强、活动力减少的影响，不能出其所学贡献于社会，前途希望和幸福就从此断送，这是何等可悲痛的事！

今日的学生，便是明日的社会中坚，国家柱石，这样病夫式或准病夫式的学生，焉能担得起异日社会国家的重责！又焉能与外国赳赳武夫的学生争长比短！就拿本年日本举行的第九届远东运动会而论，我国运动员的成绩比起日本来，几于处处落人之后。较可取巧的足球，日本学生已成我劲敌。至于最费体力的田径赛，则完全没有我国学生的地位，这又是何等可羞耻的事！

体力的增进，并非一蹴而企。试观东、西洋学生，自小学以至大学，无一日不在锻炼陶冶之中，所以他们的青年，无不嗜好运动，兴趣盎然。一闻赛球，群起而趋。这种习惯的养成，良非易事。而健全国民的基础，乃以确立。这种情形，在初入其国的，尝误认为一种狂癖，观察稍久，方知其影响国本之大。这是我们所应慨然猛省的。

外人以我国度庞大而不自振作，特赠以"睡狮"的怪号。青年们！醒来吧！赶快回复你的"狮子样的体力"！好与世界健儿，一较好身手；并且以健全的体力，去运用思想，创造事业！

（二）猴子样的敏捷

"敏捷"的意思，简单说起来就是"快"。在这二十世纪的时代做人，总得要做个"快人"才行。譬如赛跑或游泳一样，快的居前，不快的便要落后，这是无可避免的结果。我们中国的文化，在二千年前，便已发展到与现今的中国文化程度距离不远。那时欧洲大陆还是蛮人横行的时代。至美洲尚草莽未辟，更不用说。然而今日又怎样呢？欧洲文化的灿烂，吾人既已瞠乎其后，而美洲则更发展迅速。美利坚合众国立国至今不过一百五十四年，其政治、经济的一切发展，竟有"后来居上"之势。这又是什么缘故呢？这固然是美国的环境好，适于建设。而美国人的举动敏捷，也是他们成功迅速一个最大的原因。吾人试游于美国的都市，汽车、街车等等的风驰电掣不算，就是在大街两旁道上走路的人，也都是迈往直前，绝少左顾右盼、姗姗行迟，象中国人所常有的样子，再到他们的工厂或办事房中去参观，他们也是快手快脚的各忙各的事体。至于学校里的学生，无论在讲堂上、操场上、图书馆里、实验室里，一切行动态度，总是敏捷异常，活泼得很。所以他们能够在一个短时期内，学得多，做得多，将来的成就也自然的多起来了。掉转头来看看我国的情形，一般人的行动颟顸迟缓，姑置勿论，就是学校里的学生，读书做事，也大半是一些不灵敏。所以在初中毕业的学生，国文不能畅所欲言；在大学里毕业的学生，未必能看外国文的书籍。这不是由于他们的脑筋迟钝，实在是由于习惯成自然。所以出了学校以后，做起事来，仍旧不能紧张，"从容不迫"的做下去。西洋人可以一天做完的事，中国人非两天或三天不能做完。在效率上相差得这样多，所成就的事体，自然也就不可同日而语了。

关于这种迟缓的不敏捷的行动，我说是一种习惯，而且这种习惯是由于青年时代养成的，并不是没有什么事实上的根据。我们可以用华侨子弟和留学生来做证明：在欧美生长的中国小孩，行动的敏捷，固足与外国小孩相颉颃；而一般留学生，初到外国的时候，总感觉得处处落人之后，走路没有人家快，做事没有人家快，读书没有人家快，在课堂上抄笔记也没有人家写得快、记得多，苦不堪言。但在这样环境中吃得苦头太多了以后，自然而然的一切行动也就渐渐的会变快了。所以留学生回国后一切行动，总比普通一般人要敏捷些。等待他们在百事迟钝的中国环境里住的时间稍为长久一点，他们的迟缓的老脾气，或者也会重新发作的。就拿与人约会或赴宴会做例子，在欧美住过几年的人，初回国的时候，大都是很肯遵守时间，按时而到；后来觉得自己到了，他人迟到，也是于事无益，呆坐着等人，还白白糟蹋了宝贵的时间，不如还是从俗罢。但是这种习惯的误事和不便，是人人所引为遗憾的。尤其是我们的青年人，应当积极纠正的。

青年们呀！现在已经是二十世纪的新时代了！这个时代的特征就是"快"。你看布满了各国大陆的铁道，浮遍了各国海洋的船舰，肉眼可看见的有线电的电线，不可见的无线电的电浪，可以横渡大西洋而远征南北极的飞机，城市地面上驰骋着的街车与汽车，地面下隧道中通行的火车与电车，以及工厂、农场、公事房，家庭中所有的一切机器，哪一件不是为要想达到"快"的目的而设的。况且凡百科学，无不日新月异的在那里增加发明。我们纵不能自己发明，也得要迎头赶上去、学上去，这都是非快不为功的。

据进化论的昭示，我们人类由猿猴进化而来。却是人类在这比较安舒的环境中，行动渐次变了迟钝，反较猴子略逊一筹，而中国人的颟顸程度更特别的高。以开化最早的资格，现反远居人后，这是多么惭愧的事！现在我们的青年，如要想对于求学、做事两方面，力振颓风，则非学"猴子样的敏捷"，急起直追不可！

（三）骆驼样的精神

在中国四万万同胞中，各人所负责任的重大，恐怕要算青年学生首屈一指了！就中国现时所处的可怜地位和可悲的命运而论，我们几乎可以说：凡是可摆脱这种地位、挽回这种命运的事情和责任，直接或间接都是要落在学生们的双肩上。

第一是对于学术上的责任：做学生的第一件事就要读书。读书从浅近方面说，是要增加个人的知识和能力，预备在社会上做一个有用的人材；从远大的方面说，是要精研学理，对于社会国家和人类作最有价值的贡献。这种责任是何等的重大！读者要知道一个民族或国家要在世界上立得住脚——而且要光荣的立住——是要以学术为基础的。尤其是，在这竞争剧烈的二十世纪，更要倚靠学术。所以学术昌明的国家，没有不强盛的；反之，学术幼稚和知识蒙昧的民族，没有不贫弱的。德意志便是一个好例证：德人在欧战时力抗群强，能力固已可惊；大败以后，曾不十年而又重列于第一等国之林，这岂不是由于他们的科学程度特别优越而建设力强所致么？我们中国人在世界上原来很有贡献的，——如发明指南针、印刷术、火药之类——所以现时国力虽不充足，而仍为谈世界文化者所重视。不过经过两千年专制的锢蔽，学术遂致落伍。试问在现代的学术界，我们中国人对于人类幸福有贡献的究竟有几个人呢？无怪人家渐渐的看不起我们了。我们以后要想雪去被人轻视的耻辱，恢复我们固有的光荣，只有从学术方面努力，提高我们的科学知识，更进一步对世界为一种新的贡献，这些都是不能不首先属望于一般青年学生的。

第二是对于国家的责任：中国今日，外则强邻四逼，已沦于次殖民地的地位；内则政治紊乱，民穷财匮，国家的前途实在太危险了。今后想摆脱列强的羁绊，则非急图取消不平等条约不可。想把国民经济现状改良，使一般国能享独立，自由、富厚的生活，则非使国内政治能上轨道不可。昔范仲淹为秀才时，便以天下为己任，果然有志竟成。现在的学生们，又安可不以国家为己任咧！

第三是对于社会的责任：先有好政治而后有好社会，抑先有好社会而后有好政治？这个问题用不着什么争论的，其实二者是相互影响的，所以学生对于社会也是负有对于政治同等的责任。我们中国的社会，是一个很老的社会，一切组织形式及风俗习惯，大都陈旧不堪，违反现代精神而应当改良。这也是要希望学生们努力实行的。因为一般年纪大一点的旧人物，有时纵然看得出，想得到，而以濡染太久的缘故，很少能彻底改革的。所以关于改良未来的社会一层，青年所负的责任也是很大的。

以上所说的各种责任都放在学生们的身上，未免太重一些。不过生在这时的中国学生，是无法避免这些责任的。若不学着"骆驼样的精神"来"任重道远"，又有什么办法呢？

除开上述三种基本条件而外，再加以"崇好美术的素养"和"自爱"、"爱人"的美德，便配称做现代学生而无愧了。

本篇为孟寿椿代作。据《现代学生》月刊创刊号（1930 年 10 月出版）。

黑暗与光明的消长

我们为什么开这个演说大会？因为大学教员的责任，并不是专教几个学生，更要设法给人人都受一点大学的教育，在外国叫作平民大学。这一回的演说会，就是我国平民大学的起点！

但我们的演说大会，何以开在这个时候呢？现在正是协约国战胜德国的消息传来，北京的人都高兴的了不得。请教为什么要这样高兴？怕有许多人答不上来。所以我们趁此机会，同大家说高兴的缘故。

诸君不记得波斯拜火教的起源吗？他用黑暗来比一切有害于人类的事，用光明来比一切有益于人类的事。所以说世界上有黑暗的神与光明的神相斗，光明必占胜利。这真是世界进化的状态。但是黑暗与光明，程度有浅深，范围也有大小。譬如北京道路，从前没有路灯，行路的人，必要手持纸灯。那时候光明的程度很浅，范围很小。后来有公设的煤油灯，就进一步了。近来有电灯、汽灯，光明的程度更高了，范围更广了。世界的进化也如此。距今一百三十年前的法国大革命，把国内政治上一切不平等黑暗主义都消灭了。现在世界大战争的结果，协约国占了胜利，定要把国际间一切不平等的黑暗主义都消灭了，别用光明主义来代他。所以全世界的人，除了德、奥的贵族以外，没有不高兴的。请提出几个交换的主义作个例证：

第一是黑暗的强权论消灭，光明的互助论发展。

从陆谟克、达尔文等发明生物进化论后，就演出两种主义：一是说生物的进化，全恃互竞，弱的竞不过，就被淘汰了，凡是存的，都是强的。所以世界止有强权，没有公理。一是说生物的进化，全恃互助，无论怎么强，要是孤立了，没有不失败的。但看地底发见的大鸟大兽的骨，他们生存时何尝不强，但久已灭种了。无论怎么弱，要是合群互助，没有不能支持的。但看蜂蚁，也算比较的弱极了，现在全世界都有这两种动物。可见生物进化，恃互助，不恃强权。此次大战，德国是强权论代表。协商国，互相协商，抵抗德国，是互助论的代表。德国失败了，协商国胜利了。此后人人都信仰互助论，排斥强权论了。

第二是阴谋派消灭，正义派发展。

德国从拿破仑时受军备限制，创为更番操练的方法，得了全国皆兵的效果。一战胜奥，再战胜法。这是已往时代，彼此都恃阴谋，不恃正义，自然阴谋程度较高的占胜了，但德国竟因此抱了个阴谋万能的迷信，遍布密探。凡德国人在他国作商人的，都负有侦探的义务。旅馆的侍者，菌圃的装置，是最著名的了。德国恃有此等侦探，把各国政策、军备，都知道详细，随时密制那相当的大炮、潜艇、飞艇、飞机等，自以为所向无敌了，遂敢唾弃正义，斥条约为废纸，横行无忌。不意破坏比利时中立后，英国立刻与之宣战。宣告无限制潜艇政策后，美国又与之宣战。其他中立等国，也陆续加入协商国中。德国因寡助的缺点，空费了四十年的预备，终归失败。从此人人知道阴谋的时代早已过去，正义的力量真是万能了。

第三是武断主义消灭，平民主义发展。

从美国独立、法国革命后，世界已增了许多共和国。国民虽知道共和国的幸福，然野心的政治家，很嫌他不便。他们看着各共和国中，法、美两国最大，但是这两国的军备都不及德国的强盛，两国的外交，又不及俄国的活泼。遂杜撰一个"开明专制"的名词，说是国际间存立的要素，全恃军备与外交。军备与外交，全恃武断的政府。此后世界全在德系、俄系的掌握。共和国的首领者法若美且站不住，别的更不容说了。不意开战以后，俄国的战斗力，乃远不及法国。转因外交狡猾的缘故，貌亲英、法，阴实亲德，激成国民的反动，推倒皇室，改为共和国了。德国虽然多挣了几年，现在因军事的失败，喝破国民崇拜皇室的迷信，也起革命，要改共和国了。法国是大战争的当冲，美国是最新的后援，共和国的军队，便是胜利的要素。法国、美国都说是为正义人道而战，所以能结合十个协商的国，自俄国外，虽受了德国种种的诱惑，从没有单独讲和的。共和国的外交，也是这一回胜利的要素。现在美总统提出的十四条，有限制军备、公开外交等项，就要把德系、俄系的政策根本取消。这就是武断主义的末日，平民主义的新纪元了。

第四是黑暗的种族偏见消灭，大同主义发展。

野蛮人止知有自己的家族，见异族的人同禽兽一样，所以有食人的风俗。文化渐进，眼界渐宽，始有人类平等的观念。但是劣根性尚未消尽，德国人尤甚。他们看有色人种不能与白色人种平等，所以唱黄祸论，行"铁拳"政策。看犹太、波兰等民族不能与亚利安民族平等，所以限制他人权。彼等又看拉丁民族、盎格鲁撒克逊民族又不能与日耳曼民族平等，所以唱"德意志超过一切"，想先管理全欧，然后管理全世界。此次大战争，便是这等迷信酿成的。现今不是已经失败了么？更看协商国一方面，不但白种的各民族，团结一致，便是黄人、黑人也都加入战团，或尽力战争需要的工作。义务平等，所以权利也渐渐平等。如爱兰的自治，波兰的恢复，印度民权的申张，美境黑人权利的提高，都已成了问题。美总统所提出的民族自决主义，更可包括一切。现今不是已占胜利了么？这岂不是大同主义发展的机会么？

世界的大势已到这个程度，我们不能逃在这个世界以外，自然随大势而趋了。我希望国内持强权论的，崇拜武断主义的，好弄阴谋的，执着偏见想用一派势力统治全国的，都快快抛弃了这种黑暗主义，向光明方面去呵！

本文系在庆祝协约国胜利大会上的演说词。写于 1918 年 11 月 15 日，原载《北京大学日刊》，1918 年 11 月 27 日。

非宗教运动

我曾经把复杂的宗教分析过，求得他最后的原素，不过一种信仰心，就是各人对于一种哲学主义的信仰心。各人的哲学程度不同，信仰当然不一样，一人的哲学思想有进步，信仰当然可以改变，这全是个人精神上的自由，断不容受外界的干涉。我愿意称他为哲学的信仰，不愿意叫作宗教的信仰。因为现今各种宗教，都是拘泥着陈腐主义，用诡诞的仪式，夸张的宣传，引起无知识人盲从的信仰，来维持传教人的生活。这完全是用外力侵入个人的精神界，可算是侵犯人权的。我所尤反对的，是那些教会的学校同青年会，用种种暗示，来诱惑未成年的学生，去信仰他们的基督教。

我的意见，曾屡次发表过了，最近作《教育独立议》（有英文译本，送檀香山太平洋教育会议编辑部，其中文原稿，已载《新教育》第 4 卷第 3 期），很说教育事业，不可不超然于各派教会以外的理由，并说应规定下列三事：（一）大学中不必设神学科，但于哲学科中设宗教史、比较宗教学等；（二）各学校中，均不得有宣传教义的课程，不得举行祈祷式；（三）以传教为业的人，不必参与教育事业。

我的意思，是绝对的不愿以宗教参入教育的。今年忽然有一个世界基督教学生同盟，要在中国的清华学校开会。为什么这些学生，愿意带上一个基督教的头衔？为什么清华学校愿给一个宗教同盟作会场？真是大不可解。凡事都是相对待的，有了引人喝酒的铺子与广告，就可以引出戒酒会；有了引人吸烟的公司与广告，就可以引出不吸纸烟会；有了宗教同盟的运动，一定要引出非宗教同盟的运动，这是自然而然的。有人疑惑以为这种非宗教同盟的运动，是妨害"信仰自由"的，我不以为然。信教是自由，不信教也是自由，若是非宗教同盟的运动，是妨害"信仰自由"，他们宗教同盟的运动，倒不妨害"信仰自由"么？我们既然有这"非宗教"的信仰，又遇着有这种"非宗教"运动的必要，我们就自由作我们的运动。用不着什么顾忌呵！

本文系在北京非宗教大同盟讲演大会的演说词。

写于 1922 年 4 月 9 日。

中国的文艺中兴（节选）

　　鄙人今日的讲题，为《中国的文艺中兴》。中国虽离欧洲很远，而且中国的语言文字，欧洲人很不易懂，因此中国人的思想，很难传过欧洲来。在西方所得到的中国消息，多是由游客的记述、多少著作家对于中国的著作和日常报纸所录的短小新闻等等得来。但游历的人往往仅在中国居住几个月，就以为游完中国，他们所见的，自然多是皮毛的事。描写中国的著作家，大多数也是没有很精深的观察的。至于日常报纸的新闻，真实的地方更少。所以中国的真面目，往往被他们说错。

　　考欧洲的群众，多以为中国是一个很秘密的、不可知的地方。其实照懂得欧洲也懂得中国的人看来，中国和欧洲，只表面上有不同的地方，而文明的根本是差不多的。倘再加留意，并可以察出两方文明进步的程序，也是互相仿佛的。至于这方面的进步较速，那方较迟，是因为环境不同等等的缘故。欧洲历史上邻近的国家，大都已经有很高的文明，欧洲常可以吸收他们的文化，故"文艺的中兴"，在欧洲久已成为过去事实。至于中国，则所有相近的民族，除印度以外，大都绝无文明可言。数千年来，中国文明只在他固有的范围内、固有的特色上进化，故"文艺的中兴"，在中国今日才开始发展。

　　鄙人今试将中国文明在时间上进化的程序说来，并将他和欧洲文明进化的程序略为比较。欧洲文化最远，推源埃及，其次是希腊、罗马。后来容纳希伯来文化，演成中世纪的经院哲学（Scolatique）。后来又容纳阿拉伯文化，并回顾希腊、罗马文化，演成文艺中兴的学术（Renaissance）。仅此科学、美术，积渐发展，有今日的文明。

中国的文化，自西历纪元前二十七世纪至二十世纪，有农、林、工、商等业，有封建与公举元首的制度，有法律，有教育制度，有天文学、医学，有音乐、雕刻、图画，正与埃及相类。

从纪元前十二世纪到三世纪，所定的制度，见《周礼》一书的，从饮食、衣服、居室，到疗病、葬死，都有很详明的规画。农业上已经有地质学、化学的预备；工业上开矿、冶金、陶器等，都已有专门的研究；教育上自小学以至大学，粗具规模，且提倡胎教方法；美术上音律的调节，色彩与花纹的分配，材料与形式的选择，都很有合于美术公例的。那时侯，说水、火、木、金、土五行的箕子，很象说天气水土四元的 Empedocles（恩培多克勒）；专以人生哲学为教育，而以问答为教授的孔子，很像 Socrates（苏格拉底）；由玄学演出处世治事方法的老子、庄子，很象 Plato（柏拉图）；以数学、物理学、论理学、政治学、道德学教人的墨子，很象 Aristotle（亚里士多德）；其余哲学家、法学家，与希腊、罗马时代学者相象的，还有许多，时代也相去不远。所以这个时期的文明，可以与欧洲的希腊、罗马时代相比较。

从西历纪元一世纪起，印度佛教传入，与老子、庄子的玄学相接近，而暴进一步，所以大受信仰。这一时期内翻译的、著作的都很多，而且建设几种学派，为印度所没有的，比较欧洲的新柏拉图（Neo—Platonisme）还要热闹。

十一世纪以后到十七世纪，讲孔子学的学者，采用印度哲学，发展中国固有的学说，他们严正的行为，与 Stoicisme（斯多葛主义，即苦行主义）相象；他们深沉的思想，与 Scolastiques（经院哲学）相象。这一时期可与欧洲中古时代的文明相比。

十八世纪起，有许多学者专门研究言语学、历史学、考古学，他们所用的方法，与欧洲科学家一样，这是中国文艺中兴的开端。因为欧洲自然科学的情形，还没有介绍到中国，所以研究的范围小一点儿。直到最近三十年，在国内受高等教育与曾经在欧美留学的学者，才把欧洲的真正文化输入中国，中国才大受影响，与从前接触印度文化相象，也与欧洲人从前受阿拉伯文化的影响相象，这是中国文艺中兴发展的初期。现在中国曾受高等教育而在各界服务的人，大多数都尽力于介绍欧洲文化，或以近代科学方法，整理中国固有的学术，俾适用于现代。国内学校和学生人数，均日有增加。女子教育向来忽略，今亦发展，国内各大学及多少专门学校，均有女子足迹。除此新式学校外，还有多少旧式学校，继续在乡下传布初级教育。其余每年派往欧美留学的少年男女，以千数百计，这些知识分子，将来都是尽力于文艺中兴事业的。现时所有的进步，本已不少，不过与中国的面积和人口比较起来，还觉得他很稀微。但正是因为面积大，人口多，故只能慢慢儿进步。譬如一小杯水，投糖少许，不久而甜味已透；若水量加多，要得同样的甜味，不但要加糖，还要加溶解的时间。

中国现时大局，觉有些不安，但这也不过是一千九百十年革命应有的结果。这革命以完全改变中国为目的，有改变，当然有些扰乱，暂时这样，不久秩序当然恢复。而且虽有这些政治的扰乱，进步的程序，并没有中辍。近数年来，各种新工厂、银行等增加之数，和对外贸易之数，很可以给我们几个良好的证据。照我个人推想，再加四十年的功夫，则欧洲自十六世纪至十九世纪所得的进步，当可实现于中国。那时候中国文化，必可以与欧洲文化齐等，同样的有贡献于世界。

说到中国将来的乐观，一定有人想起德皇威廉第二的"黄祸论"，以为中国兴盛起来，必将侵略欧洲，为白种人的大害。这也是一种误会。我意欲将中国五千年历史的根本思想说一说，就可以见得中国文化发展后，一定能与欧洲文化融合，而中国人与欧洲人，必更能为最亲切的朋友，试举几条最重要的中国人根本思想如下：

（一）平民主义。照西历纪元前四世纪的学者孟子所说的，中国当纪元前二十四世纪时，君主的后继人，由君王推荐后，必要经国民的承认。以纪元前十二世纪的学者箕子所说的："国王若有大疑，于谋及卿士外，还要谋及庶人。"纪元前十二世纪，已经有大事询众庶的制度，那时候的国王曾经说："天视自我民视，天听自我民听。"纪元前四世纪学者孟子说："民为贵，君为轻。"又说君主的用人、杀人，要以"国人皆曰可用，皆曰可杀"作标准。后来凡有评论君主或官吏的贤否的，没有不以得民心与否作标准的。至于贵族、平民的阶级，纪元前六世纪的学者，如孔子、墨子等已经反对，纪元前四世纪已渐渐革除，纪元前三世纪以后，已一概废绝。凡有政治舞台上人物，不是从同乡选举的，就是由政府考取的。所以前十二年一次革命，就能变君主专制为共和立宪。

（二）世界主义。西历前二十四世纪的君主，已经被历史家称为协和万邦。前六世纪的哲学者孔子，分政治进化为三级：第一级是视本国人为自家人，而视野蛮国为外人；第二级视各种文明国都为自家人，而视野蛮国为外人；第三是野蛮国都被感化为文明国，大小远近合一，人人有士君子的人格，就叫作太平的世界。他的学生曾参作《大学》，就于治国以外，再说平天下。所以中国历代的学者，从没有提倡偏隘的爱国主义的。

（三）和平主义。因为中国从没有持偏隘爱国主义的学说，所以各学者没有不反对侵略政策而赞成德化政策的。西历前二十三世纪的历史家，曾纪一段古事说：虞朝的时候，有苗国不来修好，派兵去打，他仍不服，这边就罢兵兴文治，隔了七十日，有苗就来修好了。前七世纪已经有人发起弭兵会。前六世纪的孔子说："远人不服，则修文德以来之。"同世纪的墨子主张练兵自卫，对于侵略的国家，比为盗贼。前七世纪已经有人发起弭兵会。前四世纪有一派学者专以运动"非攻"为标帜。孟子说："善战者服上刑。"又有人曰："我善为战大罪也。"后来的文学家，没有不描写战争的苦痛，而讴歌和平时代的。现在因为外国帝国主义的可怕，我们当然提倡体育，想做到人人有可以当兵的资格，然而纯为自卫起见，决不是主张侵略的。

（四）平均主义。现今世界最大的问题，是劳工与资本的交涉。在俄国已经执行最激烈的办法，为各国所恐怖。也有疑中国的鲍尔希维克化的，但中国决用不着这种过虑。中国古代已经有过一个比较舒服很多的无产制度了。照孟子所说，与纪元二世纪的历史家所记的，中国自西历前二十三世纪到前四世纪，都是行平均地权的制度，就是划九百亩为一方，分作井式，中百亩为公田，外八百亩由家分受，每家自耕百亩外，又合力以耕公田。人民二十岁受田，六十岁归田。二十岁以下、六十岁以上，皆为国家所养。这种制度，到西历前二十三世纪，才渐渐改变。然而纪元一、五及十一世纪，均有试验恢复，虽没有成功，然可见这种制度，没有极端的死去。而且自纪元前四世纪至纪元后十九世纪，多数政治学者，还是要主张恢复他的。在理论上，相传五千年以前，创立农业的君主，有两句格言："一夫不耕，天下或受其饥；一妇不织，天下或受其寒。"就是人人应作工的意义。后来四世纪的许行，就主张君主要与民并耕，不得自居劳心的阶级，空受人民豢养，那其余的更不待言了。就是孔子也说："不患寡而患不均，不患贫而患不安。"又说："货恶其弃于地也，不必归于己；力恶其不出于身也，不必为己。"

总之，均劳逸，均产业，是中国古今的普通思想，说政治的总以"民多甚富，亦无甚贫"为标准，巨富的人常以财产平均分授于儿女，数传以后，便与常人无异。而且富人必须为族人、亲戚、朋友代谋生利，小的为宗族置义田、设义学，大的为地方办公益及慈善事业。若有自私自利的人，积财而不肯散，人人都看不起他。其次，则富人生活，与贫人之单简几相等。所以中国的贫富阶级，相去终不很远，就是新式的大公司组织输入中国，一方面一切优待工人的善法同时输入，中国人尽量采用。一方面公司股票并不集中于少数人，不能产生欧洲式资本家。若将来平均产业的理论，全世界都能实行的时候，中国自可很和平的行起来，决用不着马克思的阶级战争主义，决没有赤化的疑虑。

（五）信仰自由主义。希腊 Aristotles（亚里士多德）曾提出中庸主义，但与欧洲人凡事都趋极端的性质不很相投，所以继承的很少。中国自西历前二十四世纪的贤明的君主，已经提出"中"字作为一切行为的标准。后来前六世纪的孔子极力提倡"中庸"。中庸是没有过，也没有不及，所以两种相反的性质如刚柔和介等类，一到中庸的境界，都没有不可以调和的。故中国从没有宗教战争，如欧洲基督教与回教，或如基督教中新教与旧教的样子。

中国有一种固有的祖先教，经儒家修正后，完全变为有意识的纪念，以不神秘为象征，与 Auguste Comte（奥古斯特·孔德）所提议的人道教相似。旧有的多神教变为道教，并不曾与儒教有多大的冲突；佛教传入以后，也是这样，有注意佛、儒相同的。总之，中国人是从异中求出相同的点，去调和他们，不似欧洲人专从异处着眼。回教传入以后，也是这样；基督教传入以后，也是这样。很有许多书说基督教与儒教的主张有相同的，各教的主持者虽间或有夸张本教攻击异教的理论，但是普通人很少因信仰而起争执的。所以信仰自由主义，在欧洲没有定入宪法以前，在中国早已实行了。

在欧洲，很有人以为中国人排外，尤排异教，常以义和团那事为证据，这也是一种误会。试一研究义和团暴动的远近原因，就可以明白了。我记得义和团动作的前数年，有德国人因两个德国天主教师被杀而占据胶州的事情，德国那一次的横暴，比最近意大利占领希腊哥甫岛还要利害。今次全球反对意大利这个行动，而在德国横压中国那时候，各国没有一句话说反对。所谓公义者，何其善变？不独不反对，而且各国先后效德人的行为，三数年间，中国港口完全为外人所占据。其次，则外国人在中国种种强横，几不视中国人是人的样子。说到外国传教师，则其中固有真正的传教师，然而行动出了他教师范围以外的，不知多少。他们的宗教，大都教人互相亲爱，而他们常常把人民分作种种派别。复次，则他们借政府的力量，常常阻抗中国行政及司法的动作。譬如，遇有他们教民犯罪，为官吏判罚等等，他们居然直来干涉，阻止行刑，或要求放人。诸如此类，说也不尽，到后来凡遇因犯法被法庭搜捕的，多走去外国教堂躲避，教堂变了犯人的安乐国。这种事情，无论中国人难忍，我想在任何国，也无人能忍受的。以上所说的，就是激起义和团暴动的直接或间接的原因。当时适遇满洲皇室中有几个人物，愤外交和战争的失败，或痛恨外人对于中国不公平的行为，常存报复的心。义和团一起，他们于是有机可乘。照此说来，那一次的事情，外人实应负一部分责任。今完全将责任推归于中国，是绝对不公平的。且除直隶及山西一部分，其余全国都没有人赞成，在扬子江流域及南方，外人均受特别的保护。所以义和团暴乱，并非中国一种国民的运动，尤为显明。

照鄙人所见到的中国人根本思想是如此的。所以敢说：中国文艺中兴完成后，中国复兴以后，不独无害于欧洲，而且可与欧洲互相辅助，和尽力赞助国际事业，为人类谋最大的幸福。

本文系在比利时沙洛王劳工大学演说词。

写于 1923 年 10 月 10 日，

原载《东方杂志》第 21 卷第 3 号，

1924 年 2 月 10 日出版

在清华学校高等科演说词

一、两种感想

　　鄙人今日参观贵校，有两种感想：一为爱国心，一为人道主义。溯贵校之成立，远源于庚子之祸变。吾人对于往时国际交涉之失败，人民排外之蠢动，不禁愧耻，而油然生爱国之心，一也。美国以正义为天下倡，特别退还赔款，为教育人才之用，吾人因感其诚而益信人道主义之终可实现，二也。此二感想，同时涌现于吾心中。夫国家主义与人道主义，初若不相容者，如国家自卫，则不能不有常设之军队。而社会之事业，若交通，若商业，本以致人生之乐利。乃因国界之分，遂反生种种障碍，种种垄断。且以图谋国家生存、国力发展之故，往往不恤以人道为牺牲。欧洲战争，是其著例。吾人对现在国家之组织，断不能云满意，于是学者倡无政府主义，欲破坏政府之组织，以个人为单位，以人道为指归。国家主义与世界主义之不相容，盖如此矣。而何以在贵校所得之二感想，同时盘旋于吾心中？岂非以今日为两主义过渡之时代，吾人固同具此爱国心与人道观念欤？国家主义与世界主义之过渡，求之事实而可证。今日世界慈善事业，若红十字会等组织，已全泯国界。各国工会之集合，亦以人类为一体。至思想学术，则世界所公，本无国别。凡此皆日趋大同之明证。将来理想之世界，不难推测而知矣。盖道德本有三级：（一）自他两利；（二）虽不利己而不可不利他；（三）绝对利他，虽损己亦所不恤。人与人之道德，有主张绝对利他，而今之国际道德，止于自他两利，故吾人不能不同时抱爱国心与人道主义。惟其为两主义过渡之时代，不能不调剂之，使不相冲突也。

二、对清华学生之希望

吾人之教育，亦为适应此时代之预备。清华学生，皆欲求高深之学问于国外，对于此将来之学者，尤不能无特别之希望，故更贡数言如下：

一曰发展个性。分工之理，在以己之所长，补人之所短，而人之所长，亦还以补我之所短。故人类分子，决不当尽归于同化，而贵在各能发达其特性。吾国学生游学他国者，不患其科学程度之不若人，患其模仿太过而消亡其特性。所谓特性，即地理、历史、家庭、社会所影响于人之性质者是也。学者言进化最高级为各具我性，次则各具个性。能保我性，则所得于外国之思想、言论、学术，吸收而消化之，尽为"我"之一部，而不为其所同化。否则留德者为国内增加几辈德人，留法者、留英者，为国内增加几辈英人、法人。夫世界上能增加此几辈有学问、有德行之德人、英人、法人，宁不甚善？无如失其我性为可惜也。往者学生出外，深受刺激，其有毅力者，或缘之而益自发愤；其志行稍薄弱者，即弃捐其"我"而同化于外人。所望后之留学者，必须以"我"食而化之，而毋为彼所同化。学业修毕，更遍游数邦，以尽吸收其优点，且发达我特性也。

二曰信仰自由。吾人赴外国后，见其人不但学术政事优于我，即品行风俗亦优于我，求其故而不得，则曰是宗教为之。反观国内，黑暗腐败，不可救疗，则曰是无信仰为之。于是或信从基督教，或以中国不可无宗教，而又不愿自附于耶教，因欲崇孔子为教主，皆不明因果之言也。彼俗化之美，仍由于教育普及，科学发达，法律完备。人人于因果律知之甚明，何者行之而有利，何者行之而有害，辨别之甚析，故多数人率循正轨耳。于宗教何与？至于社会上一部分之黑暗，何国蔑有，不可以观察未周而为悬断也。质言之，道德与宗教，渺不相涉。故行为不能极端自由，而信仰不可不自由。行为之标准，根于习惯；习惯之中，往往有并无善恶是非之可言，而社交上不能不率循之者。苟无必不可循之理由，而故与违反，则将受多数人无谓之嫌忌，而我固有之目的，将因之而不得达。故入境问禁，入国问俗，不能不有所迁就。此行为之不能极端自由也。若夫信仰则属之吾心，与他人毫无影响，初无迁就之必要。昔之宗教，本初民神话创造万物末日审判诸说，不合科学，在今日信者盖寡。而所谓与科学不相冲突之信仰，则不过玄学问题之一假定答语。不得此答语，则此问题终梗于吾心而不快。吾又穷思冥索而不得，则且于宗教哲学之中，择吾所最契合之答语，以相慰藉焉。孔之答语可也，耶之答语可也，其他无量数之宗教家、哲学家之答语亦可也。信仰之为用如此。既为聊相慰藉之一假定答话，吾必取其与我最契合者，则吾之抉择有完全之自由，且亦不能限于现在少数之宗教。故曰信仰期于自由也。明乎此，则可以勿眩于习闻之宗教说矣。

三曰服役社会。美洲有取缔华工之法律，虽由工价贱，而美工人不能与之竞争，致遭摈斥，亦由我国工人知识太低，行为太劣，而有以自取其咎。唐人街之腐败，久为世所诟病。留学生对于此不幸之同胞，有补救匡正之天职。欧洲留学界已有行之者，如巴黎之俭学会，对于法国招募华工，力持工价与法人平等及工人应受教育之议。俭学会并设一华工学校，授工人以简易国文、算术及法语，又刊《华工杂志》，用白话撰述，别附中法文对照之名词短语，以牖华工之知识。英国留学生亦有同样之事业，其所出杂志，定名《工读》。是皆于求学之暇，为同胞谋幸福者也。美洲华工，其需此种扶助尤急，而商人巨贾，不暇过问，惟待将来之学者急起图之耳。贵校平日对于社会服役，提倡实行，不遗余力，如校役夜课及通俗演讲等，均他校所未尝有。窃望常抱此主义，异日到美后，推行于彼处之华工，则造福宏矣。

写于 1917 年 3 月 29 日，原载《蔡孑民先生言行录》

孔子之精神生活

精神生活，是与物质生活对待的名词。孔子尚中庸，并没有绝对的排斥物质生活，如墨子以自苦为极，如佛教的一切惟心造。例如《论语》所记"失饪不食，不时不食"，"狐貉之厚以居"，谓"卫公子荆善居室"，"从大夫之后，不可以徒行"，对于衣食住行，大抵持一种素富贵行乎富贵、素贫贱行乎贫贱的态度。但使物质生活与精神生活在不可兼得的时候，孔子一定偏重精神方面。例如孔子说："饭疏食，饮水，曲肱而枕之，乐亦在其中矣；不义而富且贵，于我如浮云。"可见他的精神生活，是决不为物质生活所摇动的。今请把他的精神生活分三方面来观察：

第一，在智的方面。孔子是一个爱智的人，尝说："盖有不知而作之者，我无是也；多闻，择其善者而从之，多见而识之。"又说："多闻阙疑"，"多见阙殆"，又说："知之为知之，不知为不知，是知也。"可以见他的爱智，是毫不含糊，决非强不知为知的。他教子弟通礼、乐、射、御、书、数的六艺，又为分设德行、言语、政事、文学四科，彼劝人学诗，在心理上指出"兴"、"观"、"群"、"怨"，在伦理上指出"事父"、"事君"，在生物上指出"多识于鸟兽草木之名"。（他如《国语》说：孔子识肃慎氏之石砮，防风氏骨节，是考古学；《家语》说：孔子知萍实，知商羊，是生物学；但都不甚可信。）可以见知力范围的广大。至于知力的最高点，是道，就是最后的目的，所以说："朝闻道，夕死可矣。"这是何等的高尚！

　　第二，在仁的方面。从亲爱起点，"泛爱众而亲仁"便是仁的出发点。他的进行的方法用恕字，消极的是"己所不欲，勿施于人"；积极的是"己欲立而立人，己欲达而达人"。他的普遍的要求，是"君子无终食之间违仁，造次必于是，颠沛必于是"。他的最高点，是"伯夷、叔齐，古之贤人也，求仁而得仁，又何怨?""志士仁人，无求生以害仁，有杀身以成仁。"这是何等伟大!

　　第三，在勇的方面。消极的以见义不为为无勇；积极的以童汪踦能执干戈卫社稷可无殇。但孔子对于勇，却不同仁、智的无限推进，而时加以节制。例如说："小不忍则乱大谋"；"一朝之忿，忘其身以及其亲，非惑欤?""好勇不好学，其蔽也乱"；"君子有勇而无义为乱，小人有勇而无义为盗。""暴虎凭河，死而无悔者，吾不与焉，必也临事而惧，好谋而成者也。"这又是何等的谨慎!

　　孔子的精神生活，除上列三方面观察外，尚有两特点：一是毫无宗教的迷信；二是利用美术的陶养。孔子也言天，也言命，照孟子的解释，莫之为而为是天，莫之致而至是命，等于数学上的未知数，毫无宗教的气味。凡宗教不是多神，便是一神。孔子不语神，敬鬼神而远之，说"未能事人，焉能事鬼?"完全置鬼神于存而不论之列。凡宗教总有一种死后的世界；孔子说："未知生，焉知死?""之死而致死之，不仁而不可为也；之死而致生之，不知而不可为也"，毫不能用天堂地狱等说来附会他。凡宗教总有一种祈祷的效验，孔子说："丘之祷久矣"，"获罪于天，无所祷也"，毫不觉得祈祷的必要。所以孔子的精神上，毫无宗教的分子。

　　孔子的时代，建筑、雕刻、图画等美术，虽然有一点萌芽，还算是实用与装饰的工具，而不认为独立的美术，那时候认为纯粹美术的是音乐。孔子以乐为六艺之一，在齐闻韶，三月不知肉味。谓："韶尽美矣，又尽善也。"对于音乐的美感，是后人所不及的。

　　孔子所处的环境与二千年后的今日，很有差别；我们不能说孔子的语言到今日还是句句有价值，也不敢说孔子的行为到今日还是样样可以做模范。

但是抽象的提出他精神生活的概略，以智、仁、勇为范围，无宗教的迷信而有音乐的陶养，这是完全可以为师法的。

原载 1936 年 8 月 17 日《江苏教育》月刊第 5 卷第 9 期